"十三五"普通高等教育本科部委级规划教材

纺织服装概论

吕立斌　主　编

崔　红　周天池　程冰莹　副主编

中国纺织出版社

内 容 提 要

本书从纤维、纱线、织物、纺织品的染整加工，服装及设计几个层面着手，浅显易懂地介绍了各类纺织纤维的结构与性能、纺织纤维集合体的成形加工过程、染整加工技术、服装的概况及设计方法等。

本书可作为高等院校纺织、轻化工程（染整）、服装专业学生的入门教材及纺织服装基本知识的简明教材，也可供商业贸易、商检海关、纺织服装企事业单位的从业人员学习参考，还可供非纺织服装行业人员了解参考用。

图书在版编目（CIP）数据

纺织服装概论 / 吕立斌主编. --北京：中国纺织出版社，2018.4

"十三五"普通高等教育本科部委级规划教材

ISBN 978-7-5180-4830-4

Ⅰ.①纺… Ⅱ.①吕… Ⅲ.①纺织—高等学校—教材 ②服装—高等学校—教材 Ⅳ.①TS1②TS941.7

中国版本图书馆CIP数据核字（2018）第055760号

策划编辑：符 芬 特约编辑：李泽华
责任校对：楼旭红 责任印制：何 建

中国纺织出版社出版发行
地址：北京市朝阳区百子湾东里A407号楼 邮政编码：100124
销售电话：010—67004422 传真：010—87155801
http://www.c-textilep.com
E-mail: faxing@c-textilep.com
中国纺织出版社天猫旗舰店
官方微博 http://weibo.com/2119887771
北京玺诚印务有限公司印刷 各地新华书店经销
2018年4月第1版第1次印刷
开本：787×1092 1/16 印张：13
字数：245千字 定价：52.00元

　　纺织工业是我国国民经济的传统支柱产业和重要的民生产业，也是国际竞争优势明显的产业，在繁荣市场、扩大出口、吸纳就业、增加农民收入、促进城镇化发展等方面发挥着重要作用。纺织服装行业规模庞大，专业类别和从业人员众多，为了使纺织服装专业学生及从业人员对纺织服装基本知识有初步、全面的了解，特编写了此书。

　　本书的编写过程中，按实用化、直观易懂的要求，对各章节内容进行处理和表达，并提供了大量的图片，以此加深读者对纺织服装相关基础知识的理解。

　　本教材由吕立斌担任主编。第一章由王春霞、吕立斌编写，第二章由崔红、吕立斌编写，第三章由毕红军编写，第四章由吕立斌、崔红编写，第五章由周天池、何雪梅编写，第六章由程冰莹编写。全书由吕立斌统稿。

　　本教材由盐城工学院教材出版基金支持，在此特表谢意；书中参考了相关作者著作资料，在此一并致谢。

　　由于编者水平有限，书中难免存在疏漏和错误之处，敬请读者随时来函批评指正（E-mail:llb@ycit.cn），以便于再版时我们及时修订和改正。

编者

2017.11

Contents
目　录

第一章　纺织纤维

第一节　纺织纤维的定义、基本性能与分类

一、纺织纤维的定义与要求

将直径一般为几微米到几十微米，而长度比直径大百倍、千倍以上的细长物质，称为纤维，如棉花、肌肉、毛发等。长度达到数十毫米以上，具有一定的强度、可挠曲性和互相纠缠抱合性能及其他服用性能而可以用来制造纺织制品（如纱、线、绳带、机织物、针织物、非织造布等）的纤维，称为纺织纤维。纤维不仅可以纺织加工，而且可以作为填充料、增强基体，或直接形成多孔材料，或组合构成刚性或柔性复合材料。

纺织纤维必须具备一定的物理和化学性能，才能满足纺织加工和使用的要求。如具有一定的长度和整齐度；一定的强度；一定的弹性；一定的抱合力和摩擦力；一定的吸湿性；化学稳定性好，对光、热、酸、碱及有机溶剂等具有一定的耐受能力。

二、纺织纤维基本性能指标

（一）吸湿指标

吸湿性是指纺织纤维在空气中吸收或放出水蒸气的性能，表示纤维吸湿性的指标有回潮率和含水率。

1. 回潮率　回潮率是指纺织纤维中所含水分的质量占其干重的百分比。

2. 含水率　含水率是指纺织纤维中所含水分的质量占其湿重的百分比。

3. 标准大气状态下的回潮率　各种纺织纤维的实际回潮率随大气的温湿度条件而变。为了比较各种纺织纤维的吸湿能力，往往把它们放在统一的标准大气条件下，一定时间后使它们的回潮率达到一个稳定值，这时的回潮率称为标准大气状态下的回潮率。

关于标准大气状态的规定，国际上是一致的，而容许的误差则在各国略有不同（表1-1）。我国规定标准大气状态采用2级A类：标准大气压下温度为（20±2）℃，相对湿度为（65±3）%。

表1-1　标准温湿度及允许误差

级别	标准温度（℃）		标准相对湿度（%）
	A类	B类	
1	20±1	27±2	65±2
2	20±2	27±3	65±3
3	20±3	27±5	65±5

4. 公定回潮率　在贸易和成本计算中，纺织纤维并非处于标准温湿度状态；而且，

在标准温湿度状态下，同一种纺织纤维的实际回潮率也还因纤维本身的质量和含杂等因素而有变化，因此，为了计重和核价的需要，必须对各种纺织纤维的回潮率作统一规定，称为公定回潮率。

（二）长度指标

纺织纤维长度是指纤维伸直而未产生伸长时两端间的距离，常用毫米（mm）表示。纤维长度与成纱强度、可纺纱的细度有密切关系，纤维越长，成纱强度越高，可纺纱线越细。

天然纤维的长度是不均匀的，在一定的长度范围内形成一定的长度分布。测定纤维长度时，一般都是测定纤维集合体的长度。根据测定方法的不同，表征纤维长度的指标也很多，主要长度指标如下：

1. 手扯长度　商业收购时使用。用手将纤维整理成一端平齐的纤维束，用直尺直接量出纤维束内大多数纤维共同具有的长度，也称唛号长度，即棉包上刷印的品级代号中的长度。

2. 主体长度　用于棉纤维，是指一批棉样中含量最多的纤维长度。

3. 平均长度　平均长度是指纤维长度的平均值，一般用重量加权平均长度。

4. 品质长度　又称右半部平均长度，即比主体长度长的那一部分纤维的重量加权平均长度。品质长度通常较主体长度长2.5～3.5mm，是纺纱工艺中确定工艺参数的重要依据。

化学纤维的长度是根据需要而定的，可以人为控制，其长度一般是均一的。

（三）细度指标

细度是纺织纤维的重要指标。在其他条件相同的情况下，纤维越细，可纺纱的细度也越细，成纱强度也越高；细纤维制成的织物较柔软，光泽较柔和。在纺纱工艺中，用较细的纤维纺纱可降低断头率，提高生产效率，但纤维过细，易纠缠成结。

纤维细度指标有直接指标和间接指标两大类。

1. 直接指标　直接指标有直径、投影宽度和截面积、周长、比表面积。截面直径是纤维主要的细度直接指标，它的量度单位用μm，只有当截面接近圆形时，用直径表示细度才合适。目前，纤维的常规试验中，羊毛采用直径来表示其细度。

2. 间接指标　间接指标有定长制和定重制。它们是利用纤维长度和重量间的关系来间接表示纤维的线密度。

（1）线密度。线密度是指1000m长的纤维在公定回潮率时的重量克数，单位为特克斯（tex），线密度为法定单位制，其计算式为：

$$Tt=\frac{1000 \times G_K}{L} \qquad (1-1)$$

式中：Tt——纤维的线密度，tex；

　　　L——纤维的长度，m；

　　　G_K——纤维的公量，g。

（2）纤度。纤度是指9000m长的纤维在公定回潮率时的重量克数，单位为旦尼尔，简称旦，数值上，它等于九分之一特克斯。其计算式为：

$$N_{\text{den}} = \frac{9000 \times G_{\text{K}}}{L} \tag{1-2}$$

式中：N_{den}——纤维的旦尼尔数，旦。

（3）公制支数。公制支数是指在公定回潮率时质量为1g的纤维所具有的长度米数。其计算式为：

$$N_{\text{m}} = \frac{L}{G_{\text{k}}} \tag{1-3}$$

式中：N_{m}——纤维的公制支数，公支；

　　　L——纤维的长度，m；

　　　G_{k}——纤维的公量，g。

（四）强度指标

纤维在纺纱过程中要不断受到外力的作用，具备一定的强度是纤维具有纺纱性能的必要条件。有强力、强度、断裂伸长率等。

1. 断裂强力　断裂强力是指纤维能够承受的最大拉伸外力，单位为牛顿（N）。强力没有可比性。

2. 相对强度　相对强度是用以比较不同粗细纤维的拉伸断裂性质的指标。

（1）断裂应力（强度极限）。断裂应力是指纤维或纱线单位面积上能承受的最大拉力，单位为N/mm^2（即兆帕）。由于纤维的截面积很难测定，故生产上均不采用这一指标。

（2）断裂强度（相对强度，也称比强度）。断裂强度是指每特（每旦）纤维或纱线所能承受的最大拉力，单位是N/tex（或N/旦）。

（3）断裂长度　断裂长度是指重力等于强力时的纤维长度。

3. 断裂伸长率　纤维拉伸时产生的伸长占原来长度的百分率称为伸长率；纤维拉伸至断裂时的伸长率为断裂伸长率。

三、纺织纤维的分类与命名

纺织纤维种类很多，习惯上，按它的来源分为天然纤维和化学纤维两大类。

1. 天然纤维　由自然界中直接取得的纤维。主要天然纤维的来源分类与名称见表1-2。

表1-2　主要天然纤维的来源分类与名称

分类	定义	组成物质	纤维来源
植物纤维	取自于植物种子、茎、韧皮、叶或果实的纤维	主要组成物质为纤维素	①种子纤维：棉；②韧皮纤维：苎麻、亚麻、大麻、黄麻、红麻、罗布麻、苘麻等；③叶纤维：剑麻、蕉麻、菠萝叶纤维、香蕉纤维等；④果实纤维：木棉、椰子纤维；⑤竹纤维：竹子纤维
动物纤维	取自于动物的毛发或分泌液的纤维	主要组成物质为蛋白质	①毛纤维：绵羊毛、山羊毛、骆驼毛、驼羊毛、兔毛、牦牛毛、马海毛、羽绒、野生骆马毛、变性羊毛、细化羊毛等；②丝纤维：桑蚕丝、柞蚕丝、蓖麻蚕丝、木署蚕丝、天蚕丝、樗蚕丝、柳蚕丝、蜘蛛丝等

续表

分类	定义	组成物质	纤维来源
矿物纤维	从纤维状结构的矿物岩石获得的纤维	二氧化硅、氧化铝、氧化铁、氧化镁等	各类石棉,如温石棉、青石棉、蛇纹石棉等

2. 化学纤维 凡以天然的或合成的高聚物以及无机物为原料,经过人工加工制成的纤维状物体统称为化学纤维。其最为主要的特征是在人工条件下完成溶液或熔体→纺丝→纤维的过程。化学纤维的分类及名称见表1-3。

表1-3 化学纤维的分类及名称

分类	定义	纤维
再生纤维	以天然高聚物为原料制成浆液,其化学组成基本不变并高度纯净化后制成的纤维	①再生纤维素纤维:指用木材、棉短绒、蔗渣、麻、竹类、海藻等天然纤维素物质制成的纤维,如黏胶纤维、Modal纤维、铜氨纤维、竹浆纤维、醋酯纤维、Lyocell纤维、富强纤维等;②再生蛋白质纤维:指用酪素、大豆、花生、毛发类、羽毛类、丝素、丝胶等天然蛋白质制成的,绝大部分组成仍为蛋白质的纤维,如酪素纤维、大豆纤维、花生纤维、再生角朊纤维、再生丝素纤维等;③再生淀粉纤维:指用玉米、谷类淀粉物质制取的纤维,如聚乳酸纤维(PLA);④再生合成纤维:指用废弃的合成纤维原料熔融或溶解再加工成的纤维;⑤特种有机化合物纤维(如甲壳素纤维、海藻胶纤维等)
合成纤维	以石油、煤、天然气及一些农副产品为原料制成单体,经化学合成为高聚物,纺制的纤维	①涤纶:指大分子链中的各链节通过酯基相连的成纤聚合物纺制的合成纤维;②锦纶:指其分子主链由酰胺键连接起来的一类合成纤维;③腈纶:通常指含丙烯腈在85%以上的丙烯腈共聚物或均聚物纤维;④丙纶:分子组成为聚丙烯的合成纤维;⑤维纶:聚乙烯醇在后加工中经缩甲醛处理所得的纤维;⑥氯纶:分子组成为聚氯乙烯的合成纤维;⑦其他的还有乙纶、氨纶、氟纶(聚四氟乙烯)、芳纶、乙氯纶及混合高聚物纤维等;⑧通过对合成纤维进行物理、化学改性,逐步生产出各种不同于常规合成纤维的,如异形、超细、复合、着色、高收缩、中空等差别化纤维;以及应用纳米技术等生产的特种纤维,如阻燃纤维、抗紫外线纤维、抗静电纤维等
无机纤维	以天然无机物或含碳高聚物纤维为原料,经人工抽丝等或直接碳化制成的无机纤维	①玻璃纤维:以玻璃为原料,拉丝成形的纤维;②金属纤维:以金属物质制成的纤维,包括外涂塑料的金属纤维、外涂金属的高聚物纤维以及包覆金属的芯线;③陶瓷纤维:以陶瓷类物质制得的纤维,如氧化铝纤维、碳化硅纤维、多晶氧化物;④碳纤维:是指以高聚物合成纤维为原料经碳化加工制取的,纤维化学组成中,碳元素占总质量90%以上的纤维,是无机化的高聚物纤维

第二节 天然纤维

一、棉纤维

(一)原棉概况

人类利用棉花的历史相当久远,早在公元前2000多年前,人类就开始采集野生的棉纤维用来御寒,后来棉花逐渐被推广种植。18世纪下半叶,纺织机械的发明,使棉纤维取代毛纤维等成为全世界最主要的纺织原料。目前,已占全世界纺织纤维总产量的45%左右,而我国棉纤维的产量占纺织纤维的60%以上。

棉花的种植范围很广,从北纬37°到南纬30°之间的温带地区都可种植。中国、美国是棉花的主要生产大国，印度、巴基斯坦、巴西、埃及、苏丹等也是重要的产棉国。

1. 棉花的生产与棉纤维的形成　棉纤维是由胚珠（即将来的棉籽）表皮壁上的细胞伸长加厚而成的。一个细胞就长成一根棉纤维，它的一端生于棉籽表面，另一端呈封闭状。棉籽上长满了棉纤维，作籽棉。棉纤维的生长可分为伸长期、加厚期和转曲期（图1-1）。

图1-1　不同生长期的棉花形态

（1）伸长期。开花期中，胚珠表皮细胞就开始隆起伸长，形成纤维的原始细胞，胚珠受精后，纤维的原始细胞继续伸长，同时细胞宽度加大，形成一定长度的、有中腔的、细长的薄壁管状物。这一时期为期25~30天，在此期间，细胞壁的增厚很小，直至伸长到纤维的最后长度。

（2）加厚期。当纤维初生细胞伸长到一定长度时，就进入加厚期。这时纤维长度不再增加，外周长也基本不变，只是细胞壁由外向内逐层沉积，胞壁增厚，最后，形成一根两端较细、中间较粗的棉纤维。加厚期为25~30天。纤维素沉积的速度与温度有关，温度越高，沉积越快，昼夜气温不同，沉积加厚的速度不同，在棉纤维的截面形成分层结构，类似树木的年轮，称为日轮。

（3）转曲期。加厚期结束后，细胞停止生长，棉铃干裂吐絮，棉纤维与空气接触，纤维内水分蒸发，胞壁发生扭转，形成不规则的螺旋形，称为天然转曲。这一时期称为转曲期。

2. 棉花的分类

（1）按棉纤维的长度、细度分类。

①细绒棉。又称陆地棉。其长度在23~33mm；线密度为1.5~2dtex；色泽洁白或乳白，有丝光。可纺制10~100tex的棉纱，是纺织的主要原料，棉纤维中85%以上是细绒棉。我国种植的棉花大多属于这一类。

②长绒棉。又称海岛棉。较细绒棉细且长，品质优良。其长度为33~45mm，最长可达64mm；线密度为1~1.9dtex；色泽乳白或淡棕色，富有丝光。用于纺制高档轻薄和特种棉纺织品。长绒棉原产美洲西印度群岛，目前，长绒棉的主要生产国有埃及、苏丹、美国、秘鲁和中亚，我国在新疆、广东等地区有种植。长绒棉的产量约占棉纤维总产量的10%，因为它适宜于在生长期较长、雨水少、日光足的棉区种植。我国长绒棉的产量较小，但其品质优良，是高档棉纺产品的原料。

（2）按棉花的初加工分类。

轧棉指棉籽上的纤维与棉籽分离的过程。方法有两种，即皮辊轧棉与锯齿轧棉。

（3）按纤维的色泽分类。

①白棉。正常成熟，吐絮的棉花，色泽呈洁白、乳白或淡黄色，棉纺厂使用的原棉，大多数为白棉。

②黄棉。指棉花生长晚期，棉铃经霜冻冻伤后枯死，铃壳上的色素染到纤维上，使原棉颜色发黄。黄棉一般都属低级棉，棉纺厂仅有少量使用。

③灰棉。指棉花在多雨地区生长时，棉纤维在生长发育过程中或吐絮后，受雨淋、日照少霉变等影响，原棉颜色呈灰白。灰棉强力低、质量差，棉纺厂仅在纺制低级棉纱时搭用。

3. 棉花的初加工　从棉田采得的棉花，纤维与棉籽是连在一起的，称为籽棉。籽棉不能直接用于纺纱，必须先将棉纤维与棉籽分离，分离的工艺过程就是棉花的初加工，或称轧花。轧花后的棉纤维称为皮棉，皮棉经分级打包成一定规格和质量的棉包（即原棉）后，就可送棉纺厂使用加工成纱。

籽棉经轧花后，所得到的皮棉质量占原来籽棉质量的百分率称为衣分率。衣分率一般为30%～40%。

根据籽棉初加工采用的轧棉机不同，得到皮辊棉和锯齿棉。

（1）锯齿加工。锯齿轧棉机是利用几十片圆形锯片抓住籽棉，并带住籽棉通过嵌在锯片中间的肋条，由于棉籽大于肋条间隙而被阻止，从而使纤维与棉籽分离。

（2）皮辊加工。皮辊轧棉机是利用表面粗糙的皮辊粘住籽棉，带住籽棉通过一对定刀和冲击刀。定刀与皮辊靠得较紧，使籽棉不能通过。冲击刀在定刀外侧上下冲击，使纤维与棉籽分离。

4. 棉纤维形态结构

（1）棉纤维的截面形态结构（图1-2）。正常成熟的棉纤维，截面是不规则的腰圆形，内有中腔。

棉纤维的截面由外至内主要由初生层、次生层和中腔三个部分组成。初生层为棉纤维在伸长期形成的初生细胞壁，它的外壁是一层很薄的蜡质和果胶，表面有深浅不同的细长状皱纹。次生层是棉纤维在加厚期淀积而成的部分，几乎都是纤维素。它是纤维中的主体部分，决定了棉纤维的主要物理性能。由于每日温差的关系，棉纤维逐日淀积一层纤维素，形成了棉纤维的"日轮"。中腔是棉纤维停止生长后留下的空隙，同一品种的棉纤维，外周长大致相等，次生层厚时，中腔小；次生层薄时，中腔大。

（2）棉纤维的纵向形态（图1-3）。棉纤维是一端封闭的管状细胞，中间较粗，两端较细，长度与宽度之比为1000～3000，纵向呈转曲的带状。棉纤维的天然转曲，沿纤维长度方向不断改变转向。棉纤维单位长度上扭转半周（即180°）的个数称为转曲数，细绒棉的转曲数为39～65个/cm，长绒棉比细绒棉多。成熟正常的棉纤维转曲最多，未成熟的棉纤维呈薄壁管状物，转曲少，过成熟的棉纤维呈棒状，转曲也少。天然转曲使棉纤维具有良好的抱合力，有利于纺纱工艺过程的正常进行和成纱质量的提高。但转曲反向次数过多的棉纤维强度较低。

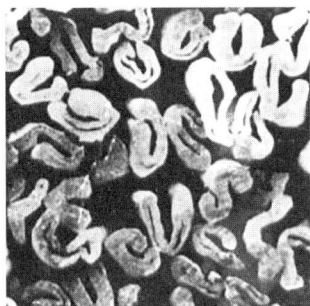
图1-2　棉纤维截面形态

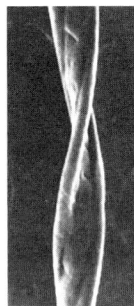
图1-3　棉纤维的纵向形态

5. 棉纤维的化学组成　棉纤维的主要组成物质是纤维素。正常成熟的棉纤维纤维素含量约为94%。此外，还有少量的果胶、蜡质、蛋白质等物质。纤维素是天然高分子化合物，化学结构式为（$C_6H_{10}O_5$）$_n$，n为聚合度。

（二）棉纤维的主要性能

1. 长度　棉纤维的长度主要取决于棉花的品种、生长条件和初加工。棉纤维的长度是伸长期形成的，与棉花成熟度关系不大。棉纤维的长度与成纱质量关系十分密切。一般长度越长，且长度整齐度越高，短绒越少，可纺纱越细，纱线条干越均匀，强度高，且表面光洁，毛羽少。棉纤维的长度与纺纱工艺关系也十分密切。棉纺设备的结构、尺寸及各道工序的工艺参数，都必须与所用纤维的长度密切配合。棉纤维的长度也是影响纺纱工艺及成纱质量的重要因素。短绒含量多，则纺纱困难，成纱质量差。所以，短绒率（纤维长度短于某一长度界限的纤维质量占纤维总质量的百分率）也是一个重要指标。

2. 线密度（细度）　棉纤维的线密度主要取决于棉花品种、生长条件等。一般长绒棉较细，为1.11～1.43dtex（9000～7000公支），细绒棉较粗，为1.43～2.22dtex（7000～4500公支）。棉纤维的线密度对成纱质量有一定的影响，一般情况下，线密度小的棉纤维，有利于成纱强力和条干均匀度，可纺较细的纱。但纤维太细，加工困难，纤维容易扭结、折断，形成棉结、短纤维，反而对成纱质量有害。

3. 成熟度　成熟度是指棉纤维中细胞壁的增厚程度。成熟度是能反映棉纤维的内在质量的综合指标，它与纤维的各项物理性能都有密切的关系。正常成熟的棉纤维，其截面粗，强力高、弹性好，有丝光，天然转曲多，抱合力大，对加工性能和成纱品质都有利。而成熟度差的棉纤维，线密度较小，强力低，天然转曲少，抱合力差，吸湿较多，且染色性和弹性较差，加工中经不起打击，容易纠缠成棉结。过于成熟的棉纤维偏粗，天然转曲少，成纱强力低。

4. 耐酸碱性　棉纤维耐碱不耐酸。酸可导致纤维素分解，大分子链断裂。常温下

7

65%浓度的浓硫酸即可将棉纤维完全溶解。而棉纤维遇碱不会发生破坏，在一定浓度的碱液中，棉纤维截面会产生膨化，截面变圆、长度缩短、天然转曲消失，发生碱缩现象；若此时给纤维以拉伸，会使纤维呈现丝一般的光泽，洗去碱液后，仍可保持光泽，称为丝光。经过丝光处理的棉纤维，其纤维形态特征发生了物理变化，纵向天然转曲消失，纤维截面膨胀，直径加大，横截面近似圆形，增加了对光线的有规律反射，使棉纤维制品表面呈现丝一般的光泽亮丽；又由于分子排列紧密，强度要比无光纱线高，提高了棉纤维强力和对染料的吸附能力。但浓碱高温对棉纤维起到破坏作用。

5. 吸湿性和吸水性 棉纤维在标准状态下的回潮率为7%～8%，其湿态强力大于干态强力，其比值为1.1～1.15。

6. 强伸性 棉纤维在纺织加工过程中不断受到外力的作用，要求纤维必须具备一定的强度，并且纤维强度越高纺得的纱线强度也越高。棉纤维的强度主要取决于纤维的品种、粗细等。其断裂强度为2.6～4.3cN/dtex，断裂伸长率为7%～8%。

7. 染色性 棉纤维吸湿性强，一般染料均可对棉纤维染色。

8. 耐热性 棉纤维在100℃的高温下处理8h，强力不受影响。棉纤维在150℃时分解，在320℃时起火燃烧。

9. 比电阻 也叫电阻率，是用来表示各种物质电阻特性的物理量。棉纤维的比电阻较低，在加工和使用过程中不易产生静电。

（三）棉纤维其他品种

1. 彩色棉 彩色棉是指天然生长的非白色棉花。天然彩色棉自古就有，野生棉纤维常常带有棕褐色或其他颜色。采用现代生物工程技术，已培植出棕、绿、红、黄、兰、紫、灰等多个色泽品系，但色调偏深偏暗。彩色棉制品有利于人体健康，在纺织过程中减少印染工序，迎合了人类提出的"绿色革命"口号，减少了对环境污染；目前，彩色棉一般采用与白棉的混纺加工，以增加色泽、鲜艳度和可纺织加工性。彩色棉长度偏短、强度偏低，马克隆值高低差异大，整齐度较差，短绒含量高，棉结高低不一致，均匀率低；因纤维色素不稳定，纤维色泽不均匀，纤维经日晒后色泽变淡或褪色，水洗后色泽变深，部分彩色棉出现有色、白色和中间色纤维。彩色棉的各项物理指标均差于白色棉花。

2. 木棉 木棉纤维（图1-4）是单细胞纤维，属果实纤维。纤维长8～32mm，直径为15～45μm，表面光滑、无转曲，截面为大中腔、圆形的管状物。中腔的中空率达80%～90%。

目前，我国进口木棉的用途多数是木棉枕头，属于纯天然的枕头材料填充，木棉是木本植物攀枝花树果实中的天然野生纤维素，可祛风除湿、活血止痛。而木棉纤维中空度高达86%以上，远超人工纤维的25%～40%和其他任何天然材料。纤维业界称其为超高保暖、天然抗菌，不蛀不霉的纺织良材，木棉纤维具有"短、细、软"三大特点。

二、麻纤维

（一）麻的种类

麻纤维分茎纤维和叶纤维两类。茎纤维是从麻类植物茎部取得的纤维。茎部自外向

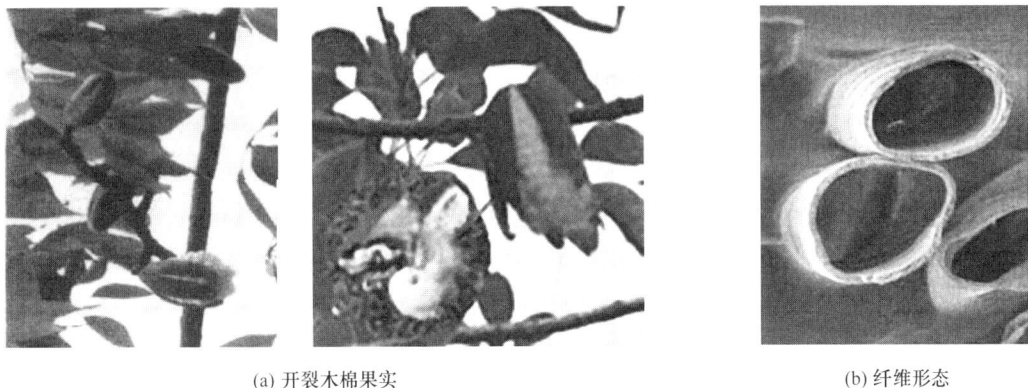

(a) 开裂木棉果实 　　　　　　　　　　　　　　　　　(b) 纤维形态

图1-4　木棉纤维果实及纤维形态

内由保护层、初生皮层和中柱层组成。中柱层由外向内又由韧皮部、形成层、木质层、髓和髓腔组成。茎纤维存在于茎的韧皮部中，所以又称韧皮纤维，绝大多数麻纤维属此类。纺织上使用较多的主要有苎麻（图1-5）、亚麻（图1-6）、黄麻、檀麻（又称红麻、洋麻）、大麻（图1-7）、苘麻（又称青麻）和罗布麻等。叶纤维是从麻类植物叶子或叶鞘中取得的纤维，如剑麻（西沙尔麻）、蕉麻（马尼拉麻）等。这类麻纤维比较粗硬，商业上称为硬质纤维。苎麻有"中国草"之称，主要产于我国的长江流域，以湖北、湖南、江西出产最多。其品质优良，单纤维长，有较好的光泽，呈青白色或黄白色。苎麻织物主要用于夏季面料和西装面料，也是抽纱、刺绣工艺品的优良用布。

图1-5　苎麻　　　　　　　图1-6　亚麻　　　　　　　图1-7　大麻

1. 亚麻　对气候的适应性强，适宜在寒冷地区生长，种植区域很广。原苏联的产量最多，我国的东北地区及内蒙古等地也大量种植。亚麻品质较好，脱胶后呈淡黄色，用途较广，除服装和装饰用外，也可用于水龙带等工业用布。

2. 大麻　主要产地有中国、印度、意大利、德国等。我国的大麻主要分布在山东、河北、山西等地。大麻的性状与亚麻相似，可制作绳索、粗夏布。

3. 黄麻　如图1-8所示，黄麻适宜于在高温多雨地区种植，印度、孟加拉国是世界主要产地，东南亚及南亚国家都有种植，我国以台湾、浙江、广东最多。黄麻吸湿速度快，强度高，常用作麻袋、麻布等包装材料、地毯底布等。黄麻为一年生草本植物，生长于亚热带和热带。黄麻纤维单根短，必须采用工艺纤维纺纱。黄麻纤维吸湿后表面仍保持干燥，但吸湿膨胀大并放热。

4. 红麻 亦称槿麻或洋麻（图1-9、图1-10），习性及生长与黄麻十分相近。红麻的单细胞纤维也很短，截面为多角形或近椭圆形，中腔较大。黄麻和红麻纤维的种植与生长容易且高产，但纤维的柔软化和细化是其质量、经济价值提升的关键。否则只能做低档的包装、地毯底布，或混纺纤维制品的原料。

5. 洋麻 洋麻生产目前主要集中在印度、孟加拉国和泰国，对环境的适应性强，分南方型和北方型两种。洋麻的用途与黄麻相同。

6. 罗布麻 属野生植物，在我国资源极为丰富（图1-11）。尤以新疆塔里木河流域最为集中。纤维较细软，线密度3～4dtex（3300～2500公支）。由于纤维表面光滑，长度较短，平均长度为20～25mm，抱合力小，纺织加工中易散落，故制成率低。因罗布麻含有强心苷、黄酮、氨基酸等成分，对防治高血压、冠心病等具有良好效果。目前，将罗布麻与其他纤维混纺的保健产品已开发成功，深受市场欢迎。

7. 蕉麻 主要产于菲律宾、马尼拉。蕉麻（图1-12）为多年生草本宿根植物，茎由叶鞘部卷合而成，纤维取自该部分，因而属于叶纤维。蕉麻纤维耐海水侵蚀，用于制作船舶用绳索及缆绳。

8. 剑麻 主要在中、南美洲、印度尼西亚及非洲的热带地区种植，多用于制作绳索（图1-13）。

图1-8 黄麻

图1-9 红麻

图1-10 洋麻

图1-11 罗布麻

图1-12 蕉麻

图1-13 剑麻

（二）麻的初加工

从茎纤维的韧皮中制取麻纤维需经过脱胶等初加工。初加工的目的是使纤维片与植物的麻干、表皮或叶肉分离，除去周围的一些胶质和非纤维物质，从而得到适于纺织加工的麻纤维。脱胶的方法和要求根据各种麻纤维来源、性质、用途而不同。按脱胶的原理大致可分为化学脱胶、微生物脱胶和酶脱胶。化学脱胶是利用纤维素和胶质对碱的稳定性不同，在高温碱液的煮练下，将果胶和半纤维素水解，使纤维分离出来。微生物脱胶是将收获的麻茎或剥取的麻片放入池塘、河流中或露天雨淋后使麻茎发酵，利用微生物的生长繁殖，促使胶质分离。酶脱胶是采用果胶酶或纤维素酶在一定的温度及酸碱度下，与麻上果胶发生酶解，进而达到脱胶及分离纤维的目的，这种方法速度快、反应条件温和，环境污染小。根据脱胶程度又可分为全脱胶和半脱胶。全脱胶方法将胶质全部除去，得到的纤维呈单根状态，如苎麻。半脱胶方法仅脱除一部分胶质，最后获得的是束状纤维，如亚麻、黄麻、槿麻等因单纤维长度较短，且不整齐的麻纤维。

（三）麻纤维的组成和形态结构

1. 麻纤维的组成　麻纤维的主要组成物质是纤维素，其含量视麻的品种而定，一般占60% ~ 80%。其中苎麻、亚麻的纤维素含量略高，黄麻、槿麻等则低些。除纤维素外还有木质素、果胶、脂肪及蜡质，灰分和糖类物质等。

2. 麻纤维的形态结构　不同种类的麻纤维的截面形态不尽相同（图1-14）。苎麻大都呈腰圆形，有中腔，胞壁有裂纹。亚麻和黄麻的截面呈多角形，也有中腔。槿麻的截面呈多角形或圆形，有中腔。麻纤维的纵面大都较平直，有横节、竖纹。亚麻的横节呈"X"形。

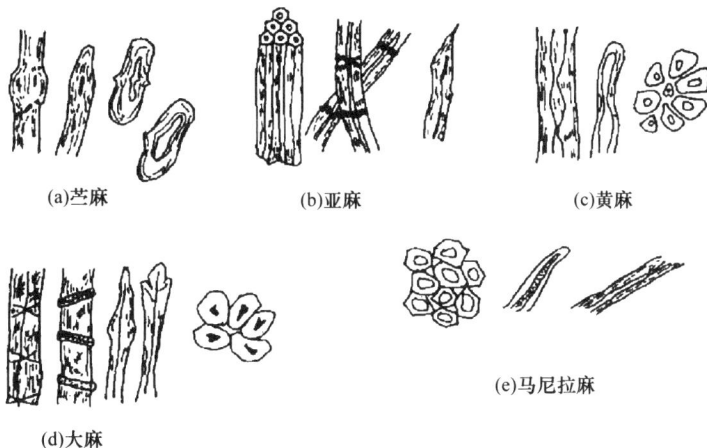

(a)苎麻　　　(b)亚麻　　　(c)黄麻

(e)马尼拉麻

(d)大麻

图1-14　麻纤维的纵向形态和截面形态

（四）麻纤维的主要性能

1. 长度和线密度　麻纤维的长度整齐度、线密度均匀度都比较差，所以纺得的纱线条干均匀度也差，具有独特的粗节，形成麻织物粗犷的风格。

除苎麻外，其他麻类经初加工后得到的束纤维，在经过梳麻后，由于梳针的梳理作用，进一步分离，以适应纺纱工艺的要求。这时分离成的束纤维称为工艺纤维。工艺纤维的细度除与品种和生长情况有关外，还与脱胶程度和梳麻次数等情况有关。如黄麻工艺纤维的线密度一般为3.3～2tex（300～500公支）；槿麻工艺纤维较黄麻为粗，线密度一般为4～3.6tex（250～280公支）。主要麻纤维的单纤维长度和细度见表1-4。

表1-4　主要麻纤维的单纤维长度和细度

麻类品种	长度（mm）	细度（μm）	麻类品种	长度（mm）	细度（μm）
苎麻	60～250	20～80	洋麻	3～6	14～30
亚麻	17～25	12～17	罗布麻	28～50	17～20
黄麻	2～4	10～28	蕉麻	3～12	16～32
大麻	15～25	16～50	剑麻	1～2	15～30

2. 吸湿性　麻纤维的吸湿能力比棉强，且吸湿与散湿的速度快，尤以黄麻吸湿能力更佳。一般大气条件下，回潮率可达14%左右，故宜做粮食、糖类等包装材料，既通风透气又可保持物品不易受潮。

3. 强伸性　麻纤维是主要天然纤维中拉伸强度最大的纤维，如苎麻的单纤维强度为5.3～7.9cN/dtex，断裂长度可达40～55km，且湿强大于干强。亚麻、黄麻、槿麻等强度也较大。但麻纤维受拉伸后的伸长能力却是主要天然纤维中最小的，如苎麻、亚麻、黄麻的断裂伸长率分别为2%～3%、3%和0.8%左右。

4. 刚柔性　麻纤维的刚性是常见纤维中最大的，尤以黄麻、槿麻为甚，苎麻、亚麻则较好些。麻纤维的刚柔性除与品种、生长条件有关外，还与脱胶程度和工艺纤维的细度有关。刚性强，不仅手感粗硬，也会导致纤维不易捻合，影响可纺性，成纱毛羽多；柔软度高的麻纤维可纺性能好，断头率低。

5. 弹性　麻纤维的弹性较差，纯麻织物制成的衣服极易起皱。

6. 化学稳定性　麻纤维的化学稳定性与棉纤维相似，较耐碱而不耐酸。

三、毛纤维

毛纤维是从某些动物身上取得的纤维，主要组成物质为蛋白质。通常说的羊毛是指从绵羊身上取得的绵羊毛。此外，还有特种动物毛，如山羊绒、马海毛、兔毛、羊驼绒、牦牛毛等。

羊毛是纺织工业的重要原料，它具有许多优良特性，如手感丰满、吸湿能力强、保暖性好、弹性好，不易沾污、光泽柔和、染色性优良，还具有独特的缩绒性等。因此，羊毛既可以织制风格各异的四季服装用织物，也可以织制具有特殊要求的工业呢绒、呢毡、衬垫材料，还可以织制壁毯、地毯等装饰品。

（一）羊毛纤维的组成与形态结构

1. 羊毛纤维的主要组成物质　羊毛纤维的主要组成物质是一种不溶性蛋白质，称为角朊。它由多种 α-氨基酸缩合而成，组成元素除碳、氢、氧、氮外还有硫。由于羊毛纤维分子结构中含有大量的碱性侧基和酸性侧基，因此，其具有既呈酸性又呈碱性的两性性质。

2. 羊毛纤维的形态结构

（1）羊毛纤维的纵向形态结构。羊毛纤维的纵面呈鳞片状覆盖的圆柱体，并带有天然卷曲。

（2）羊毛纤维的截面形态结构。细羊毛纤维的截面近似圆形，粗羊毛的截面呈椭圆形，死毛的截面呈扁圆形。羊毛纤维的截面由外至内由表皮层（又称磷片层）、皮质层，有时还有髓质层组成。

（二）羊毛纤维的品质特征和性能

1. 羊毛纤维的长度　羊毛纤维的长度随羊的品种、年龄、性别、毛的生长部位、饲养条件、剪毛次数和季节等不同而差异很大。一般国产细羊毛的长度为5.5~12cm，半细毛的长度可达7~15cm，粗羊毛则为6~40cm。在同一只羊身上，以肩部、颈部和背部的毛较长，头部、腿部、腹部的毛较短。

2. 细度　羊毛纤维的直径差异很大，最细的羊毛直径只有7μm，最粗的可达240μm。羊毛的直径主要取决于绵羊的品种，此外，绵羊的年龄、性别、生长部位、饲养条件、季节等因素对羊毛的直径也有很大的影响。绵羊的年龄在3~5岁时羊毛最粗，幼年和老年时都比较细。一般母羊的羊毛较细，公羊的羊毛较粗。在同一只羊身上，以肩部的毛最细，体侧、颈部、背部的毛次之，前颈、臀部和腹部的毛较粗，喉部、小腿下部、尾部的毛最粗。

3. 羊毛的卷曲　羊毛的自然形态并非直线，而是沿长度方向有自然的周期性弯曲，称为卷曲。羊毛的卷曲形态有多种。根据卷曲的深浅（即波高），以及长短（即波宽）不同，卷曲形状可以分为三类，分别为弱卷曲、常卷曲、强卷曲。卷曲是羊毛的重要品质特征。羊毛卷曲排列越整齐，毛被越能形成紧密的毛丛结构，就越能预防外来杂质和气候的影响，羊毛的品质越好。常卷曲的羊毛具有正常的平面卷曲，手感柔软，可用于精梳毛纱，纺制有弹性的平光洁的纱线；强卷曲的羊毛可用于粗梳毛纺，纺制表面毛茸丰满、手感好、富有弹性的呢绒。

4. 羊毛的摩擦性能和缩绒性　由于鳞片的根部着生于毛干，梢部按不同程度伸出于纤维表面，向外张开，其伸出方向指向羊毛尖部，使羊毛纤维具有定向摩擦效应，即逆鳞片方向的摩擦系数大于顺鳞片方向的摩擦系数。将洗净的羊毛纤维或织物给以湿热或化学试剂，鳞片就会张开，同时加以反复摩擦挤压，则由于定向摩擦效应，使纤维保持根部向前运动的方向性。这样，各种纤维带着和它纠缠在一起的纤维按一定方向缓缓蠕动，就会使羊毛纤维啮合成毡，羊毛织物收缩紧密。这一性质称为羊毛的缩绒性或毡缩性。

5. 羊毛纤维的吸湿性　羊毛纤维的吸湿性用回潮率表示。羊毛的吸湿性是常见纤维中最强的，一般大气条件下，回潮率为15%～17%。

6. 羊毛纤维的强伸性　羊毛纤维的拉伸强度是常用天然纤维中最低的，其断裂长度只有9～18km。一般羊毛细度较细，髓质层较少，其强度较高。羊毛纤维拉伸后的伸长能力却是常用天然纤维中最大的，断裂伸长率干态下可达25%～35%，湿态下可达25%～50%，去除外力后，伸长的弹性恢复能力也是常用天然纤维中最好的。所以，用羊毛织成的织物不易产生皱纹，具有良好的服用性能。

7. 热稳定性　在一定的湿热条件和外力作用下，经过一定时间会使羊毛纤维及其制品的形状稳定下来，它是天然纤维中热定型性最好的纤维。

8. 密度　羊毛纤维的密度因其组织结构不同而略有差异，一般为1.30～1.32g/cm³。

9. 羊毛纤维的化学稳定性　羊毛纤维较耐酸而不耐碱。较稀的酸和浓酸短时间的常温处理对羊毛的损伤不大，所以，常用酸去除原毛或呢坯中的草屑等植物性杂质。有机酸如醋酸、蚁酸是羊毛染色中的重要促染剂。碱会使羊毛变黄及部分溶解。

10. 耐微生物性能　羊毛纤维易被虫蛀，纯羊毛服装保管时要多加小心。

（三）其他动物毛纤维简介

1. 山羊绒　山羊绒是从山羊身上获取的纤维，其中以绒山羊所产羊绒质量最好。山羊多生长在高山严寒地区，全身长有粗毛的外层毛和细软的绒毛。从山羊身上抓取或剪取的纤维由粗毛、两型毛和绒毛组成，绒毛称为山羊绒，粗毛称为山羊毛。山羊绒在国际纺织市场上称为开司米，是一种珍贵的纺织原料。山羊绒纤维的结构与细羊毛近似，由鳞片层和皮质层组成，无髓质层。山羊绒的鳞片多呈环状覆盖，鳞片边缘光滑，间距比羊毛大。正、偏皮质细胞不明显，卷曲较少且不规则，羊绒截面近似圆形。羊绒的强度、弹性均优于细羊毛，摩擦效应较细羊毛小，但不易缩绒，对酸碱的作用较羊毛敏感。山羊绒主要用于制作针织羊绒衫，也用于制作高级羊绒大衣呢、毛毯、高档精纺服装面料等。产品手感滑爽细腻，保暖性好。山羊毛比较粗硬，一般不适宜作纺织原料，多用于制造刷子、毛笔、捻线等。

2. 马海毛　马海毛是来自安哥拉山羊的一种纤维，故又称安哥拉山羊毛。安哥拉山羊适于牧场放牧，饲料以嫩叶为主，一般分春秋两次剪毛，成年羊每头通常可剪2～3kg，最高的可达10kg。毛色分白色、褐色两种。马海毛的鳞片扁平，大而光滑，光泽很强，紧抱在毛干上很少重叠，呈现不规则的波形衔接。马海毛的皮质层几乎都是由正皮质细胞组成的纤维，很少卷曲。马海毛强度高，具有良好的弹性，不易毡缩，对化学药品的反应较绵羊毛敏感。马海毛是制作提花毛毯、长毛绒、顺毛大衣呢等高光泽毛织物的理想原料，也可与其他纤维混纺制成火车和汽车的高级坐垫、衣边和帐幕等。

3. 兔毛　纺织工业用的兔毛主要是从安哥拉长毛兔上获取的。兔毛纤维分为30μm以下的绒毛和30μm以上的粗毛两种类型，我国兔毛的粗毛含量为10%～15%，最高可达30%以上。绒毛直径为5～30μm，平均直径为11.5～15.9μm，粗毛直径分布在30～130μm，每根纤维的直径变化很大。兔毛的颜色洁白，腿部和腹部的兔毛常有沾污和缠结。绒毛的卷曲程度较大，粗毛没有卷曲。兔毛由鳞片层、皮质层和髓质层组成，极少量的绒毛无髓质层。兔毛的鳞片形状比羊毛复杂，有的呈锐角三角形，有的类似水纹状，有的呈长斜状，有的与羊毛纤维接近，即使同一根兔毛纤维上的鳞片开头也不相同。兔毛皮质层所占比例比羊毛少得多，纤维越粗，皮质层的比例越少。兔毛的正副皮质细胞呈不均匀的混杂分布，以正皮细胞为主。兔毛的髓质层较发达，髓腔呈断续状或块状。兔毛的截面形状随纤维的细度而变化，细绒毛接近圆形或不规则的四边形，粗毛呈不规则的椭圆形，纤维越粗，截面形状越不规则。

兔毛的吸湿性比羊毛好，强度低于羊毛，具有一定的缩绒性，易毡缩，保暖性优良，在纺织加工中易产生静电。兔毛纤维主要与羊毛或化学纤维混纺，生产针织绒线，织制兔毛衫、帽子、围巾等，还可织制兔毛大衣呢、花呢、女式呢等。

4. 牦牛毛 牦牛是生长在海拔为2100～6000m的高寒地区的牲畜，被称为"高原之舟"。我国的牦牛主要分布在西藏、甘肃、青海、新疆、四川等地的高山草原上。牦牛的被毛由绒毛、两型毛和粗毛组成。牦牛绒由鳞片层和皮质层组成，少数纤维有点状的髓质层。粗毛纤维由鳞片层、皮质层和髓质层三部分组成。牦牛绒的鳞片呈环状，边缘整齐，覆盖间距比羊毛大，紧贴于毛干，光泽柔和，弹性好，手感柔软细腻。截面近似圆形，化学性质与羊毛相同，强度略高于山羊绒，断裂伸长率比山羊绒低。牦牛绒不宜单独纺纱，要与绵羊毛或化纤混纺生产针织绒衫，还可与羊毛、化纤、绢丝等混纺制作粗纺面料，也可用来制作衬垫织物、帐篷及毛毡等。

5. 骆驼毛 骆驼毛分为双峰驼毛和单峰驼毛，其中双峰驼毛的品质较好，单峰驼毛的品质较差。我国骆驼毛多产于内蒙古、新疆、甘肃、青海、宁夏等地。骆驼毛的色泽有乳白、浅黄、黄褐、棕褐色等。骆驼被毛中含有细毛和粗毛两大类纤维。骆驼毛主要由鳞片层和皮质层组成，有的纤维有髓质层。鳞片少，鳞片边缘光滑，皮质层是由带有规则条纹和含色素的细长细胞组成，髓质层较细，为间断型，驼毛的髓质层呈细窄条连续分布。驼绒的平均直径为14～23μm，长度为40～135mm；驼毛的平均直径为50～209μm，长度为50～300mm。单根驼绒纤维的强力为6.86～24.5cN，驼毛强力为44.1～58.5cN。去粗毛后的驼绒可织造高级粗纺织物、毛毯和针织品。粗毛可作填充料及工业用的传送带。

四、丝纤维

蚕分家蚕和野蚕两大类。家蚕即桑蚕，结的茧是生丝的原料，野蚕有柞蚕、蓖麻蚕、麻蚕、樗蚕、天蚕、柳蚕等，其中柞蚕结的茧可以缫丝，其他野蚕结的茧不宜缫丝，一般将它们切成短纤维作绢纺原料或制成丝绵。

蚕丝是高级的纺织原料，有较好的强伸度，纤维细而柔软、平滑，富有弹性，光泽好，吸湿性好。采用不同组织结构，丝织物可以轻薄似纱，也可厚实丰满。丝织物除供衣着外，还可作日用及装饰品，在工业及国防上也有重要用途。柞蚕丝具有坚牢、耐晒、富有弹性、滑挺等优点，柞丝绸在我国丝绸产品中占有相当的地位。

（一）蚕丝的组成和分子结构

1. 蚕丝的组成 蚕丝纤维主要是由丝素和丝胶两种蛋白质组成，此外，还有一些非蛋白质成分，如脂蜡物质、碳水化合物，色素和矿物质（灰分）等。蚕丝中，物质的含量常随茧的品种和饲养情况而变化。

2. 蚕丝的分子结构 蚕丝的主要成分为蛋白质，属于蛋白质纤维，是一种高分子化合物。蚕丝的大分子是由多种 α-氨基酸剩基以酰胺键联结构成的长键大分子，又称肽链。在色素中，乙氨酸、丙氨酸、丝氨酸和酪氨酸含量约占90%。其中乙氨酸和丙氨酸含量约占70%，含侧基小，因而使蚕丝分子结构较为简单，长链大分子的规整性好，呈 β 折叠链形状，有较高的结晶性。

（二）蚕丝的性能

1. 长度 长度主要影响可纺性。从茧子上缫取的茧丝长度很长，经缫丝，数根茧丝合并可获得任意长度的连续长丝（生丝），不需要纺纱即可织造。一粒茧子上的茧丝长度可达数百米至千米。也可将下脚茧丝、茧衣和缫丝中的废丝等经脱胶切成短纤维，经绢纺纺纱工艺获得绢丝供织造用。

2. 细度 蚕丝纤维很细，单纤维直径平均在 $14 \sim 17 \mu m$。内外层茧丝的线密度值存在一定差异，内层茧丝最细，中层茧丝最粗，外层茧丝居中，茧丝平均线密度在 $2.6 \sim 3.7 dtex$，脱胶后的丝纤维平均线密度在 $1.1 \sim 1.4 dtex$。

3. 吸湿性 无论是家蚕丝还是柞蚕丝都具有很好的吸湿本领，在温度为20℃、相对湿度为65%的标准条件下，家蚕丝的吸湿率达11%左右，在纺织纤维中属于比较高的。如果含丝胶的数量多，纤维的含水量还会增加，因为丝胶比丝素更容易吸湿。比较起来，柞蚕丝因为本身内部结构的特点，吸湿性也高于家蚕丝。

4. 机械性质 影响茧丝的机械性质的因素有蚕品种、产地饲养条件、茧的舒解和茧丝纤度等。茧层部位的变化，对茧丝的性质影响更大。随着茧层部位不同，茧丝纤度的变化呈抛物线形状，茧丝的伸度、蠕变和缓弹性变形的变化，呈现相似的倾向。茧丝的初始模量：最外层小，中层、内层逐渐增大。吸湿后，蚕丝的强伸度发生变化。家蚕丝湿强为干强的80%～90%，湿伸长增加约45%。柞蚕丝湿强增加，约为干强的110%，湿伸长约增加145%。

5. 密度 蚕丝的密度较小，因此，织成的丝绸轻薄。生丝的密度为1.30～1.37，精练丝的比重为1.25～1.30，这说明丝胶密度较丝素大。

6. 光学性质 蚕丝的光泽是丝反射的光所引起的感官感觉。茧丝具有多层丝胶、丝蛋白的层状结构，在光线入射后，进行多层反射，反射光互相干涉，因而产生柔和的光泽，生丝的光泽与生丝的表面形态、生丝中的含茧丝数等有关。一般来说，生丝截面越接近圆形，光泽柔和均匀，表面越光滑，反射光越强。精练后的生丝，光泽更为优美。蚕丝的耐光性较差，在日光照射下，蚕丝容易泛黄。在阳光曝晒之下，因日光中2900～3150A近紫外线，易使蚕丝中酪氨酸、色氨酸的残基氧化裂解，致使蚕丝强度显著下降。日照200h，蚕丝纤维强度损失50%左右。柞蚕丝耐光性比蚕丝好，在同样的日照条件下，柞蚕丝强度损失较小。

7. 热学性质　蚕丝耐干热性较强，能长时间承受100℃的高温。温度升至130℃，蚕丝会泛黄、发硬，其分解点在150℃左右。蚕丝是热的不良导体，导热率比棉还小。

8. 丝鸣　干燥的蚕丝相互摩擦或揉搓时发出特有的清晰、微弱的声响，称为丝鸣。丝鸣成为蚕丝独特的风格。

第三节　化学纤维

一、再生纤维

（一）黏胶纤维

黏胶纤维是再生纤维的一个主要品种，于1891年在英国研制成功，1905年投入工业化生产。黏胶纤维的原料来源广泛，成本低廉，在纺织纤维中占有相当重要的地位。

1. 黏胶纤维的结构特征　黏胶纤维的主要组成物质是纤维素（$C_6H_{10}O_5$）$_n$，其分子结构式与棉纤维的相同，聚合度低于棉，一般为250～550。黏胶纤维由湿法纺丝制成，其横截面边缘为不规则的锯齿形，有皮芯结构，纵向平直、有不连续的条纹。

2. 黏胶纤维的主要性能

（1）吸湿性和染色性。黏胶纤维的吸湿性是化学纤维中最好的，标准大气条件下（温度20℃，相对湿度65%），回潮率约为13%，相对湿度95%时的回潮率约为30%。纤维吸湿后，显著膨胀，截面积可增加50%以上，最高可达到140%，所以，一般的黏胶纤维织物下水后会手感发硬、收缩率大。黏胶纤维的染色性能良好，染色色谱全，色泽鲜艳，染色牢度也较好。

（2）机械性质。黏胶纤维的强度较低，一般在1.6～2.7cN/dtex，断裂伸长率为16%～22%。湿强下降多，为干强的40%～50%。所以，在剧烈的洗涤条件下，黏胶纤维织物易受损伤。黏胶纤维在小负荷下容易变形，且变形后不易恢复，弹性差，织物容易起皱，耐磨性差。

（3）其他性能。黏胶纤维耐碱不耐酸。耐热性较好，在180～200℃时产生热分解。

3. 黏胶纤维的种类和用途

（1）普通黏胶纤维。普通黏胶纤维有长丝（人造丝）和短纤维（人造棉）之分，粘胶短纤维有棉型、毛型和中长型，可与棉、毛等天然纤维混纺，也可与涤纶、腈纶等合成纤维混纺，还可纯纺，用于织制各种服装面料和家庭装饰织物及产业用纺织品。其特点是成本低，吸湿性好，抗静电性能优良。长丝可以纯织，也可与蚕丝、棉纱、合成纤维长丝等交织，用于制作服装面料、床上用品及装饰品等。

（2）富强纤维。富强纤维（高湿模量黏胶纤维）是通过改变普通黏胶纤维的纺丝工艺条件而开发的，其横截面近似圆形，结构近乎全芯层，强度高于普通黏胶纤维，湿态强度明显提高。

（3）强力粘胶丝。强力粘胶丝结构为全皮层，是一种高强度、耐疲劳性能良好的黏胶纤维，强度可达棉的两倍以上，广泛用于工业生产，可制作汽车轮胎帘子布，也可以制作运输带、胶管、帆布等。

（二）醋酯纤维

醋酯纤维俗称醋酸纤维，它是以纤维素与醋酯酐等为原料，经干法或湿法纺丝制成，是一种半合成纤维。

醋酯纤维有二醋酯纤维和三醋酯纤维。醋酯纤维无皮芯结构，横截面形状为多瓣形叶或耳状。醋酯纤维由于纤维素分子上的羟基被乙酰基所取代，因而吸湿性比黏胶纤维低得多，在标准大气条件下，二醋酯纤维的回潮率为6.5%。三醋酯纤维更低，回潮率为4.5%。染色性能较差，因此，必须用分散染料染色，才能获得良好的染色效果。醋酯纤维强度较低，二醋酯纤维的干强度仅为1.1~1.2cN/dtex，三醋酯纤维的为1.0~1.1cN/dtex，湿强为干强的67%~77%。醋酯纤维容易变形，也容易恢复，不易起皱，柔软，具有蚕丝的风格。产生1.5%的伸长变形时，恢复率为100%。醋酯纤维表面平滑，手感柔软滑爽，有弹性，有丝一般的光泽，适合于制作衬衣、领带、睡衣、高级女士服装、裙子。

（三）铜氨纤维

铜氨纤维是一种再生纤维素纤维，它是将棉短绒等天然纤维素原料溶解在氢氧化铜或碱性铜盐的浓氨溶液内，配成纺丝液，在凝固浴（湿法）中，铜氨纤维素分子化学物分解再生出纤维素，生成的水合纤维素经后加工即得到铜氨纤维。铜氨纤维的截面呈圆形，无皮芯结构。纤维可承受高度拉伸，制得的单丝较细，一般在1.33dtex以下，可达0.44dtex，制成的面料手感柔软，光泽柔和，有真丝感。铜氨纤维的吸湿性与黏胶纤维接近，其公定回潮率为11%，在一般大气条件下回潮率可达到12%~13%。在相同的染色条件下，铜氨纤维的染色亲和力较黏胶纤维大，上色较深。铜氨纤维的干强与黏胶纤维接近，但湿强高于黏胶纤维，耐磨性也优于黏胶纤维。由于纤维细软，光泽适宜，常用作高档丝织或针织物。铜氨纤维服用性能较优良，吸湿性好，极具悬垂感，近似于丝绸，符合环保服饰潮流。

（四）Lyocell纤维

虽然黏胶纤维具有独特的光泽、吸湿透气和抗静电性能，但它也有致命的弱点：湿强极低、易皱、缩水率高，且生产流程长，环境污染严重。Lyocell纤维是一种新型人造纤维素纤维，它来自树木内的纤维素，通过采用有机溶剂NMMO（N-甲基吗啉-N-氧化物）的纺丝工艺，在物理作用下完成，工艺及设备简单，生产周期短，消耗原材料少，整个制造过程无毒、无污染，以保护自然环境为本。它在泥土中能完全分解，对环境不会构成损害。它所用的树木主要在一些不能种植农作物及放牧的土地上种植，砍伐树木之后，会再种植同等数量的树木以保护自然生态。故其被誉为"21世纪的绿色纤维"。Lyocell纤维自1993年起由英国考陶尔兹（Courtaldo）公司在美国生产，其商标为Tencel®（译名天丝），除了具有黏胶纤维的优点外，还具有合成纤维的强伸性，是目前世界上少数集合成纤维和天然纤维优点于一体的新纤维。Tencel®纤维吸湿性强，标准状态下回潮率达11%，略低于黏胶纤维，染色性能好而持久。Tencel®的强力与合成纤维相近，干强为4.2cN/dtex，接近涤纶纤维，湿强仅下降15%。尺寸稳定性好，织物缩水率低。Tencel®纤维具有棉的吸湿性能，丝的手感和光泽、化纤的强力、毛的挺爽等优良性能，可用来开发高附加值的机织和针织产品，可生产牛仔布、套装、休闲服、色织布、衬衫、内衣等。

二、合成纤维

（一）涤纶

涤纶（PET）是聚对苯二甲酸乙二酯纤维在我国的商品名称。它是聚酯纤维最常用的一种，由熔体纺丝法制得。涤纶的品种很多，有长丝和短纤；长丝又有普通长丝（包括帘子线）和变形丝；短纤又可分为棉型、毛型和中长型等。涤纶是合成纤维的一大类属和主要品种，其产量居所有化学纤维之首。普通涤纶的截面为圆形，纵向光滑平直。

涤纶吸湿性差，在一般大气条件下，回潮率只有0.4%，因而，纯涤纶织物穿着有闷热感，但其织品易洗快干，具有"洗可穿"的美称，而且吸湿性差，对工业用纤维却是一个有利的特性。一般染料难以染色，现多采用分散性染料高温、高压染色。涤纶的断裂强度和断裂伸长率均大于棉纤维，但因品种和牵伸倍数而异。一般长丝较短纤强度高，牵伸倍数高的强度高、伸长小。涤纶的模量较高，仅次于麻纤维，弹性优良，所以织物挺括抗皱，尺寸稳定，保形性好。涤纶的耐磨性优良，仅次于锦纶，但易起毛起球，且毛球不易脱落。涤纶对酸较稳定，尤其是有机酸，但涤纶只能耐弱碱，常温下与浓碱，高温下与稀碱作用都会使纤维受到破坏。利用这一点，可以对涤纶进行碱减量处理，使涤纶产生"碱剥皮"的效果，改变涤纶的光洁度，使其表面微孔增多。涤纶对一般有机溶剂、氧化剂、微生物的抵抗能力较强。涤纶的耐热性优良，热稳定性较好。涤纶织物遇火种易熔成小孔，重则灼伤人体。涤纶因吸湿性差，比电阻高，是优良的绝缘材料。但易积聚电荷产生静电，吸附灰尘。涤纶的耐光性仅次于腈纶，经1000h暴晒，其强力仍能保持60%~70%。尽管涤纶投入工业化生产较迟，但由于其具有许多优良性能，在服装、装饰和工业中应用相当广泛。

（二）腈纶

腈纶（PAN）主要由聚丙烯腈组成，它是用85%以上的丙烯腈和不超过15%的第二、第三单体共聚而成，经湿法或干法纺丝制成短纤或长丝。腈纶的截面一般为圆形或哑铃形，纵向平滑或有1~2根沟槽，其内部存在空穴结构。腈纶的吸湿性优于涤纶，但比锦纶差，在一般大气条件下，回潮率为2.0%，由于空穴结构的存在和第二、第三单体的引入，染色性较好。腈纶的强度比涤纶、锦纶低，断裂伸长率与涤纶、锦纶相似。多次拉伸后，剩余伸长率较大，弹性低于涤纶、锦纶和羊毛，因此，尺寸稳定性较差。在合成纤维中，耐磨性属较差的。由于腈纶中含有氰基，使得腈纶的耐光性是常见纤维中最好的，腈纶经日晒1000h，强度损失不超过20%，所以适合作帐篷、炮衣、窗帘等户外用织物。腈纶具有热弹性，将普通腈纶拉伸后骤冷得到的纤维，如果在松弛状态下受到高温处理，会发生大幅度的回缩，将这种高伸腈纶与普通腈纶混纺成纱，经高温处理后成蓬松性好、毛型感强的膨体纱。腈纶不熔融，在温度为200℃内不发生热分解和色变，但纤维开始软化，在温度300℃时已接近分解点，颜色变黑且开始碳化。腈纶的化学稳定性较好，但在浓硫酸、浓硝酸、浓磷酸中会溶解，在冷浓碱、热稀碱中会变黄，热浓碱能立即导致其破坏。腈纶的密度较小，为1.14~1.17g/cm³。腈纶的许多性能如蓬松、柔软与羊毛相似，故常制成短纤维与羊毛、棉或其他化纤混纺，织制毛型织物或纺成绒线，还可以制成毛毯、人造毛皮、絮制品等。腈纶具有许多优良性能，如手感柔软、弹性好，有"合成羊毛"之称。耐日光和耐气候性特别好，染色性较好，故较多地用于制作针织面料和毛衫。

（三）锦纶

锦纶（PA）是聚酰胺纤维的商品名（又称尼龙）。它是世界上最早的合成纤维品种，由于性能优良，原料资源丰富，一直被广泛使用。锦纶品种很多，目前主要有锦纶6和锦纶66。锦纶以长丝为主，少量短纤维主要用于与棉、毛或其他化纤混纺。锦纶长丝大量用于变形加工制造弹力丝，作为机织或针织原料。锦纶为熔体纺丝法制得，其截面近似圆形，纵面形态无特殊结构，与涤纶相似。锦纶的吸湿能力是合成纤维中较好的。在一般大气条件下，回潮率可达4.5%左右，有些品种如锦纶6可达7%。锦纶的染色性虽不及天然纤维、黏胶纤维，但在合成纤维中是较易染色的一种纤维，可用酸性染料、分散染料及其他染料染色。锦纶的强度高、伸长能力强，且弹性优良。伸长率为3%~6%时，弹性回复率接近100%；而相同条件下，涤纶为67%、腈纶为56%、黏胶纤维仅为32%~40%。耐磨性是强度、延伸度和弹性之间的一个综合效果，因此，锦纶的耐磨性是常用纤维中最好的。锦纶在小负荷下容易变形，其初始模量在常见纤维中是最低的，因此手感柔软，但织物的保形性和硬挺性不及涤纶。锦纶的耐热性差，随温度的升高使强力下降，收缩率增大。一般安全使用温度，锦纶6仅为93℃以下，锦纶66为130℃以下。遇火种易熔成小孔甚至灼伤人体。锦纶的耐光性差。在光的长期照射下，会发黄发脆，强力下降。锦纶的耐碱性优良，耐酸性较差，特别是对无机酸的抵抗能力很差。在温度为95℃下用10%的NaOH溶液处理16h后的强度损失可忽略不计，但遇酸酰胺基易酸解，导致酰胺键断裂，使聚合度下降。锦纶密度较小，为1.14g/cm³左右。

（四）丙纶

丙纶（PP）是由聚丙烯经熔体纺丝制得的，产品主要有短纤维、长丝和膜裂纤维等。其截面与纵面形态与涤纶、锦纶等相似。丙纶几乎不吸湿，但有独特的芯吸作用，水蒸气可通过毛细管进行传递，因此，可制成运动服或过滤织物。丙纶的染色性较差，不易上染，可采用纺前染色法解决丙纶的染色问题，但染色色谱不全。丙纶的强伸性、弹性、耐磨性均较高，与涤纶相近；并可根据需要，制造出较柔软或较硬挺的纤维。丙纶的化学稳定性优良，耐酸碱能力均较强，并有良好的耐腐蚀性。熔点（160~177℃）和软化点（140~165℃）较低，耐热性能较差，但耐湿热的性能较高。导热系数在常见纤维中是最低的，因此，保温性能好。丙纶的密度仅为0.91g/cm³左右，是常见纤维中最低的，因此，织物的盖覆性较高。丙纶的耐光性较差，易老化。

（五）氯纶

氯纶（PVC）是聚氯乙烯纤维的商品名，它是由聚氯乙烯或含聚氯乙烯50%以上的聚氯乙烯共聚物，经湿法或干法纺丝而制得。氯纶截面接近圆形，纵向平滑或有1～2根沟槽。氯纶的吸湿能力极小，几乎不吸湿，因此，电绝缘性强。氯纶染色性能较差，对染料的选择性较窄，常采用分散染料染色。氯纶具有难燃性，离开火焰自行熄灭，但氯纶的耐热性差，温度不到100℃甚至在60～70℃就会收缩。氯纶耐晒且保暖性较优良。氯纶的强度接近棉，约为2.65cN/dtex；断裂伸长率大于棉，弹性和耐磨性均较棉良，但在合成纤维中属较差者。氯纶的化学稳定性好，耐酸耐碱性均优良。氯纶的密度为1.38～1.40g/cm^3。氯纶主要用于制作各种针织内衣、绒线、毯子、絮制品、防燃装饰用布等；还可做成鬃丝，用来编织窗纱、筛网、渔网、绳索；此外，还可用于工业滤布、工作服、绝缘布、安全帐幕等。

（六）维纶

维纶（PVA）也称维尼纶，是聚乙烯醇缩甲醛纤维的商品名。维纶的主要组成部分为聚乙烯醇，纤维大多为湿法纺丝制得，截面呈腰圆形，皮芯结构，纵向平直有1～2根沟槽。维纶的吸湿能力是常见合成纤维中最好的，在一般大气条件下回潮率可达5%左右，有"合成棉花"之称。但由于皮芯结构和缩醛化处理，染色性能较差，染色色谱不全，不易染成鲜艳的色泽。维纶的强度、断裂伸长率、弹性等虽较其他合成纤维要差，但均优于棉纤维，且耐磨性、耐光性、抗老化性较好，较棉纤维经久耐用。密度较棉低，为1.26～1.30g/cm^3。维纶的耐碱性优良，但不耐强酸，对一般的有机溶剂抵抗力强，且不易腐蚀，不霉不蛀。维纶长期放在海水或土壤中均难以降解，故适合于制作渔网。维纶的耐热水性差，所以须经缩醛化处理以提高耐热水性，否则，在热水中剧烈收缩，甚至溶解。维纶的热传导率低，故其保暖性良好。维纶的生产以短纤维为主，常与棉混纺。由于性质的限制，维纶一般纺制较低档的民用织物，但维纶与橡胶有良好的黏着性能，故大量用于工业制品，如绳索、水龙带、渔网、帆布、帐篷等。此外，维纶还可做建筑增强材料。

（七）氨纶

氨纶（PU）是一种与其他高聚物嵌段共聚时，至少含有85%的氨基甲酸酯（或醚）的链节单元组成的线型大分子构成的弹性纤维。现多采用干法纺丝制得的氨纶，其纤维截面呈圆形、蚕豆形，纵向表面暗深，呈不清晰骨形条纹。氨纶吸湿性较差，在一般大气条件下回潮率为0.8%～1%。具有高伸长、高弹性等特点，这也是氨纶的最大特点。氨纶断裂伸长率可达450%～800%，在断裂伸长以内的伸长回复率都可达90%以上。而且回弹时的回缩力小于拉伸力，因此穿着舒适，没有像橡胶丝那样的压迫感。强度比橡胶丝高2～3倍，但与其他纺织纤维相比，则强度较低。氨纶具有较好的耐酸、耐碱、耐光、耐磨等性质。密度较橡胶丝低，为1.0～1.3g/cm^3。氨纶主要用于纺制有弹性的织物，制成紧身衣，还可制成袜子。除了织造针织罗口外，很少直接使用氨纶裸丝。一般将氨纶丝与其他纤维的纱线一起制成包芯纱或加捻纱后使用。

第四节　其他类别纺织纤维

一、差别化纤维

差别化纤维泛指对常规化学纤维有所创新或具有某一特性的化学纤维。对于常规纤维如何实现差别化，按其改性方式可分为物理改性、化学改性、工艺改性及综合改性。按其改性时期可分为在纺前对聚合物改性、在纺丝过程中改性、在成丝后再加工改性。一般经过化学改性或物理变形，使纤维的形态结构、物理、化学性能与常规化纤有显著不同，从而取得仿生的效果或改善、提高化纤的性能。

差别化纤维的品种很多。在形态结构上发生变化的，有异形纤维、中空纤维、复合纤维、细特（旦）纤维、异纤度纤维等。在物理化学性能上，较常规化纤有所改善或提高的，有抗静电纤维、导电纤维、高收缩纤维、阻燃纤维、抗起毛起球纤维、抗菌防臭纤维。下面介绍几种常用的差别化纤维。

（一）形态各异的异形纤维

异形纤维指经一定几何形状（非圆形）喷丝孔纺制的具有特殊截面形状的化学纤维。根据所使用的喷丝孔的不同，可制得三角形、哑铃形等不同截面形的异形纤维，如图1-15所示。

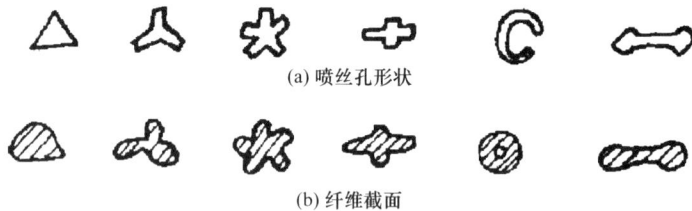

(a) 喷丝孔形状

(b) 纤维截面

图1-15　特殊截面形状的喷丝孔

（二）中空纤维

中空纤维指贯通纤维轴向且有管状空腔的化学纤维。它可以通过改变喷丝孔的形状来获得。中空纤维的最大特点是密度小、保暖性强，适宜做羽绒制品，如高档絮棉、仿羽绒服、睡袋等。

（三）复合纤维

复合纤维是由两种及两种以上的聚合物，或具有不同性质的同一聚合物，经复合纺丝法纺制成的化学纤维（图1-16）。所谓复合纺丝法就是将不同的熔体，按一定的配比由同一喷丝头压出，在喷丝孔的适当部位相遇从而形成纤维。复合纤维中由两种聚合物制成的，即为双组分纤维。根据不同组分在纤维截面上的分配位置，可分为并列型、皮芯型和海岛型等。

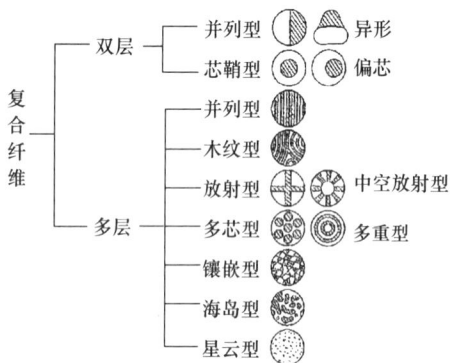

图1-16　复合纤维常见结构形式

（四）超细纤维

超细纤维指单丝线密度较小的纤维，又称微细纤维。根据线密度范围又可划分为细特纤维（线密度为0.44～1.1ldtex）和超细特纤维（线密度为0.011～0.44dtex）。细特纤维抗弯刚度小，制得的织物细腻、柔软、悬垂性好，纤维比表面积大，吸湿性好，染色时有减浅效应，光泽柔和。常用于仿麂皮、仿真丝织物，过滤材料及羽绒型制品等。

国际上定义0.1～1.0dtex的合成纤维为超细纤维。低于0.1dtex的纤维为超超细纤维。一般来讲，细度低于天然丝细度的合成纤维被认为是超细纤维。超细纤维因其本身线密度较小，所以刚性小，纤维柔软易扭弯，其纤维间有微细组织，比表面积大，毛细管效应强，纤维长径比大，曲率半径小，回弹性低，集中应力分散，对生物有特异性，因而用途广泛，开发前景广阔。图1-17是典型超细纤维成形方法示意图。

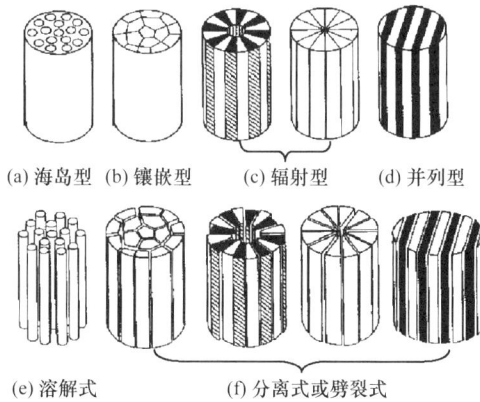

(a) 海岛型　(b) 镶嵌型　(c) 辐射型　(d) 并列型

(e) 溶解式　　　　(f) 分离式或劈裂式

图1-17　典型超细纤维成形方法示意图

二、高性能纤维

高性能纤维（HPF）主要指高强、高模、耐高温和耐化学作用纤维，是高承载能力和高耐久性的功能纤维。主要高性能纤维的基本分类与构成见表1-5。

表1-5　主要高性能纤维的基本分类与构成

分类	高强高模纤维	耐高温纤维	耐化学作用纤维	无机类纤维
名称	对位芳纶（PPTA）、芳香族聚酯（PHBA）、聚苯并噁唑（PBO）、高性能聚乙烯（HPPE）纤维	聚苯并咪唑（PBI）、聚苯并噁唑（PBO）、氧化PAN纤维、间位芳纶（MPIA）纤维	聚四氟乙烯纤维（PTFE）、聚醚酮醚（PEEK）、聚醚酰亚胺（PEI）纤维	碳纤维（CF）、高性能玻璃纤维（HPGF）、陶瓷纤维（碳化硅、氧化铝等纤维）、高性能金属纤维
主要特征	高强（3～6GPa）、高模（50～600GPa）、耐较高的温度（120～300℃）的柔性高聚物	高极限氧指数，耐高温柔性高聚物	耐各种化学腐蚀，性能稳定，高极限氧指数，耐较高的温度（200～300℃）高聚物	高强、高模、低伸长性、脆性、耐高温（>600℃）无机物

三、功能纤维

功能纤维是满足某种特殊要求和用途的纤维，即纤维具有某种特定的物理和化学性质，不仅可以被动响应和作用，甚至可以主动响应和记忆，后者更多被称为智能纤维。

1. 抗静电和导电纤维 抗静电纤维是指不易积聚静电荷的化学纤维。抗静电纤维主要用于制成无尘无菌服、防爆工作服、地毯、口罩等纺织品，导电纤维可制成特种工作服、防尘刷等。抗静电纤维主要是指通过提高纤维表面的吸湿性能来改善其导电性的纤维。导电纤维包括金属纤维，金属镀层纤维，炭粉，金属氧化物、硫化物、碘化物掺杂纤维，络合物导电纤维，导电性树脂涂层与复合纤维，甚至是本征导电高聚物纤维等。对环芯多层结构的夹层大量掺入炭黑，并在纤维主体中也掺入炭黑，制成耐久性抗静电、导电纤维。

2. 蓄热纤维和远红外纤维 根据所用陶瓷粉种类，其蓄热保温机理有两种，一种是将阳光转换为远红外线，相应的纤维称为蓄热纤维；另一种是低温（接近体温）下辐射远红外线，相应的纤维称为远红外纤维。

3. 防紫外线纤维 防紫外线的方法一般是涂层，但会影响织物的风格和手感。采用防紫外纤维可克服这一缺陷，其方法是在纤维表面涂层、接枝，或在纤维中掺入防紫外线或紫外线高吸收性物质，制得防紫外线纤维。

4. 阻燃纤维 纤维阻燃可以从提高纤维材料的热稳定性、改变纤维的热分解产物、阻隔和稀释氧气、吸收或降低燃烧热等方面着手来达到阻燃目的。

5. 光导纤维 光导纤维，简称光纤，是将各种信号转变成光信号进行传递的载体，是当今信息通讯中最具发展前景的材料。

6. 弹性纤维 弹性纤维是指具有400%～700%的断裂伸长率，有接近100%的弹性恢复能力，初始模量很低的纤维。弹性纤维可分为橡胶弹性纤维和聚氨酯弹性纤维。

7. 高收缩纤维 高收缩纤维同样是差别化纤维中的重要品种之一。合成纤维中一般的短纤维沸水收缩率不超过5%，长丝为7%～9%。通常把沸水收缩率在20%左右的纤维称为一般收缩纤维，把沸水收缩率大于35%的纤维称为高收缩性纤维。将具有不同热收缩性能的纤维进行交并、交织等纺织加工，当进行热处理时，高收缩纤维将发生较大的收缩，这样可以得到永久性卷曲的纤维和纱线，使织物具有好的蓬松性和舒适性。如收缩率为35%～50%的高收缩涤纶，用于合成革、人造虎皮等织物的制作。

8. 抗菌防臭纤维 抗菌防臭纤维是指具有除菌、抑菌作用的纤维。抗菌纤维大致有两类，一类是本身带有抗菌抑菌作用的纤维，如大麻纤维、罗布麻纤维、甲壳素纤维及金属纤维等。另一类是借助螯合技术、纳米技术、粉末添加技术等，将抗菌剂在化纤纺丝或改性时加到纤维中而制成的抗菌纤维。

9. 变色纤维 变色纤维是指在光、热作用下，颜色发生变化的纤维。在不同光波、光强作用下，颜色发生变化的纤维称为光敏变色纤维；在不同温度作用下呈不同颜色的纤维称为热敏变色纤维。

10. 香味纤维 香味纤维是指在纤维中添加香料，使纤维具有香味的纤维。

11. 相变纤维　相变纤维是指含有相变物质（PCM）能起到蓄热降温、放热调节作用的纤维，也称空调纤维。

思考题

1．简述纺织纤维的分类。

2．简述纺织纤维基本性能指标。

3．简述天然纤维的结构和性能。

4．简述常用合成纤维的性能。

5．目前，高性能纤维和功能性纤维有哪些？

参考文献

［1］严灏景. 纤维材料学导论［M］. 北京：纺织工业出版社，1990.

［2］于伟东. 纺织材料学［M］. 北京：中国纺织出版社，2006.

［3］姚穆. 纺织材料学［M］. 4版北京：中国纺织出版社，2014.

［4］武继松，张如全. 纺织科学入门［M］. 北京：中国纺织出版社，2011.

［5］薛元. 纺织导论［M］. 北京：化学工业出版社，2013.

［6］瞿才新，张荣华. 纺织材料基础［M］. 2版. 中国纺织出版社，2016.

第二章 纱线及加工技术

纺纱是纺织生产全过程的一个重要环节。纱线是产品开发的重要基础，纱线的不断创新才能给最终产品的日新月异提供更广阔的天地；纱线也是大多数纺织品的基本结构单元，除了纤维性能、织物结构和后整理以外，很多织物性能都与纱线的结构与性能有关。尽管纺织界和考古界都无法给出人类历史上第一次将纤维纺成纱线的确切时间，但是很多考古证据表明早在8000年以前的新石器时代，这项技术就已获得应用。

纺纱技术在历史上经历了两次重大的突破，一是手工机械化，即手工纺织机器的全面形成；二是大工业化，即在完善的工作机构发明后开始的近代工程体系的形成。第一次飞跃约在公元前500年开始于我国，经历10多个世纪逐渐普及到世界各地；第二次飞跃在18世纪下半叶，发生于西欧"工业革命"时期，推广速度比第一次快，但也经历了一个世纪。

在公元1300年之前，简单纺锤一直是纺纱的唯一方法，如图2-1所示。大约在公元前500年我国就有了比较完善的手摇纺车，如图2-2所示。纺纱车在欧洲和我国得到不断发展。图2-3中的人物为我国元代棉纺织革新家黄道婆。元朝元贞年间（1295—1297年），黄道婆自崖州（今海南岛）回到故乡松江乌泥径（今上海市徐汇区），把在崖州学到的纺织技术进行再创造，改革成一套扦、弹、纺、织工具：去籽用搅车、弹棉用椎弓、纺纱用三锭脚踏纺车，同时纺三根纱，大大提高了纺纱功效，如图2-4所示。1733年，约翰·凯（Johnkay）发明了飞梭，为了满足迅

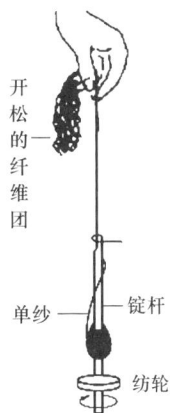

图2-1 纺锤纺纱示意图

图2-2 手摇纺车图

图2-3 元代棉纺织革新家——黄道婆

27

图2-4 黄道婆和古代纺车

图2-5 水力纺纱机示意图

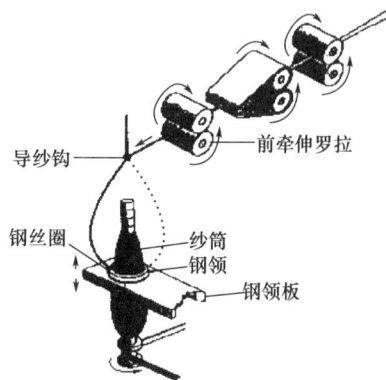

图2-6 传统环锭纺纱原理图

猛增加的机织生产对短纤纱的需求，纺纱于1738~1825年实现了现代化。1738年，刘易斯·保尔（Lewis Paul）将罗拉引入纺纱系统，形成纤维带状，再进行加捻。1769年，理查·阿克莱特（Richard Ark-wright）发明了用单一能源驱动的多锭纺纱车（水力纺纱机），如图2-5所示。1830年，美国人丹佛斯（Danforth）发明了一种新的加捻方法，即帽锭纺纱。19世纪60年代早期，帽锭纺纱被钢领和钢丝圈或环锭纺纱所取代。从此，环锭纺纱处于主要地位，目前已基本实现自动化，图2-6为传统环锭纺纱原理图。

自20世纪70年代以来，纺织纱线的生产进入了一个崭新的阶段，纱线产量稳定增长。新型的纺纱工艺、变形加工急剧发展。纺纱技术和合成纤维领域的突出成就，是自由端纺纱和"高速纺丝—牵伸—假捻变形"的出现，它们是"纱线革命"中最主要的组成部分。这些工艺减少了纺纱工序，提高了效率，降低了成本，扩大了品种，更重要的是，它们制备了高质量的短纤纱和变形纱。相对于传统环锭纺，目前较成熟的新型纺纱技术有转杯纺、喷气纺、紧密纺、涡流纺、自捻纺、摩擦纺等。

第一节 纱线分类及其结构特征

一、纱线的定义与分类

所谓纱线，是指"纱"和"线"的统称。由短纤维沿轴向排列并经加捻而成，或用长丝（加捻或不加捻）组成的具有一定细度和力学性质的产品，称为"纱"。而由两股或两股以上的单纱并合加捻而成的产品，称为"线"。具有更多股和较粗的线，称为"绳"。实际上，纱线是纤维沿长度方向聚集成形的柔软细长的纤维集合体。不连续的短纤维和连续的长丝构成了纱的两大体系，不同纤维以及长、短纤维混合构成了纱的混合或复合；而纱的单轴或多轴加捻合并又形成了股线及花式纱。这使得纱线的种类很多，分类方法也多样。

（一）按纤维组成分类

纤维的组成主要考虑以下两个因素：一是构成纱的纤维；二是纤维分布的形式。

1. 纤维组成不同

（1）纯纺纱线。由一种纤维纺成的纱线统称为纯纺纱线。如棉纱、毛纱、麻纱、绢纺纱、涤纶纱、涤纶长丝、锦纶长丝等。

（2）混纺纱线。由两种或两种以上的纤维混合纺纱、纺丝、合股而成的纱线统称为混纺纱。如涤/棉纱、涤/黏纱、棉/麻纱、复合纱、复合线等。

（3）伴纺纱线。由可溶性纤维（短纤维或长丝）与短纤维伴纺纺成的纱线称为伴纺纱线。如水溶性维纶伴纺纱。伴纺是一种纺织过程中的混纺，在最终纱线产品中，该组分会退出或部分退出纱体。

2. 纤维分布不同

（1）均匀分布纱线。各组分纤维在纱体中呈均匀、连续的分布。不同的纤维组分、不同颜色的纤维、不同性状的纤维均匀混合所纺成的纱线。

（2）变化分布纱线。各组分纤维在纱体中呈渐变或突变的分布。不同的纤维组分、不同颜色的纤维、不同性状的纤维在纱体中呈渐变或突变分布的纱线。如渐变色纱线、段彩纱、竹节纱等。

（3）组合或复合纱线。由短纤维和短纤维、短纤维和长丝、长丝和长丝、纤维束和纱等组合或复合而成的纱线。如包芯纱、包缠纱线、花式纱线等。

以长丝或短纤维纱为纱芯，外包其他纤维一起加捻而纺成的纱称为包芯纱。例如，涤棉包芯纱：以涤纶复丝为纱芯，外包棉纤维加捻纺制而成，可用来织制烂花"的确良"，供窗帘、台布等使用；氨棉包芯纱：以氨纶长丝为纱芯，外包棉纤维加捻纺制而成，可用来织制弹力牛仔衣裤等。

（二）按纱线结构分类（图2-7）

1. 短纤纱

（1）单纱。由短纤维经纺纱加工，使短纤维沿轴向排列并经加捻而成的纱。

（2）股线。由两根或两根以上的单纱合并加捻制成的线；股线再合并加捻为复捻股线。

（3）绳。多根股线并合加捻形成直径达到毫米级以上的产品。

（4）缆。多根股线和绳并合加捻形成直径达到数十或数百毫米级的产品。

2. 长丝纱

（1）单丝纱。指长度很长的单根连续纤维。

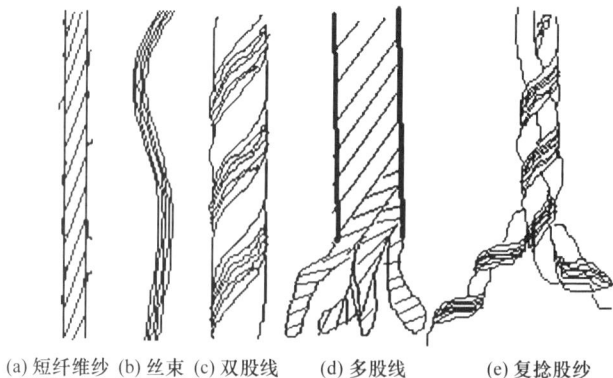

(a) 短纤维纱　(b) 丝束　(c) 双股线　(d) 多股线　(e) 复捻股纱

图2-7　按纱线结构分类

（2）复丝纱。指两根或两根以上单丝合并在一起的丝束。

（3）捻丝。复丝加捻即成捻丝。

（4）复合捻丝。由捻丝再经一次或多次合并、加捻而成。

（5）变形丝。化学纤维原丝经过变形加工使之具有卷曲、螺旋、环圈等外观特征而呈现蓬松性、伸缩性的长丝纱。

3. 特殊纱

（1）变形纱。包括弹力丝、膨体纱、网络丝、空气变形丝（图2-8）等。

①弹力丝。由无弹性的化纤长丝加工成微卷曲的具有伸缩性的化纤丝。弹力丝分为高弹丝和低弹丝两种。

②膨体纱。利用腈纶的热收缩性制成的具有高度蓬松性的纱线。由高收缩性和低收缩性的两种腈纶按一定比例（前者占40%～45%，后者占55%～60%）混纺成纱，经松弛热定型处理后，高收缩纤维收缩形成纱芯，低收缩纤维收缩被挤压在表面形成圈形，从而制成蓬松、柔软、保暖性好、具有一定毛型感的膨体纱。

③网络丝。网络丝是丝条在网络喷嘴中，经喷射气流作用使单丝互相缠结而呈周期性网络点的长丝。

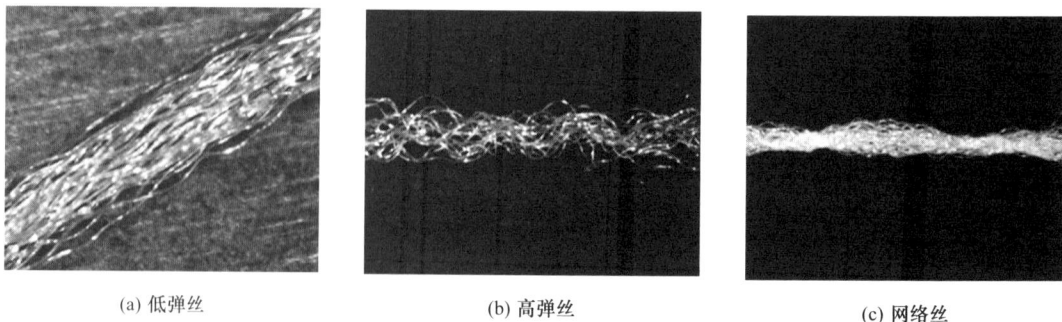

(a) 低弹丝　　　　　　　(b) 高弹丝　　　　　　　(c) 网络丝

图2-8　不同类型的变形丝

④空气变形丝。化纤长丝经空气变形喷嘴的涡流气旋形成丝圈和丝弧，在主干捻缠抱紧，形成外形像短纤纱的长丝。

（2）花式纱线。由芯纱、饰纱和固纱加捻组合而成，具有各种不同的特殊结构性能和外观的纱线。花式纱线（花饰纱线）的基本结构（图2-9）由三部分组成：芯纱、饰纱和固纱。

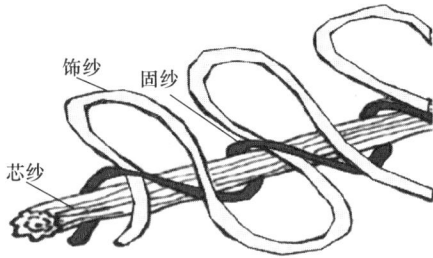

图2-9　花式纱线结构

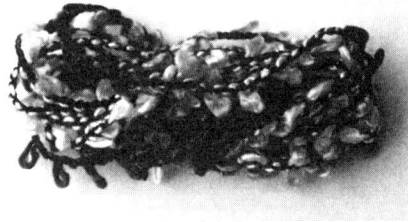

图2-10　圈圈纱一

芯纱：位于纱中心，提供强力；饰纱：获得花式效果；固纱：固定花型。

花式纱线的品种有圈圈纱（图2-10、图2-11）、竹节纱、大肚纱、彩点纱、螺旋线、辫子线（图2-12）、结子纱（图2-13）、波纹纱（图2-14）、花股线、金银丝线、夹丝线、拉毛线、包芯纱、雪尼尔纱等。

图2-11　圈圈纱二

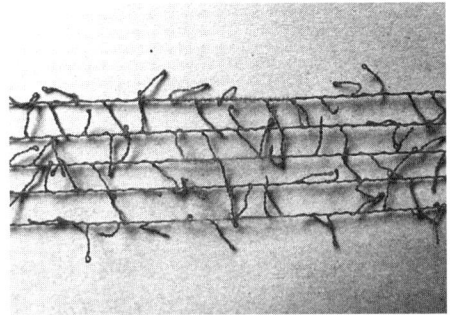

图2-12　辫子线

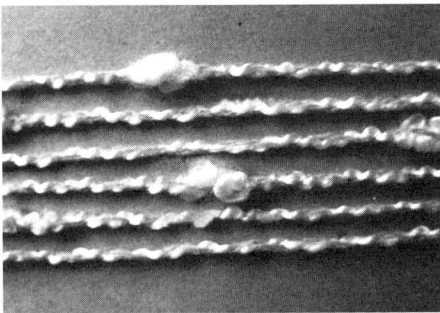

图2-13　结子纱

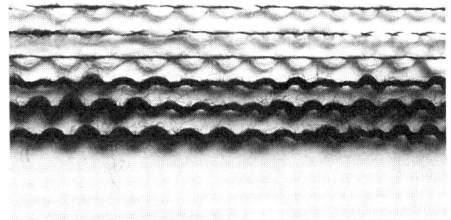

图2-14　波纹纱

（3）花色纱线。用多种不同颜色的纤维交错搭配或分段搭配形成的纱或线。

（三）按纱的粗细分类

1. 特低线密度纱（特细特纱） 超细特纱是指线密度在10tex及以下很细的纱。

2. 低线密度纱（细特纱） 细特纱是指线密度在11～20tex较细的纱。

3. 中线密度纱（中特纱） 中特纱是指线密度在21～31tex，介于粗特纱和细特纱之间的纱。

4. 高线密度纱（粗特纱） 粗特纱是指线密度在32tex以上较粗的纱。

（四）按纺纱系统分类

1. 精纺纱 精纺纱也称为精梳纱，是指精梳工序纺成的纱，包括精梳棉纱和精梳毛纱。精纺纱中纤维平行伸直度高，条干均匀、光洁，但成本较高。精梳纱主要用于高级织物及针织品的原料，如西服、华达呢、花呢、羊毛衫等。

2. 粗纺纱 粗纺纱是指一般的纺纱系统进行梳理，不经过精梳工序纺成的纱。粗纺纱中短纤维含量较多，纤维平行伸直度差，结构松散，毛茸多，纱支数低，品质较差。此类纱多用于一般织物和针织品的原料，如粗纺毛织物，中特以上棉织物等。

3. 废纺纱 废纺纱是指用纺织下脚料（废棉）或混入低级原料纺成的纱。纱线品质差、松软，条干不匀、含杂多、色泽差，一般只用来织制粗棉毯、原纺布和包装布等低级的织品。

（五）按纺纱方式分类

1. 环锭纱 环锭纱是指在环锭细纱机上，用传统的纺纱方法加捻制成的纱线。纺纱特点：须条两端握持，有加捻三角区，加捻与卷绕同时完成，成纱结构较紧。

2. 新型纺纱 新型纺纱按照成纱原理可分为两大类：自由端纺纱和非自由端纺纱。

（1）自由端纺纱。喂入点与加捻点之间的纤维须条是断开的，形成自由端，自由端随加捻器一起回转使纱条获得真捻。如转杯纺、涡流纺、静电纺、摩擦纺DREF-II。

（2）非自由端纺纱。喂入点与加捻点之间的纤维须条是连续的，须条两端被握持，借助假捻、包缠、黏合等方法使纤维抱合到一起，从而使纱条获得强力。如喷气纺、平行纺、自捻纺、摩擦纺DREF-III。纺纱特点：加捻与卷绕分开，纺纱速度高，成纱结构分纱芯和外包纤维，纱线强度较低。

3. 新型环锭纱 新型环锭纱主要是指在传统环锭细纱机上加装特殊装置制得的纱，包括复合与结构纺纱技术产生的纱。复合纺纱如赛络纺纱、赛络菲尔纺纱；结构纺纱如分束纺纱、集聚纺纱、皮芯结构纺纱等。

（六）按用途分类

1. 机织用纱 机织用纱指的是加工机织物（梭织物）所用的纱线，又分经纱和纬纱两种。经纱为织物的纵向纱线，要求捻度较大、强度较高、耐磨性较好；纬纱为织物的横向纱线，具有捻度小、强度较低、柔软的特点。

2. 针织用纱 针织用纱指的是加工针织物所用的纱线。一般要求粗细均匀度高，手感柔软，捻度较小，结头和粗节、细节少，强度适中。

3. 起绒用纱　起绒用纱主要用于供绒类织物形成绒层或毛层的纱。要求纤维较长，弹性好，捻度较小。

4. 编结、缝纫用纱　编结、缝纫用纱指的是织物缝合或装饰用的纱线。

5. 特种纱　特种工业用纱，如轮胎帘子线等。

二、纱线的结构特征

1. 纱线的细度指标　纱线的细度指标是描写纱线粗细的指标。分为定长制和定重制两种。定长制包括线密度Tt（特［克斯］，tex）和纤度N_D（旦［尼尔］，旦）。定重制包括公制支数（公支）N_m和英制支数（英支）N_e。特克斯是目前国内外的法定计量单位，国内曾经叫作"号数"，线密度在棉型纱线上应用非常普遍。公制支数是过去毛型和麻型纱线的习惯用指标，纤度是过去化学纤维长丝纱的习惯用指标，英制支数是过去棉型纱线的习惯用指标。目前，法定计量单位特克斯（tex）已正式使用，在任何正式文件中只允许使用法定计量单位。

（1）线密度Tt。线密度是国际单位制采用的纤维或纱线的细度指标，其计量单位用特克斯（简称特，tex）表示，它表示1000m长的纱线在公定回潮率时的重量克数，其数值越大，表示纱线越粗。股线的线密度以组成股线的单纱线密度乘以股数表示，如28tex×2。

（2）公制支数N_m。公制支数指的是在公定回潮率时，1g重的纱线所具有的长度米数，其数值越大，表示纱线越细。股线的公制支数以组成股线的单纱公制支数除以股数表示，如28公支/2。

（3）英制支数N_e。英制支数是指在英制公定回潮率时，1磅重的纱线所具有的840码长度的倍数，即多少英支。英制支数和公制支数同属定重制，其数值越大，纱线越细。股线的英制支数以单纱支数除以合股数来表示，如60英支/2、80英支/2等。

（4）旦尼尔数N_D。旦尼尔数表示9000m长的纱线在公定回潮率时的重量克数，单位为旦，旦尼尔数较多地用在天然丝和化学纤维中表示长丝的纤度。

2. 纱线捻度与捻向　将纤维束须条、纱、连续长丝束等纤维材料绕其轴线的扭转、搓动或缠绕的过程称为加捻。加捻是使纱线具有一定强伸性和稳定外观形态的必要手段。对短纤维纱来说尤为重要，因为加捻能使纤维间产生正压力，从而产生切向摩擦阻力，使纱条受力时纤维不致滑脱，而具有一定的强力。对于长丝束和股线来说，加捻可以形成一个不易被横向外力所破坏的紧密稳定结构。加捻程度和捻向不仅对纱线的结构和性能影响重大，而且对织物的外观及物理性能也有直接的影响。

（1）捻度。加捻使纱线的两个截面产生相对回转，两个截面的相对回转数称为捻回数。纱线单位长度内的捻回数称为捻度。

（2）捻系数。直径不同的纱线，施加同样的捻度所产生的扭矩是不相同的；纤维对纱轴线的倾角也不相同。因此，捻度只能用来比较同样粗细纱线的加捻程度，不能用来比较不同粗细纱线的加捻程度。若要比较不同细度纱线的加捻程度，应该采用捻回角或捻系数。

加捻后表层纤维与纱条轴线的夹角，称为捻回角，如图2-15所示。

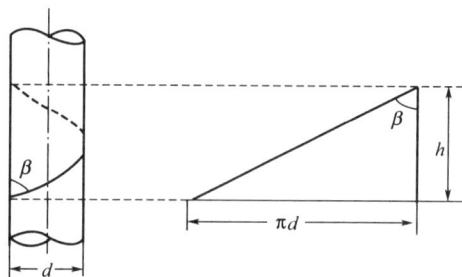

图2-15 纱的捻回角图

将纱线看作圆柱体并展开可知：

$$\tan\beta = \frac{\pi d}{h} = \frac{\pi d \mathrm{Tt}}{100} \qquad (2-1)$$

式中：d——纱的直径，mm；

h——捻距或螺距，mm。

根据前面式（2-1）的计算，

$$\tan\beta = \frac{\mathrm{Tt}}{892} \times \sqrt{\frac{N_t}{\delta}} \qquad (2-2)$$

令：

$$\alpha_t = \mathrm{Tt} \times \sqrt{N_t} = 892 \times \tan\beta \times \sqrt{\delta} \qquad (2-3)$$

式中：α_t——特克斯制的捻系数；

δ——纱线的体积质量，g/cm^3；

β——捻回角。

从公式（2-3）可知，捻系数的实际意义是：当纱线的密度视作相等时，捻系数与捻回角的正切值（$\tan\beta$）成正比，而与纱线粗细无关。因此，捻系数可以用来比较同体积质量、不同细度纱线的加捻程度。

捻系数的选择，主要取决于纤维性质和纱线用途。较粗短纤维纺纱时，捻系数要适当大些；较细长纤维纺纱时，捻系数可适当小些。作为经纱用的纱线则需要较高的强度，一般经纱捻系数比同细度的纬纱大一些。针织内衣用纱一般要求纱较柔软，则捻系数可适当小一些。起绒织物用纱，除了纤维应选择偏粗以外，一般捻系数也应小些，以利于起绒。另外，纱的细度不同时，捻系数也有所不同，如细特纱的捻系数应稍大一些。

（3）捻向。捻向是指纱线加捻的方向，分为顺时针拧紧的S捻和逆时针拧紧的Z捻，如图2-16所示。多数情况下，单纱采用Z捻，股线采用S捻，互为反向，纤维排

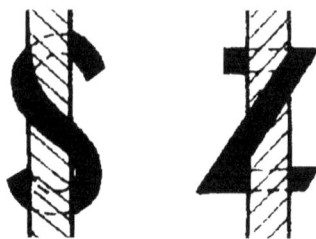

图2-16 捻向示意图

列方向与股线轴平行。这样股线柔软、光泽好、捻回和结构稳定。

　　股线捻向的表示法：第一个字母代表单纱的捻向，第二个字母代表股线初捻的捻向，第三个字母代表股线复捻的捻向，如ZSZ，表示单纱为Z捻，股线初捻为S捻，股线复捻为Z捻。

　　经、纬纱线捻向的配合，对织物的外观和手感有一定的影响。利用经、纬纱捻向和织物组织的配合，可织成不同外观、风格和手感的织物。若经纬纱捻向相同，表面纤维反向倾斜，纱线反光不一致，组织点清晰；交织点纤维同向相嵌、不易移动，织物紧密稳定。若经纬纱捻向相反，则织物表面的纤维朝一个方向倾斜，从而使织物表面反光一致，光泽均匀、组织点不明显；交织点纤维反向交叠、易于移动，织物较为松厚柔软，如图2-17所示。在斜纹组织中，若经线采用S捻，纬纱采用Z捻，则经纬纱线的捻向与织物斜纹方向垂直，因而可得到明显的斜纹效应。如果在经向（纬向）将Z捻纱线和S捻纱线相间排列，则可以得到隐条、隐格效应。

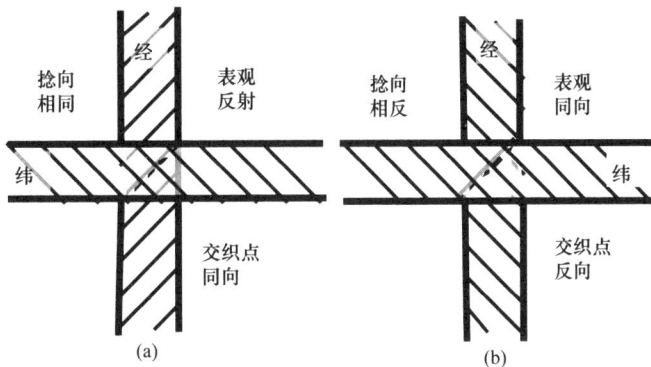

图2-17　纱线捻向对织物性质的影响

第二节　纺纱加工原理及工艺流程

一、纺纱基本原理

　　纺纱是把纤维原料制成线密度、捻度等有特定要求的纱线的过程。纺纱加工过程中，纤维从大而紊乱的初始状态→纤维集合体→纱线，需经多道工序、多台机器。

　　纺纱基本原理包括以下几道工序。

　　1. 初加工　初加工过程是指在纺纱加工前对纤维原料进行初步加工，使其符合纺纱加工要求的过程。

　　2. 原料选配与混合　原料选配的目的是合理使用原料，稳定成纱质量。

　　3. 开清（松）　开松是把纤维大团变成小块、小束同时除杂的过程。随着开松作用的进行，纤维和杂质之间的联系力减弱，从而使杂质得到清除，同时使纤维之间得到混和。开松作用和杂质的去除并不是一次完成的，而是经过撕扯、打击以及分割等作用的合理配置渐进实现的。

4. 梳理 梳理作用是由梳理机上的大量密集梳针把纤维小块、小束进一步松解成单根纤维状态，从而进一步完善了纤维的松解。梳理后纤维间的横向联系基本被解除，使除杂和混和作用更加充分。但其中有大量的纤维呈弯曲状，且有弯钩，每根纤维之间仍有一定的横向联系。

5. 精梳 精梳是指进一步梳理去除短纤维和细小杂质的过程。精梳机的梳理作用是利用梳针对纤维的两端分别进行握持状态下的更为细致的梳理。精梳机加工能够排除一定长度以下的短纤维和细小杂疵，促使纤维更加平行、顺直。化学纤维长度整齐、杂质少、伸直平行状态好，一般不需要经过精梳机的加工。

6. 并合 并合是将多根条子并合在一起，使粗细不匀的纤维片断有机会得以相互补偿而使其均匀度得到改善。

7. 牵伸 并合后的条子很粗，要纺成合乎一定细度标准的纱线，还要经过多次、逐步抽长拉细才能获得。一般棉条需要经过100～200倍甚至更高倍的抽长拉细才能成纱。这个抽长拉细的作用，称为牵伸作用。牵伸的作用是抽长拉细条子，纤维伸直去弯钩。牵伸为纤维之间牢固地建立有规律的首尾衔接关系奠定了基础。但是，牵伸会带来纱条短片段不匀，因此，需要配置合理的牵伸装置和工艺参数。

8. 加捻 加捻是将须条绕其本身轴线加以扭转，使平行于须条轴向的纤维呈螺旋状，从而产生径向压力使纤维在摩擦力的作用下，在纵向产生联系并固定下来。须条加捻后具有一定力学性能，达到了一定的使用要求。

9. 卷绕 卷绕是指半制品或成品在各工序过渡的形式，用以保证纺纱连续性的加工过程。卷绕过程应该在不影响产品产量、质量的基础上连续地进行，应该努力实现各工序之间的连续化生产，尽可能地减少卷绕过程造成的质量问题。

纺纱是一个复杂的过程，若以成纱目的来划分以上纺纱过程中的各种基本纺纱原理，九个纺纱基本原理可以分为三条线：一条主线、一条辅线和一条插入线。

主线包括开松、梳理、牵伸、加捻四大原理，决定成纱的可能性。

副线包括混和、除杂、并合、精梳四大原理，与主线配合，决定成纱质量和加工过程的顺利程度。

插入线是卷绕，贯穿于任意两个相邻的工序之间，做成一定的卷装形式，以利于后道工序的顺利进行。

二、纺纱工艺流程

对于不同的纤维材料，为了获得具有不同品质标准的纱线，应采取不同的纺纱方法和纺纱系统。

1. 棉纺系统 棉纺生产所用的原料有棉纤维和棉型化纤等。在棉纺纺纱系统中，根据原料品质和成纱质量要求，主要分为三种纺纱系统：普梳棉纺系统、精梳棉纺系统和棉废纺系统。

（1）普梳棉纺系统。一般用于纺制粗特、中特纱，供织造普通织物，其流程及半制品、成品名称如图2-18所示。

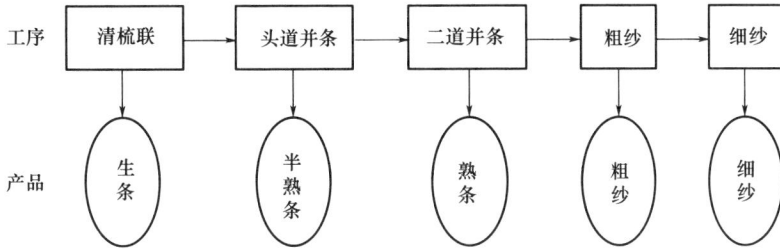

图2-18　普梳纺纱系统流程图

（2）精梳棉纺系统。精梳系统用于纺制高档棉纱、特种用纱或棉与化纤混纺纱。精梳系统的流程及半制品、成品名称如图2-19所示。

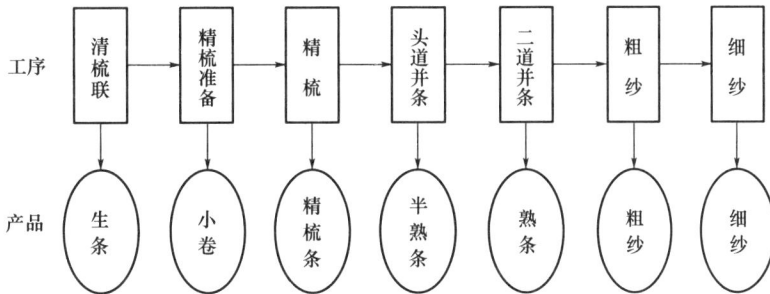

图2-19　精梳纺纱系统流程图

（3）废纺系统。废纺系统将回花、再用棉等用于加工价格低廉的粗特棉纱——副牌纱如图2-20所示。

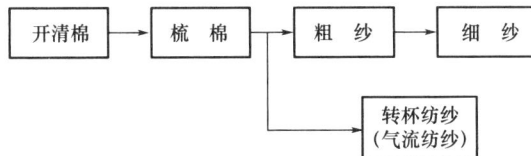

图2-20　废纺纺纱系统流程图

除了以上三种纯纺系统，还有一种是化纤与棉混纺系统。

（4）化纤与棉混纺系统。涤纶（或其他化学纤维）与棉混纺时，因涤纶与棉纤维的性能及含杂不同，不能在清梳工序混和加工，需各自制成条子后，再在头道并条机（混并）上进行混合。为保证混匀，需采用三道并条。其普梳与精梳纺纱工艺流程如图2-21所示。

精梳系统

```
原棉 → 清梳联 → 精梳准备 → 精梳 ┐
                              ├→ 头道混并 → 二道混并 → 三道混并 → 粗纱 → 细纱
涤纶 → 清梳联 → 预并条 ─────────┘
```

普梳系统

```
原棉 → 清梳联 → 预并条 ┐
                      ├→ 头道混并 → 二道混并 → 三道混并 → 粗纱 → 细纱
涤纶 → 清梳联 → 预并条 ┘
```

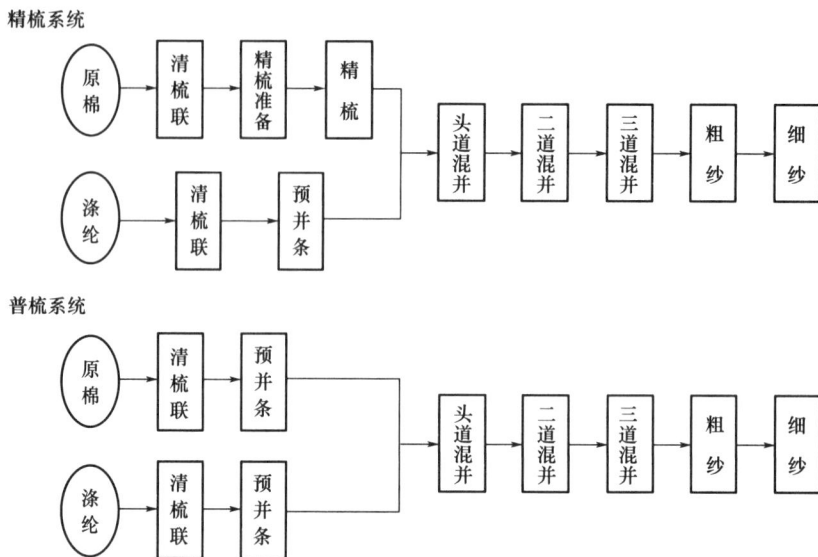

图2-21　化纤与棉混纺系统流程图

2. 其他纺纱系统

（1）毛型纺纱系统。毛纺生产所用的原料有羊毛、毛型化纤、特种动物纤维，根据产品的质量要求及加工工艺的不同，可分成粗梳毛纺、精梳毛纺及半精梳毛纺三大系统。

①粗梳毛纺系统。适合加工50tex以上的纱线，长度为33~55mm的毛纤维。适纺原料有羊毛、羊绒、骆驼绒毛、牦牛绒毛、兔毛、化纤和再生毛等，主要产品有粗纺呢绒、毛毯和工业用织物以及粗纺针织物。梳毛机附有成条机，将输出的毛网分割成窄的毛带，再经搓合形成粗纱条。其纺纱加工流程如下。

原毛→初加工［洗毛（开、洗、烘联合机等）→炭化（散毛炭化联合机）→散毛染色（散毛染色机）→脱水（脱水机）→烘干（散毛烘干机）］→选配毛→和毛加油（和毛机）→梳毛（梳毛机）→细纱（细纱机）→后加工（络筒机等）→毛粗纺纱

②精梳毛纺系统。适合加工13.9~50tex纱线，且多用合股线。其纺纱加工流程如下：

原毛→初加工→制条→精梳成品条→前纺→后纺→毛精梳纱线

精梳毛纺系统工序多、流程长，可以分为制条和纺纱两大部分。其纺纱加工流程如下：

制条：原毛→初加工→选配毛→和毛加油（和毛机）→梳毛（梳毛机）→理条2~3道{头道针梳→二道针梳→［复洗→复洗针梳］（一般不复洗）→三道针梳}→精梳→整条2道{四道针梳→末道针梳}→成品条

前纺：混条→头道针梳→二道针梳→三道针梳→末道针梳→粗纱

后纺：细纱→并纱→捻线→蒸纱→络筒

制条也叫毛条制造，有单独的毛条厂，毛条厂的产品（精梳成品条）可作为商品销售，供无制条的精梳毛纺厂使用。

多数厂还设有毛条染色和复精梳的条染复精梳工序。复精梳是指毛条染色后的第二

次精梳。

条染复精梳流程：

成品毛条→条染色复精梳{绕球机松球→毛球装筒→常温常压染色［高温高压染色（涤纶）］→脱水→复洗→针梳→针梳→针梳→复精梳→针梳→针梳}→前纺→后纺

③半精梳毛纺系统。适合加工25~50tex较粗的纱线。传统半精梳毛纺的纺纱加工流程如下：

选毛→洗毛（洗净毛）→和毛加油→梳毛→2~3道针梳→粗纱→细纱→并纱→捻线→络筒→半精纺纱

目前新出现的半精梳是采用棉纺设备加工毛纤维，其流程如下：

毛纺和毛机→梳棉机→棉并条机→棉粗纱机→棉细纱机→络筒机→并纱机→倍捻机

（2）麻型纺纱系统。麻型纺纱系统有苎麻、亚麻、黄麻三种纺纱系统。

①苎麻纺纱系统。苎麻纺一般要把原麻先加工成精干麻，然后利用精梳毛纺设备进行局部改造。

短纤维和落麻可用棉纺系统加工成与棉或化纤的混纺纱，也可在粗梳毛纺系统上加工落麻与棉或其他纤维的混纺纱。

a. 苎麻长纺系统加工流程如下：

初加工→（精干麻）→梳前准备→梳麻→精梳前准备→精梳→精梳后并条→并条→粗纱→细纱→后加工→苎麻纱

b. 短麻纺系统加工流程如下：

落麻→梳前准备→梳麻→并条→粗纱→细纱→后加工

②亚麻纺纱系统。

a. 亚麻长麻纺纱系统加工流程如下：

打成麻→梳前准备→梳麻（栉梳）→成条前准备→成条→并条（5道）→粗纱→煮漂→湿纺细纱→后加工→亚麻长麻成品纱

b. 亚麻短麻纺纱系统加工流程如下：

落麻→开清及梳前准备→梳麻→并条→精梳→并条（3~4道）→粗纱→煮漂→细纱→后加工→亚麻短麻成品纱。

③黄麻纺纱系统。黄麻纺工艺流程较短，成纱主要供织麻袋用，要求不高。其纺纱加工流程如下：

原料→梳麻前准备→梳麻（2道）→并条（2~3道）→细纱→黄麻纱。

（3）绢纺纺纱系统。所使用原料是不能缫丝的疵茧和废丝，纺成较细的绢丝和细丝。

①绢丝纺纱系统。用于织造薄型高档绢绸。其工艺流程如下：

初加工→制绵→配绵→延展→制条→练条→延绞→粗纱→细纱→后加工

绢丝纺系统工艺流程很长，原料经过初加工后得到精干绵。制绵工程就是对精干绵进行适当混合，细致开松，除去杂质、绵粒和短纤维，制成纤维伸直平行度好、分离度好且具有一定长度的精绵。因丝纤维很长，需用切绵将丝纤维切成一定的长度，以便后工序的梳理和牵伸，然后用圆梳或精梳工艺排出短纤维、杂质和疵点。

圆梳制绵适合绢丝纤维细、长、乱的特点，精绵绵粒少，但工艺流程长，劳动强度大，生产率低。圆梳机的作用是排除短纤维、杂质和疵点。其工艺流程如下：

精干绵→配绵→开绵→切绵及圆梳→精绵

精梳制绵的工艺流程短；劳动强度低；质量不如圆梳制绵。其工艺流程如下：

精干绵→配绵→开绵→梳绵→理条针梳→精梳→整条针梳→绵条

②䌷丝纺系统。䌷丝纺是利用制绵工程中末道圆梳机的落绵为原料，可采用棉纺普梳纺纱系统或棉纺转杯纺纱系统或粗梳毛纺设备纺纱。䌷丝特数高，手感柔软，表面具有毛茸和绵结，用于织造绵绸。

环锭纺：落绵→开清→给湿混合→梳绵→细纱→后加工→䌷丝。

转杯纺：给湿→开清→梳绵→并条2道→转杯纺。

第三节　棉纺系统工序与设备

一、开清棉工序

（一）开清棉工序的任务

开清棉工序是将原棉或各种短纤维加工成纱的第一道工序。本工序完成下列任务。

1. 开松　将棉包中压紧的块状纤维开松成小棉块或小棉束。

2. 除杂　去除原棉中50%～60%的杂质。

3. 混和　将各种原料按配棉比例充分混和。

4. 成卷或输送　制成一定重量、一定长度且均匀的棉卷，供下道工序使用。采用清梳联时，则通过输棉管道将棉流输送到梳棉工序中各台梳棉机的储棉箱中。

（二）开清棉设备的种类和作用原理

1. 开清棉联合机的组成　为完成开松、除杂、混和、均匀成卷四大作用，开清棉联合机由各种作用的单机组合而成，按作用特点一般分为四类机械，有抓棉机械、混棉机械、开棉机械及清棉机械。

（1）抓棉机械。抓棉机的主要作用是从棉包或化纤包中抓取棉束和棉块喂给前方机械。在抓取的同时也有开松、混和作用。

（2）混棉机械。本类机械有自动混棉机、多仓混棉机、双棉箱给棉机等。它们的作用是将输出的原料充分混和，并有开松和除杂作用。

（3）开棉机械。此类机械简称开棉机，开棉机械有很多具体的机型，但作用原理基本相同。其主要作用是利用打手进行开松，在原料松解的情况下利用尘棒除杂。

（4）清（输）棉机械。此机械通过较细致的打手机件进一步的开松和除杂，并利用均匀成卷机构制成均匀的棉卷或通过输棉管道把开棉机的棉花输送到梳棉机。

2. 抓棉机机械组成与工作原理

（1）抓棉机的作用。抓棉机是开清棉工序的第一台单机，主要作用在于从已拆开的棉包中抓取原棉喂给前方机械，在抓棉过程中具有开松、混和作用。

（2）抓棉机的分类。抓棉机可以分为两种，即回转式抓棉小车：如A002D圆盘式、FA002圆盘式、FA002A圆盘式等；往复式抓棉小车：如FA006往复式、FA009往复式、ABO往复式等。

（3）FA002圆盘式抓棉机的结构与作用。FA002圆盘式抓棉机的外形，见图2-22。

FA002型圆盘式自动抓棉机结构如图2-23所示。FA002型圆盘式自动抓棉机由输棉管1、抓棉小车2、抓棉打手及肋条3、中心轴4、内墙板5、堆棉台6、外墙板7、行走轮8组成。

图2-22　FA002圆盘式抓棉机外形图

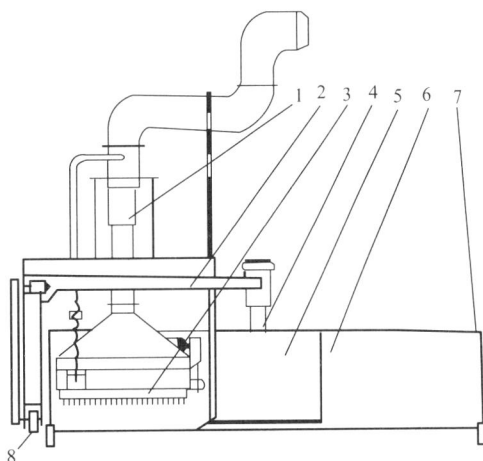

图2-23　FA002型圆盘式自动抓棉机

（4）FA009系列往复抓棉机。FA009系列往复式抓棉机主要由电气控制柜、打手、肋条、罗拉、转塔、抓棉器、输棉通道及地轨、行走小车等组成，其外形如图2-24所示，剖面如图2-25所示。FA009系列往复式抓棉机采用先进技术，其主要特点如下。

①抓棉机两侧均可堆放棉包，并可处理1～3组不同高度和密度的棉包。

②可根据需要交替抓取三种配棉品种混棉成分。

图2-24　FA009型往复式抓棉外形图

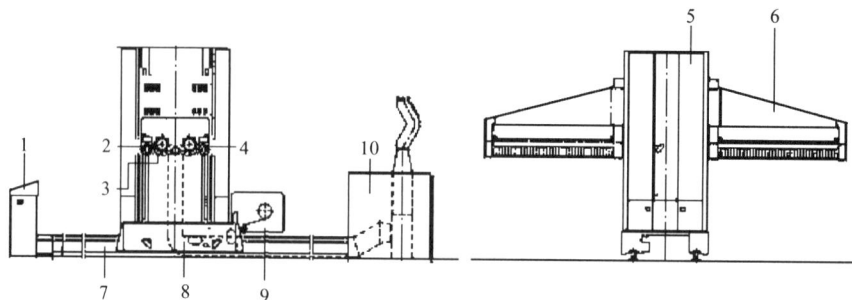

图2-25 FA009型往复式抓棉机剖面图
1—电器操作台 2—打手 3—肋条 4—罗拉 5—转塔 6—抓棉器
7—输棉风道及地轨 8—行走小车 9—覆盖带卷绕 10—出棉口

③塔身自动做180°回转。

④抓棉臂装有两个抓棉打手和两个安全检测辊。

⑤抓棉打手装有17个抓棉刀盘，102个抓齿，抓棉打手回转时，形成轴向均匀分布的抓取线，完成精细抓棉，抓棉刀尖与肋条相对位置可以根据工艺要求进行调整。

⑥由微机控制，自动检测，实现全自动抓棉。

FA009系列往复式抓棉机在台时产量500t时，开松后的纤维束在30～35mg/个。被抓取的棉束经输棉通道，借前方凝棉器或输棉风机产生的气流送至前方机台。

3. 混棉机的机械组成和工作原理 混棉机械有较大的棉箱对原料进行混和，并用角钉机件扯松原料，去除杂疵。

（1）FA022型多仓混棉机的机构和工艺流程。FA022型多仓混棉机适用于各种原棉、棉型化纤和中长化纤的混和，有6仓、8仓或10仓三种形式。它利用多个混棉仓，以棉流不同时喂入，而同时并列输出，达到混和目的。

FA022型多仓混棉机由输棉风机、配棉道、储棉仓、输棉罗拉、打手、混棉道、出棉管、回风道、气动和电气控制等机构组成。如图2-26所示。

FA022型多仓混棉机的工艺流程：输棉风机抽吸了后方机台的原料，经进棉管进入配棉道，顺次喂入各储棉仓。除第一仓外，各仓顶部均有挡板活门，前后隔板的上半部分均有网眼小孔隔板。当空气带着纤维进入储棉仓后，纤维凝聚在网孔板内，空气从小孔溢出，经配棉道两侧的回风道进入下部混棉道，实现纤气分离。仓外安装有压差开关，检测仓内相对机外的空气压差，当其值超过设定值时，则控制气电转换器，使挡板活门翻转，实现换仓输入。随仓内储料的不断增高，网眼小孔被纤维遮住，有效透气面积逐渐减小，空气压力逐步增高。各仓底部均有一对输棉罗拉，把仓内原料均匀地输送给混棉道上方的打手，原料经打手开松后落入混棉道内，与回风道一起受前方机台凝棉器的作用，经出棉管吸走，在混棉道气流输送过程，不同时间先后喂入本机各仓的原料，同一时刻输出，利用时间差达到了纤维混和的目的。

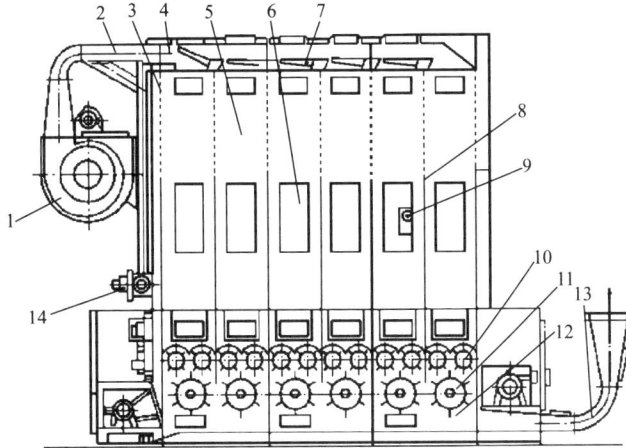

图2-26 FA022-6型多仓混棉机

1—梳棉风机 2—进棉管 3—回风道 4—配棉道 5—储棉仓 6—观察窗 7—挡板活门
8—隔板 9—光电管 10—梳棉罗拉 11—打手 12—混棉道 13—出棉管 14—电动和电气控制机构

（2）FA029型多仓混棉机。FA029型多仓混棉机由输棉风机、输棉管道、储棉仓、水平帘、角钉帘、混棉室、均棉罗拉、剥棉打手、回风道、气动和电气控制等机构组成。

FA029型多仓混棉机的工艺流程：棉流经喂入风机由输入管道同时均匀配入6只并列垂直的棉仓内，气流由网眼板排出。六仓中的棉层落到水平帘上，并经给棉辊转过90°，呈水平方向输出，继而受到角钉帘的扯松，均棉辊将过多的原料击回混棉室再次进行混和，角钉帘带出的更小的棉束由剥棍打手剥取而落下，在输出风机的强力吹送下，经输出管道喂入下台机器，如图2-27所示。

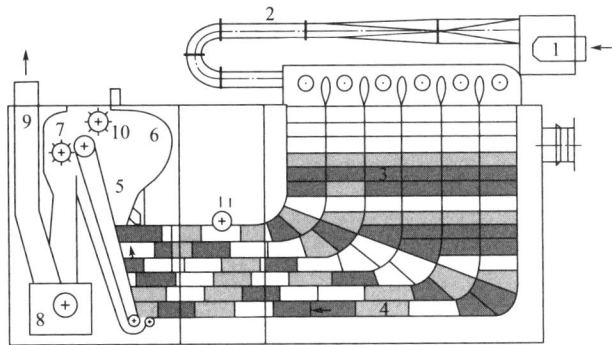

图2-27 FA029型多仓混棉机

1—喂入风机 2—输入管道 3—储棉仓 4—水平帘 5—角钉帘 6—混棉室
7—剥棉打手 8—输出风机 9—输出管道 10—均棉辊 11—给棉辊

（3）FA046A型振动式给棉机。给棉机械的主要作用是均匀给棉，并具有一定的混棉和扯松作用。给棉机械在流程中靠近成卷机，以便保证棉卷定量，提高棉卷均匀度。

FA046A型振动式给棉机由储棉箱、角钉辊、水平帘、角钉帘、均棉辊、角钉打手、出棉辊和振动棉箱等机件组成，如图2-28所示。

FA046A型振动式给棉机的工艺流程：纤维流经凝棉器进入后储棉箱，储棉量的多少由光电管控制。棉箱下部一对角钉辊将原料送出落在水平帘上，水平帘再将原料带至中储棉箱，由角钉帘抓取、拖带并与均棉辊进行撕扯开松。中储棉箱的小摇板控制角钉辊的转动与停止而保持稳定。箱上的原料由角钉打手剥取并均匀地喂入振动棉箱。振动棉箱内包括振动板、光电管和出棉辊。光电管控制振动棉箱内棉量的稳定。振动板的振动，使振动棉箱内的原料密度增大，输出棉层均匀。

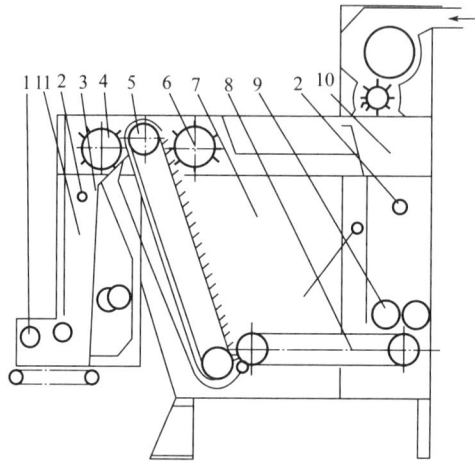

图2-28　FA046A型振动式给棉机
1—出棉辊　2—光电管　3—振动板　4—角钉打手　5—角钉帘　6—均棉辊
7—中储棉箱　8—水平帘　9—角钉棍　10—后储棉箱　11—振动棉箱

4. 开棉机的机械组成和工作原理　开棉机械的主要作用是对原料进行开松和除杂。原棉的开松和除杂作用过程是相辅相成的，在将原棉松解成小棉束的同时，使纤维与杂质分离，通过机械落杂部分完成除杂作用。在开棉机械的工艺设置时，应根据原棉性质和成纱质量要求合理配置工艺参数，避免过度打击造成纤维损伤和杂质碎裂，以防止可纺纤维下落造成浪费。

（1）FA105A型单轴流开棉机。FA105A型单轴流开棉机适用于各种等级原棉的处理，是一台高效的预清棉设备。FA105A型单轴流开棉机由角钉打手、尘格、导流板等机构组成，如图2-29所示。

FA105A型单轴流开棉机的工艺流程：纤维块由进棉口进入，经排尘口排除微尘后，随滚筒的回转和导流板引导，以螺旋线绕滚筒运动，这时角钉与尘棒反复作用纤维块，使其受到多次均匀、柔和的弹打，纤维块得到充分开松，在开松过程中将杂质与纤维分离，杂质经尘棒排除，完成开松除杂。纤维块回转两周半后沿出棉管输出，经尘棒间隙排除的杂质落入尘箱中，由吸落棉出口经自动吸落系统排出机外。单轴流开棉机在自由状态下开松纤维块，纤维损伤较少，杂质不易被打碎。开棉机配置在抓棉机与混棉机之间，其除杂效率在27%左右（当原棉含杂为2%～2.5%时）。

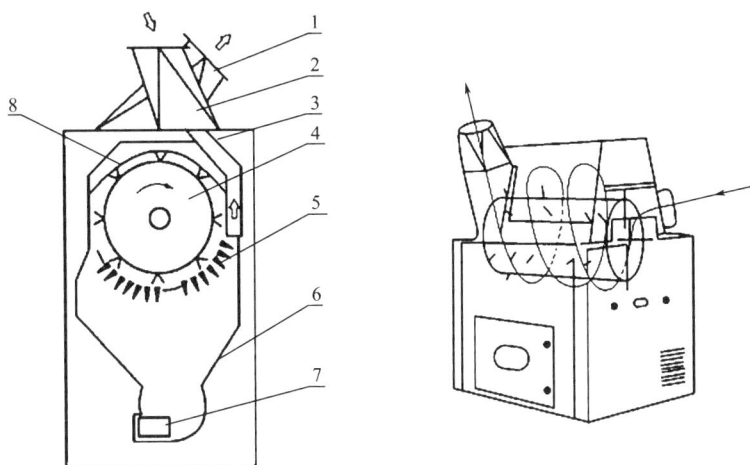

图2-29　FA105A型单轴流开棉机
1—出棉管　2—进棉口　3—排尘口　4—V形角钉打手
5—尘棒　6—落棉小车　7—吸落棉出口　8—导流板

（2）FA014型双轴流开棉机。双轴流开棉机由机架、进棉口、开松打手、棉流导向板、尘棒、分梳板、排尘隔离打手、出棉口等机构组成，如图2-30所示。棉流在气流的作用下，通过进棉口的控制进入打手室，在气流和棉流导向板的控制下，沿开松打手轴向，以螺旋线方式前进，开松打手与分梳板结合对纤维进行自由打击和分梳，籽棉等大杂质沿打手切线方向通过尘棒落下，开松除杂后的棉流靠下一台设备或凝棉器抽吸，通过出棉口管道输送到下一单元机。

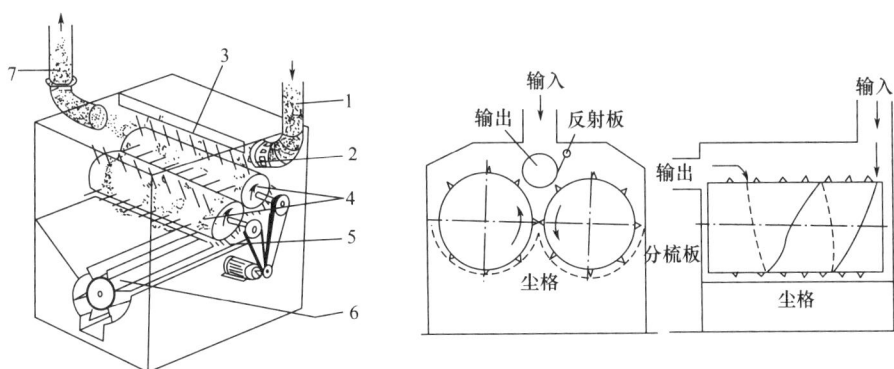

图2-30　FA014型双轴流开棉机
1—输棉管　2—补风环　3—导流板　4—辊筒
5—可调尘棒　6—排杂辊　7—出棉口

（3）FA106型豪猪式开棉机。FA106型豪猪式开棉机适用于对各种原棉做进一步的握持开松和除杂。FA106型豪猪式开棉机由凝棉器、储棉箱、调节板、光电管、木集

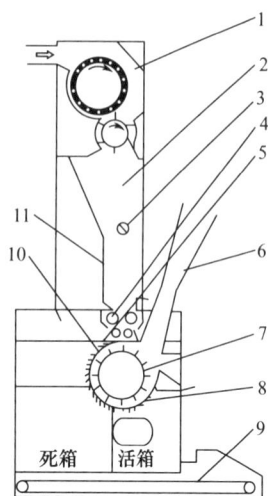

图2-31 FA106型豪猪式开棉机
1—凝棉器 2—储棉箱 3—光电管 4—上给棉辊
5—下给棉辊 6—出棉管 7—豪猪打手 8—尘格
9—输杂帘 10—打手室 11—调节板

束辊、给棉辊、豪猪打手、尘格等机构组成（图2-31）。

FA106型豪猪式开棉机工艺流程：原料由凝棉器喂入储棉箱，储棉箱内装有调节板、光电管，调节板可调节储棉箱输出棉层的厚度，光电管可根据箱内原料的充满程度控制喂入机台对本机的供料，使棉箱内的原料保持一定的高度。棉箱下方设置一对上给棉辊和一对下给棉辊，棉层由下给棉辊握持垂直喂入打手室，受到高速回转的豪猪打手的猛烈打击、分割、撕扯，被打手撕下的棉块，沿打手圆弧的切线方向撞击在三角形尘棒上，在打手与尘棒的共同作用下及气流的配合下，棉块获得进一步的开松与除杂，受下一机台的凝棉器吸入，由出棉管输出。杂质由尘棒间隙排落在车肚底部的输杂帘上输出机外，或与吸落棉系统相接收集

处理。

5. 成卷机的机械组成和工作原理 FA141型单打手成卷机的结构如图2-32所示。其工艺流程：给棉机输出的棉层均匀地喂在本机输棉帘上，经角钉罗拉引导，棉层在天平罗拉和天平曲杆（均棉装置）的握持下喂给，并接受高速回转的打手的撕扯和打击，棉束在打手的打击下抛向周围尘棒受撞击被松解，部分杂质从尘棒间隙落入尘箱。棉束受风机的作用，向前输送，吸附在回转的双尘笼的表面，经尘笼滚压形成棉层，而细小尘杂和短绒透过尘笼表面网眼由两侧风道排至除尘设备。上下尘笼凝集的棉层经剥棉罗拉、凸凹防粘罗拉送到四个紧压罗拉压紧，再由导棉罗拉送给棉卷罗拉，压卷罗拉卷绕在棉卷辊上制成

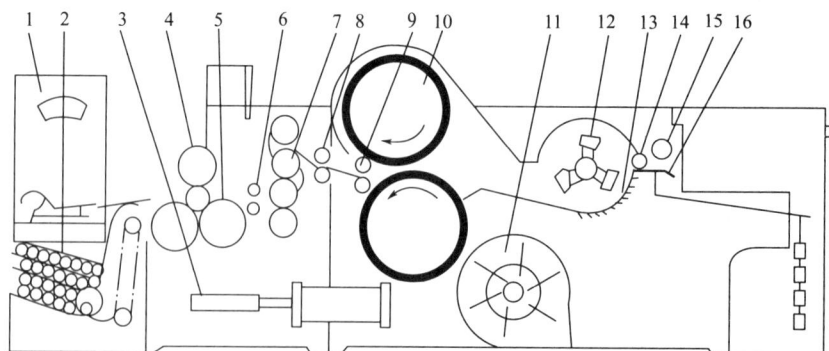

图2-32 FA141型单打手成卷机
1—棉卷称 2—存卷装置 3—气压增压装置 4—压卷罗拉 5—棉卷罗拉 6—导棉罗拉 7—紧压罗拉 8—防粘罗拉
9—集棉罗拉 10—尘笼 11—风机 12—综合式打手 13—尘格 14—天平罗拉 15—角钉罗拉 16—天平杆

一定长度的棉卷。随棉卷卷绕直径的增大，渐增加压装置通过压卷罗拉对棉卷的加压量增加，保证有效加压量的稳定。满卷后，自动落卷装置将棉卷落下、拔辊后重新生头继续卷绕。拔辊后棉卷扦插在棉卷中间，棉卷落在电子秤上进行秤重。

二、梳棉工序

（一）梳棉工序的任务

1. 梳理　原棉经开清棉工序制成的棉卷或棉层中，纤维多呈束、块状，其平均重量一般在数毫克至几十毫克之间。因此，需要进一步细致梳理，使束、块纤维分离成单纤维状态。

2. 除杂　原棉中的杂质、疵点在开清棉工序中只能除去60%左右，留存在棉卷或棉层中的多为细小的带纤维或黏附性较强的杂质，如带纤维籽屑、破籽、软籽表皮及棉结等，必须继续清除。

3. 混和与均匀　开清棉工序对不同性状和比例的原棉，只具有初步的混和作用，而梳棉机可使单根纤维之间充分混和。同时梳棉机的梳理元件还具有一定的"吸""放"纤维性能，因而生条条干比较均匀。

4. 成条　为了便于下道工序继续加工，应使纤维集拢而呈条状，并有规则地圈放于棉条筒内。

（二）FA224型梳棉机的工艺流程

棉卷随棉卷辊的旋转而逐层退解，给棉辊牵引纤维层，并与给棉板组成握持钳口向刺辊喂给纤维层。刺辊锯齿在高速状态下分梳纤维层，使其成为纤维束。刺辊下方装有除尘刀和刺辊分梳板，除尘刀将杂质含量较多的气流附面层外围切割下来，被刺辊下方吸口吸走，形成后车肚落棉。其他被刺辊带走的纤维接受刺辊与刺辊分梳板的分梳作用。此后纤维束或单根纤维经刺辊转移给锡林，经过后固定盖板分梳区，带入锡林与盖板工作区。在锡林与盖板工作区内，纤维束接受非常细致的自由梳理而成单纤维。并在此基础上进行充分的混和并消除细小杂质。塞在盖板针面的纤维和杂质被带出锡林与盖板工作区后即被清洁毛刷剥下，由盖板花吸点吸走。被锡林针面携带出锡林与盖板工作区的纤维，通过前上罩板、前固定盖板分梳和前下罩板，凝聚在慢速回转的道夫上形成纤维层。经剥棉辊剥取，由上下轧碎辊输出成纤维网。再经喇叭口集束，大压辊的抽引而成条，最后由圈条器按一定规则圈放在棉条筒内（图2-33）。

梳棉机可分为给棉刺辊部分，锡林、盖板、道夫部分，剥棍、成条、圈条部分。

三、精梳工序

（一）精梳工序的任务

为了纺制高档纱线或特种纱线，如纯棉高档汗衫、细密府绸、涤/棉织物用纱、轮胎帘子线、高速缝纫线、工艺刺绣线等，均需经过精梳加工的过程，以提高纱线的强度、条干的均匀度、纤维表面的光洁度等性能。精梳工序的主要任务如下。

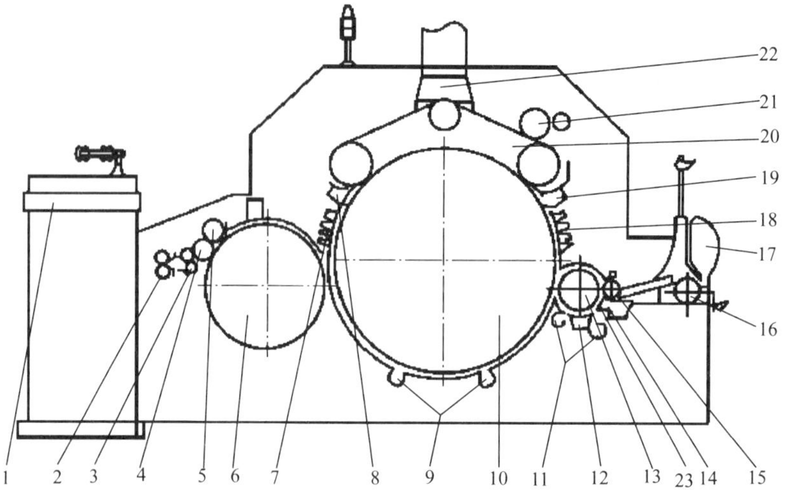

图2-33　FA224型梳棉机示意图

1—圈条器　2—大压辊　3—轧碎辊　4—剥棉辊　5—清洁辊　6—道夫　7—前固定盖板　8—前棉网清洁器
9—锡林下方吸口　10—锡林　11—刺辊下方吸口　12—分梳板　13—刺辊　14—给棉板　15—给棉棍　16—棉卷辊
17—棉卷架　18—后固定盖板　19—盖板花吸点　20—盖板　21—大毛刷　22—连续吸落棉总管

（1）排除梳棉条中一定长度以下的短纤维，提高纤维长度的整齐度，提高成纱强力，降低强力不匀率。

（2）进一步清除梳棉条中残留的棉结、杂质和疵点，提高纤维的光洁度，改善成纱外观质量。

（3）进一步分离纤维，提高纤维的伸直平行度，提高成纱条干的均匀度和强力，增强成纱光洁度，并制成均匀的精梳棉条。

（二）精梳准备

经过梳棉机制成的生条，其纤维伸直度差，大部分纤维呈弯钩状态，其中后弯钩纤维占50%以上。如果直接由精梳机加工，不仅容易使纤维受损伤，产生大量短纤维，而且会使梳理阻力增强，易损伤梳针及锯齿，产生大量棉结，甚至很多未伸直的纤维被作为短纤维而排除。所以，梳棉棉条在精梳机加工之前，必须经过精梳准备工序，以改善纤维状态。

1. 精梳准备工序的任务

（1）初步提高纤维的伸直平行度。利用精梳准备工艺的牵伸作用提高棉卷中纤维的平行伸直度，减少纤维损伤和梳针损伤，降低落棉中长纤维的含量，有利于节约用棉。

（2）制成均匀的小卷。制成大容量、定量准确、边缘整齐、棉层清晰和纵横向均匀的小卷，小卷的横向均匀有利于精梳机握持梳理均匀稳定，提高精梳质量。

2. 精梳准备的工艺流程

（1）预并条机→条卷机准备工艺（条卷工艺）。该准备工艺的特点是机器，占地面积小，结构简单，便于管理和维修；条卷制成小卷，虽然层次清晰、不粘卷，但存在明显的条痕，横向均匀度差。因此，精梳梳理时握持不均匀，导致落棉率增加，同时使精梳条条干和重量波动较大。

（2）条卷机→并卷机准备工艺（并卷工艺）。棉层层次清晰，纵横向均匀度好，有利于精梳时钳板的可靠握持，精梳落棉均匀且少于条卷工艺，适于纺特细特纱。

（3）预并条机→条并卷联合机准备工艺（条并卷工艺）。由于其牵伸倍数和并合数较大，改善了小卷均匀度和纤维伸直度，可减轻精梳机梳理负担，有利于提高产量、质量和节约用棉（落棉率可减少1%～1.5%），但缺点是占地面积大，小卷易发生粘连，且对车间温湿度要求较高。

3. 精梳准备机械　棉精梳前准备机械有预并条机、条卷机、并卷机和条并卷机四种，除预并条机外，其他三种均为精梳准备专用机械。条卷机的工艺流程图如图2-34所示，并卷机的工艺流程图如图2-35所示，条并卷机的工艺流程图如图2-36所示。

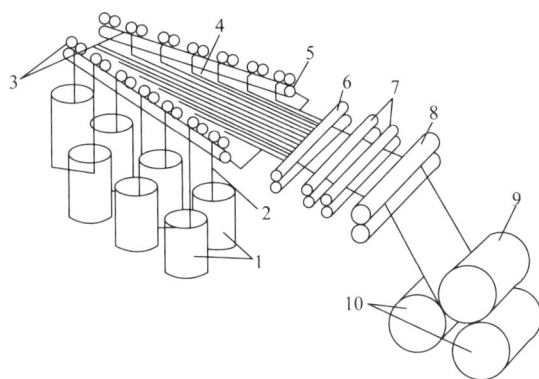

图2-34　FA331型条卷机的工艺流程图
1—棉条筒　2—棉条　3—罗拉　4—V形导条板　5—导条辊
6—导条罗拉萨　7—牵伸装置　8—气动紧压辊　9—小卷　10—棉卷罗拉

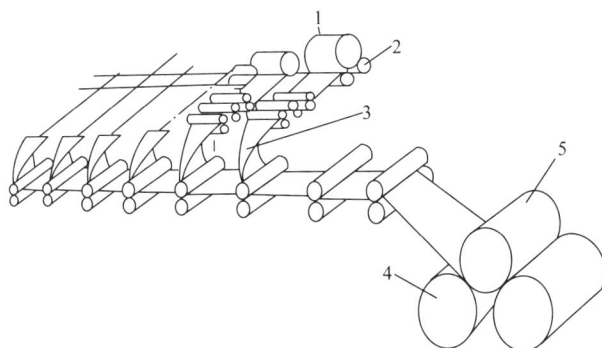

图2-35　FA344型并卷机的工艺流程图
1—棉卷　2—喂卷罗拉　3—曲面导板　4—小卷　5—棉卷罗拉

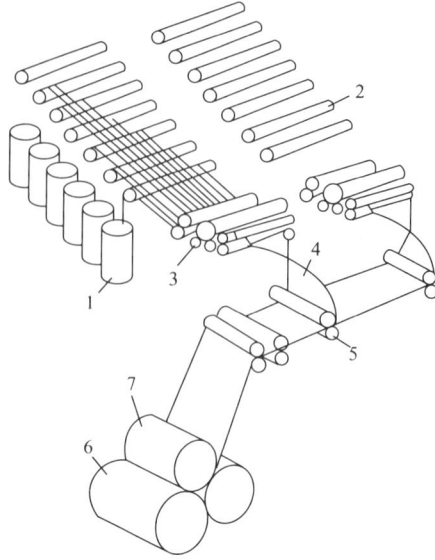

图2-36　FA356型条并卷机的工艺流程图
1—棉条桶　2—导条罗拉　3—牵伸装置　4—曲面导板　5—紧压罗拉　6—棉卷罗拉　7—小卷

（三）精梳机的工艺流程

　　精梳机虽有多种机型，但其工作原理基本相同，即都是周期性地梳理棉丛的两端，梳理过的棉丛与从分离罗拉倒入机内的棉网接合，再将棉网输出机外。现以瑞士立达SXF1269A型精梳机为例，简单叙述精梳机的工艺流程，SXF1269A型精梳机外形如图2-37所示。SXF1269A型精梳机的工艺流程，如图2-38所示。

图2-37　SXF1269A型精梳机外形

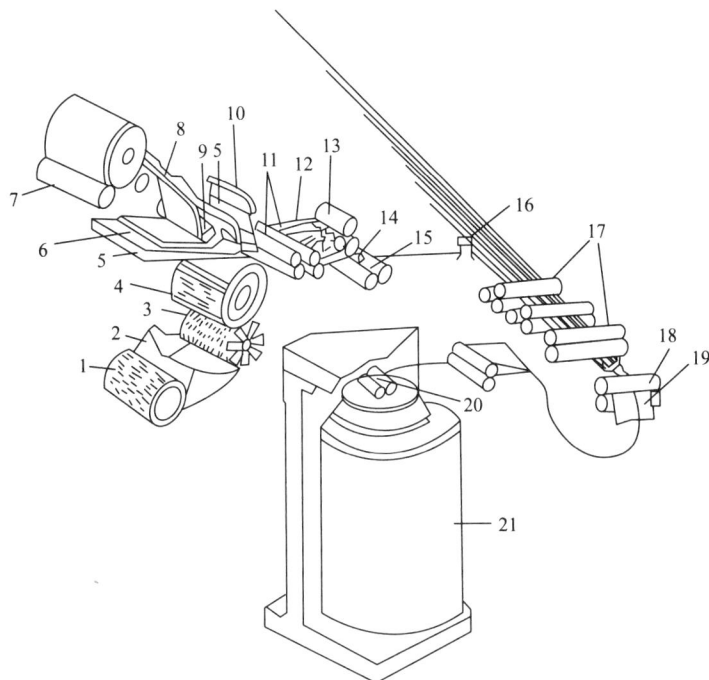

图2-38 SXF1269A精梳机的工艺流程
1—尘笼 2—风斗 3—毛刷 4—锡林 5—下钳板 6—给棉板 7—承卷罗拉 8—导卷板
9—给棉罗拉 10—顶梳 11—分离罗拉 12—导棉板 13—输出罗拉 14—喇叭口 15—导向压辊
16—导条钉 17—曲线牵伸装置承 18—罗拉 19—输送带 20—检测压辊 21—条筒

其工艺流程：小卷放在一对承卷罗拉上，随承卷罗拉的回转而退解棉层，经导卷板喂入置于钳板上的给棉罗拉与给棉板组成的钳口之间。给棉罗拉周期性间歇回转，每次将一定长度的棉层（给棉长度）送入上、下钳板组成的钳口。钳板做周期性的前后摆动，在后摆中途，钳口闭合，有力地钳持棉层，使钳口外棉层呈悬垂状态。此时，锡林上的梳针面恰好转至钳口下方，针齿逐渐刺入棉层进行梳理，清除棉层中的部分短绒、结杂和疵点。随着锡林针面转向下方位置，嵌在针齿间的短绒、结杂、疵点等被高速回转的毛刷清除，经风斗吸附在尘笼的表面，或直接由风机吸入尘室。锡林梳理结束后，随着钳板的前摆，逐步靠近分离罗拉钳口。与此同时，上钳板逐渐开启，梳理好的须丛因本身弹性而向前挺直，分离罗拉倒转，将前一周期的棉网倒入机内，当钳板钳口外的须丛头端到达分离钳口后，与倒入机内的棉网相叠合而后由分离罗拉输出。在张力牵伸的作用下，棉层挺直，顶梳插入棉层，被分离钳口抽出的纤维尾端从顶梳片针隙间拽过，纤维尾端粘附的部分短纤、结杂和疵点被阻留于顶梳针后边，待下一周期锡林梳理时除去。当钳板到达最前位置时，分离钳口不再有新纤维进入，分离结合工作基本结束。之后，钳板开始后退，钳口逐渐闭合，准备进行下一个工作循环。由分离罗拉输出的棉网，经过一个有导棉板的松弛区后，通过一对输出罗拉，穿过设置在每眼一侧并垂直向下的喇叭口聚拢成条，由一对导向压辊输出。各眼输出的棉条分别绕过导条钉转向90°，进入三上五下曲线牵伸装置。牵伸后，精梳条通过罗拉由输送带托持，再通过圈条集束器及一对检测压辊圈放在条筒中。

四、并条工序

由于梳棉机制成的生条或精梳条的重量不匀率较高，且在普梳纺纱系统中，生条中的纤维排列也很紊乱，大部分纤维呈弯钩卷曲状态，并有部分小纤维束存在。为了获得优质的细纱，必须经过并条工序。

（一）并条工序的任务

1. 并合 将6~8根条子随机并合，改善熟条的长、中片段均匀度，使熟条的重量不匀率降到1%以下。

2. 牵伸 牵伸可以改善条子的结构，提高纤维的伸直平行度和分离度。

3. 混和 利用并条机的反复并合和牵伸实现不同性能的单纤维之间的均匀混和。特别是在棉与化纤混纺时，常采用条子混和，以保证条子的混棉成分正确、均匀，避免纱线或织物染色后产生色差。

4. 成条 经过并合、牵伸、混和后的纤维层，再经集束、压缩制成棉条，并有规律地圈放在条筒内，便于搬运和后道工序加工。

（二）FA326A型并条机的工艺流程

如图2-39所示，在并条机机后导条架的下方左右两侧放置6~16个喂入棉条筒，分为两组。棉条经导条罗拉积极喂入，并借助分条器将棉条平行排列于导条罗拉上，并列排好的两组棉条有秩序地经过导条板和给棉罗拉，进入牵伸装置。经过牵伸的须条沿前罗拉表面，并由导向胶辊引导。进入紧靠在前罗拉表面的弧形导管，再经喇叭口聚拢成条后由紧压罗拉压紧成光滑紧密的棉条。再由圈条盘将棉条有规律地圈放在输出棉条筒中。

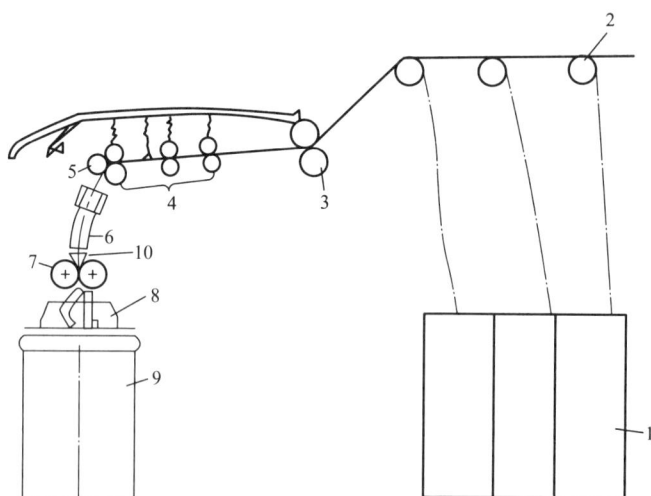

图2-39 并条机工艺过程示意图

1—棉条桶 2—导条罗拉 3—给棉罗拉 4—牵伸装置 5—导向胶辊
6—弧形导管 7—紧压罗拉 8—圈条盘 9—棉条筒 10—喇叭口

五、粗纱工序

将熟条纺成细纱约需150倍以上的牵伸，而目前一般细纱机的牵伸能力只有10~50倍，所以要设置粗纱工序。

（一）粗纱工序的任务

1. 牵伸 施加5~12倍牵伸，将熟条抽长拉细，并进一步改善纤维的伸直平行度与分离度。

2. 加捻 将牵伸后的须条加上适当的捻度，使粗纱具有一定强力，以承受粗纱卷绕和在细纱上退绕时的张力，防止意外牵伸或拉断。

3. 卷绕成形 将加捻后的粗纱卷绕在筒管上，制成一定形状和大小的卷装，以便于贮存和搬运，适应细纱机的喂入。

（二）FA492型粗纱机的工艺过程

如图2-40所示，棉条从机后条筒内引出，由导条辊积极输送，经导条喇叭口喂入牵伸装置。棉条被牵伸成规定线密度后，由前罗拉钳口输出，经锭翼加捻成粗纱，最后卷绕成管纱。粗纱机由喂入机构、牵伸机构、加捻机构、卷绕成形机构等机构组成。

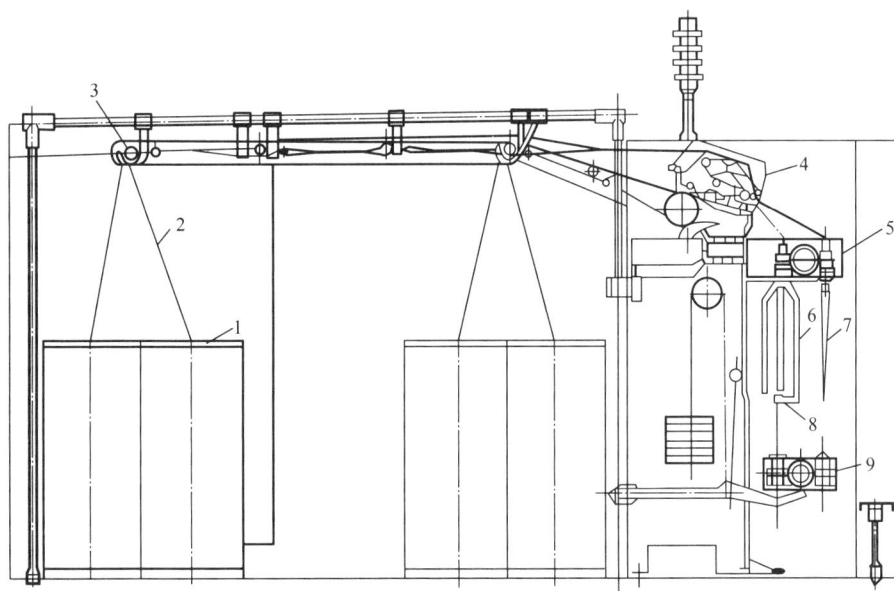

图2-40 粗纱机的工艺过程示意图

1—条筒 2—棉条 3—导条辊 4—牵伸装置 5—固定龙筋 6—锭翼 7—锭子 8—压掌 9—运动龙筋

六、细纱工序

细纱工序是将粗纱纺制成具有一定线密度、符合国家（或用户）质量标准的细纱。

（一）细纱工序的主要任务

1. 牵伸 将喂入的粗纱均匀地抽长拉细到所要求的线密度。

2. 加捻 给牵伸后的须条加上适当的捻度，使细纱具有一定的强力、弹性、光泽和手感等物理力学性能。

3. 卷绕成形 把纺成的细纱按照一定的成形要求卷绕在筒管上，以便于运输、储存和后退工序的继续加工。

（二）细纱机的工艺过程

细纱机为双面多锭结构。图2-41所示为FA506型细纱机，粗纱从吊锭上的粗纱管退绕后，经过导纱杆和慢速往复横动的导纱喇叭口，进入牵伸装置完成牵伸过程。牵伸后的须条从前罗拉输出后，经导纱钩穿过钢丝圈，卷绕到紧套在锭子上的纱管上。生产中，筒管高速卷绕，使纱条上产生张力，带动钢丝圈沿钢领高速回转，钢丝圈每转一圈，前钳口到

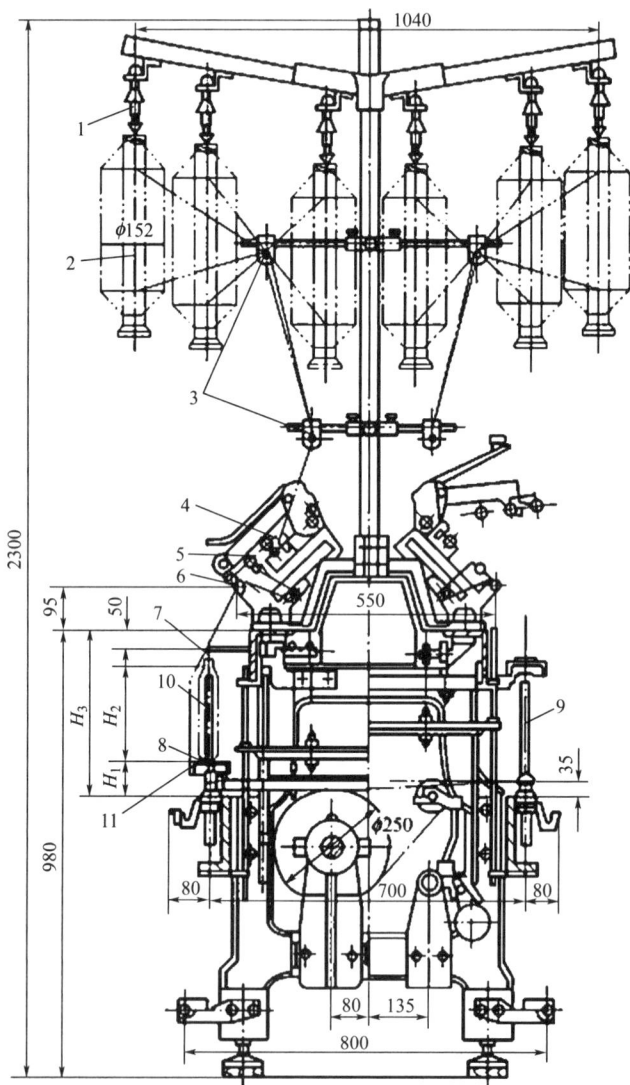

图2-41　FA506型细纱机的工艺过程

1—吊锭　2—粗纱管　3—导纱杆　4—横动导纱喇叭口　5—牵伸装置　6—前罗拉
7—导纱钩　8—钢丝圈　9—锭子　10—筒管　11—钢领板

钢丝圈之间的须条上便得到一个捻回。由于钢丝圈受钢领的摩擦阻力作用，使得钢丝圈的回转速度小于筒管，两者的转速之差就是卷绕速度。依靠成形机构的控制，钢领板按照一定的规律做升降运动，使细纱卷绕成符合一定要求的管纱。环锭细纱机主要由喂入机构、牵伸机构、加捻机构、卷绕成形机构及自动控制机构等机构组成。

七、后加工工序

棉纺原料经各道工序纺成细纱后，还需要经过后加工工序，以满足对成纱各品种不同的要求。后加工工序在整个生产流程中占有重要地位，包括络筒、并纱、捻线、烧毛、摇纱、成包等加工过程，根据需要可选用部分或全部加工工序。

（一）后加工工序的任务

1. 改善产品的外观质量　细纱机纺成的管纱中，仍含有一定的疵点杂质、粗细节等，后加工工序中常有清纱、空气捻结、毛刷及吹吸风等设备，可以清除较大的疵点、杂质、粗细节等。为使股线光滑、圆润，有的捻线机上装有水槽进行湿捻加工。有些高级股线还要经过烧毛除去表面毛羽，改善纱线光泽。对纱线要求光滑的产品可进行上蜡处理。

2. 改善产品的内在性能　股线加工能改变纱线结构，从而改变其内在性能。将单纱经一次或两次合股加捻，配以不同工艺过程和工艺参数，可改善纱线物理性能，如强力、耐磨性、条干等，也可以改善纱线的光泽、手感。

花式捻线能使纱线结构、形式多样化，形成外、圈、结、点、节以及不同颜色、不同粗细等具有各种效果的异形纱线。

3. 稳定产品结构状态　经过后加工，可以稳定纱线的捻回和均匀股线中单纱张力。如纱线捻回不稳定，易引起"扭结""小辫子""纬缩"等疵点。对捻回稳定性要求高或高捻的纱线，有时要经过湿热定型。如股线中各根单纱张力不匀，会引起股线的"色芯"结构，导致股线强力、弹性和伸长率下降。

4. 制成适当的卷装形式　为了满足后道工序的需要，还要将纱线制成不同的卷装形式。卷装形式必须满足后道加工中对卷装容量大，易于高速退绕，且适合后续加工的要求，并且便于储存和运输。

（二）后加工的工艺流程

根据产品要求、用途不同，后加工工序不同。

1. 单纱的工艺流程

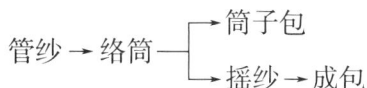

管纱 → 络筒 ┬→ 筒子包
　　　　　 └→ 摇纱 → 成包

2. 股纱的工艺流程

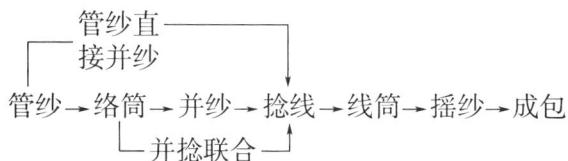

管纱 → 络筒 → 并纱 → 捻线 → 线筒 → 摇纱 → 成包（管纱直接并纱／并捻联合）

55

3. 较高档股线的工艺流程 有时采用下面的流程：管纱→络筒→并纱→捻线→线筒→烧毛→摇纱→成包。

根据需要，可进行一次烧毛或两次烧毛。有时需定型，一般在单纱络筒后或股线线筒后进行。

4. 缆线的工艺流程 所谓"缆线"是经过超过一次并捻的多股线。第一次捻线工序称为初捻，而后的捻线工序称为复捻。如多股缝纫线、绳索工业用线、帘子线等，一般多在专业工厂进行复捻加工。

第四节 纺纱加工技术展望

为了不断满足客户对于产品开发多样化、环保绿色化、管理智能化的新需求，新型纺纱设备的发展呈现智能化、绿色节能、高速高产和数据化。

智能制造是中国产业发展的新路径，即主线是信息化与工业化深度融合，核心是网络化、数字化、智能化。新一代信息技术产业、智能装备和产品以及智能服务是智能制造的方向。自动化、数字化、智能化是纺纱设备近年发展的主要趋势。纺织服装产业链的各个环节都在向着智能制造方向转型，智能化成果集中涌现。其中纺纱领域智能化成果主要体现在智能纺系统的应用。应用智能纺系统可改变企业原有的管理模式和管理思维，使人—设备—软件系统融为一体，互联互通。如粗细络联一体智能纺纱生产线，实现了半制品、成品的在线检测和控制以及筒纱智能包装输送入库。与此同时，运用大数据、云计算、互联网等技术，实现了对每个工序和作业点的可视化监控，将实时数据传递、集成和分析，以数据分析反向指导生产管理，建立了集生产状态远程监控、产量报表自动生成、质量数据实时监视、订单实时跟踪、无缝集成ERP（企业资源计划系统）等多个功能为一体的智能纺平台，实现了生产全流程的网络化、集成化。

目前，纺织行业正处在产业转型升级的新时期，智能制造及其一系列新技术的开发和应用，将会给其带来新的思路和新的路径，从而带动行业整体信息化水平的提升。预计未来纺织机械将继续呈现出往智能化方向发展的趋势。原因如下：第一，纺织原料、物流成本都在上升，加之智能设备的性能在提升、成本也在降低，为了应对市场变化，纺织企业需要改造工艺技术和生产设备，从而促使了纺机企业对智能制造方面的不断研发；第二，新的纺织原料以及新的纺织技术的出现，使得能够满足新领域、新需求和促进产业结构优化的设备，以及具备连续化、自动化、高效化、模块化功能的纺纱设备更加完善。第三，纺机企业开始尝试为纺织企业提供全生命周期的维护、个性化设计、电子商务以及个体化解决方案等多种形式的服务。第四，大数据、互联网技术的发展也带动了纺纱机械的智能化发展。

此外，随着上游原材料的涨价和企业劳动力成本的激增，具有人工成本低、自动化程度高、产品质量好等优势的纺纱设备越来越受到用户青睐。降本增效、节能环保已经成为推动纺纱设备可持续发展的有效途径。智能高效的管理模式能够有效解决纺纱厂信息孤岛、管理效率、生产效率等问题，通过在线监测、信息采集与共享、能源高效管理实现智能生产。

个性化定制时代已经到来，基于智能化软件与硬件的结合，个性化定制将可实现高效与大批量运作。未来的智能工厂，设备的自动化和生产制造管理系统之间的对接将会更加无缝化，从而能够实现智能制造，满足不同用户的个性化定制需求。

思考题

1．名词解释：纱线，变形丝，膨体纱、花式线、网络丝、包芯纱。

2．表征纱线加捻的特征指标有哪些？讨论其物理意义及相互关系。

3．加捻对纱线性能的影响有哪些？

4．何谓纱线？何谓纺纱？

5．纺纱的九大基本原理是什么？其中必需的四大基本原理是什么？

6．写出精梳棉纱、普梳棉纱生产工艺流程。

7．纺纱各工序的任务是什么？

参考文献

［1］谢春萍，王建坤，徐伯俊. 纺纱工程（上）［M］. 北京：中国纺织出版社，2012.

［2］郁崇文. 纺纱学［M］. 2版. 北京：中国纺织出版社. 2014.

［3］郁崇文. 纺纱系统与设备［M］. 北京：中国纺织出版社. 2005.

［4］郁崇文. 纺纱工艺设计与质量控制［M］. 北京：中国纺织出版社. 2005.

［5］杨锁廷. 纺纱学［M］. 北京：中国纺织出版社. 2004.7.

［6］杨锁廷. 现代纺纱技术［M］. 北京：中国纺织出版社. 2004.5.

［7］蒋耀兴. 纺织概论［M］. 北京：中国纺织出版社. 2005.5.

［8］陈佳. 纺纱设备［J］. 纺织导报，2016，（02）：28-36.

［9］章友鹤，成建林，毕大明，等. 国内外纺纱设备及技术发展的四大亮点——2014年中国国际纺机展暨ITMA亚洲展览会的纺纱机械评析［J］. 纺织导报，2014，（08）：16-24.

［10］章友鹤，陈根才. 国内外纺纱设备技术发展的新亮点［J］. 棉纺织技术，2012，40（12）：21-25.

［11］宁翠娟. 够智能，你就来!——2018年纺机展将继续推进智能制造的新产品、新技术与新潮流［J］. 纺织科学研究，2017，（09）：27-29.

［12］潘梁，朱丹萍，寿弘毅，等. 国外纺纱机械与纺纱器材技术的进步与发展［J］. 纺织导报，2017，（04）：56-60.

［13］袁春妹. 纺纱机械：多维创新服务需求［J］. 纺织机械，2016，（11）：22-25.

［14］章友鹤，赵连英，毕大明，陈璟. 对第17届上海国际纺织工业展展出的纺纱机械与纺纱器材技

术创新的评析［J］. 现代纺织技术，2016，24（02）：46-50.

［15］佚名. 纺纱机械:向高速智能发展［J］. 纺织机械，2016，（01）：32-33.

［16］章友鹤，赵连英，毕大明，等. 纺纱机械及器材技术进步的新亮点——第十七届上海国际纺织
工业展览会观后感［J］. 纺织器材，2015，42（05）：58-62.

［17］纺纱机械：紧贴市场需求提高智能化［J］. 纺织机械，2014，（03）：64-66.

［18］董奎勇. 纺纱机械设备的技术进步［J］. 纺织导报，2011，（12）：60-73.

［19］王震声，朱如华. 现代纺纱与操作技术［M］. 上海：学林出版社，2012.1.

［20］武继松，张如全. 纺织科学入门［M］. 北京：中国纺织出版社，2011.

［21］常涛. 现代棉纺技术［M］. 北京：中国纺织出版社，2012.

第三章　机织物及加工技术

从人类进入文明社会开始，机织物及加工技术就随着社会发展而不断进步。从商代甲骨文的记载中，可以发现我们的祖先生产织物的实践活动。最早使用的织机，实际上就是两根木棒，在两棒之间平行地排列好一组麻纤维，这就是经纱。将经纱绷紧固定后，在其中间按一定的规律穿入纬纱，新纳入的纬纱再用木棒打紧，这就形成了最早的机织物，如图3-1所示。

图3-1　云南晋宁石寨山出土铜铸盛贝器上织妇示意图

随着社会的发展，机织设备也在不断进步。为了得到平行排列的经纱，最初人们手摇一个类似风车的架子，将经纱平行地卷绕在架子上，这便是最早的整经机。为了减少经纱织造时的断头，将经纱放在淀粉溶液里浸泡揉压，然后在阳光下晒干，这就是早期的浆纱设备。在使用梭子引纬之后，织机发展到一个新阶段用脚上下踏动踏板，驱动综框开口，用手投梭，打纬。后来将脚踏的动力通过连杆机构，传动投梭棒及筘座，将双手解放出来，处理断头并准备纬纱，生产效率有了很大的提高。在这一历史时期，织机方面有许多精巧的发明。

汉宣帝时，河北钜鹿陈宝光妻使用了120综、120蹑的多综多蹑机，三国时马钧成成功地把多综多蹑机改成12蹑，使多综多蹑机大为简化，生产效率倍增。束综提花机起源很早，经过历代改进，成为宋代《耕织图》上的大型拉花机，这台拉花机的地经与花经分开，地经穿过综框为织女所控制，花经穿过束综为花楼上的挽花女所操纵，两人密切配合，织出复杂的以纱罗为地组织的大花纹织物。

水力、蒸汽、电力等能源的开发，大大推动了机织加工技术的发展。用动力驱动的络筒机、整经机、浆纱机、织机相继出现，而纺织工业的发展又促进了工业革命的发展，在采用了自动换梭、自动换纤后，产品质量及劳动生产率都有了明显的提高。在20世纪50年代，剑杆织机、喷气织机、片梭织机、喷水织机相继问世，摆脱了传统的梭子引纬方式，织机的产量有了成倍的增长。在20世纪70年代，多梭口织机诞生，连续引纬开始取代间歇引纬的设计思想。与此同时，出现了三相织机，革新了经纬垂直交织的传统观念，揭示了织物构成的新原理。

织机的发展也带动了准备设备的技术进步。在20世纪50年代，出现了半自动络筒机，到70年代便发展成全自动络筒机。进入20世纪90年代，机织织造设备已过渡到一个全新时代，声学、光学、计算机、远红外线、微波、激光、光纤等各种先进技术，已在纺织设备中广泛采用。全自动络筒机已大量应用于生产实践，普遍使用电子清纱器和无接头技术。液压技术与变速电动机的应用，提高了整经机、浆纱机的生产速度。结经机已全部采用自动化操作。目前，在喷气织机上已采用了纬纱断头自动处理装置，经纱断头自动处理装置也正处于研制的过程中，现代喷气织机如图3-2所示。在一些发达的工业化国家中，正在规划无人操作的织造车间蓝图，半制品的装卸与运输，质量控制与机器的维护将完全由机器完成，展望纺织工业的未来，前景十分广阔。

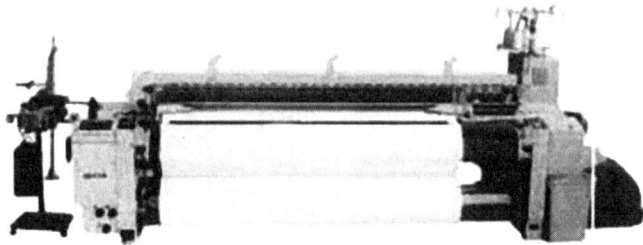

图3-2　现代喷气织机

第一节　机织物加工原理

一、机织物的概念及其特征

所谓织物，就是由纤维、纱线或纤维与纱线组合形成的一种平面状的纤维集合体，并具有一定的模量、强度、断裂伸长、顶破强力、耐磨性等力学性能。在织机上由互相垂直的一组（或多组）经纬纱按一定的规律交织而成的织物，称为机织物，又称梭织物。

在结构上，机织物是利用互相垂直的两组纱线纵横交错来形成织物的，纵向为经纱，横向为纬纱。机织物中最简单的平纹组织，经纬纱之间的每一个交织点称为组织点，组织点是机织物的最小结构单元。平纹组织的经纬纱1对1上浮下沉；斜纹、缎纹等其他组织的成布原理相同，只是经纬纱上浮下沉的数量不同。

由于机织物与其他织物，如针织物和非织造织物成布原理不同，使其具有不同的特性。机织物具有以下几种特性。

1. 形成具有质地硬挺的织物风格　机织物制成卡其和华达呢等织物，外观挺拔、平整光滑和不易变形。

2. 结构紧密 相对于针织物，机织物具有保暖和防水等特性，不易产生勾丝、起毛和起球现象。

3. 结构稳定 机织物具有较好的力学性能，包括弹性和坚牢、耐磨的特点。

4. 丰富的组织变化 机织物除平纹、斜纹和缎纹等基础组织外，还有丰富的变化组织、联合组织以及大提花组织，可在织物上形成各种美丽纹路和图案。

5. 具有特殊功能 复杂组织的机织物能大幅地提高一些织物的性能，还可以使其具有某些特殊功能，如毛巾织物、纱罗织物和绒类织物，近年来，以立体织物为代表的复杂织物在装饰及产业用纺织品中广泛使用。

由于机织物经纬向垂直交织，某些机织物也具有易撕裂、弹性差和易起皱等缺点，但通过相应的织物设计和生产技术是可以克服的。

二、机织物的成形原理

织布机就是把经纱与纬纱相互交织形成织物的机器设备。所谓经纱就是在织机上纵向排列或与织物布边平行的纱线。所谓纬纱就是在织机上横向排列或与织物布边垂直排列的纱线。如图3-3所示。

织物形成的过程如下：首先上下交错运动的综框将经纱分为上下两层形成一个梭口空间。然后通过锥形器件（一般称为梭子）带着一根纬纱穿过分成上下两层的经纱之间，将纬纱引入。最后借助钢筘的摆动，将引入的纬纱打向与经纱形成紧密交织的位置。至此，由经纬纱交织构成的织物即形成。为了能连续不断地形成织物，自织（经）轴以片纱的形式不断地输出经纱，同时，打纬形成的织物则由卷布辊卷取形成布轴。形成一种织物如图3-4所示。

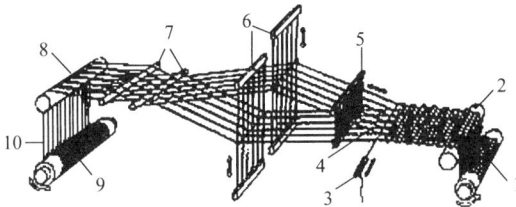

图3-3 机织物形成示意图

1—卷布辊 2—导布辊 3—梭子 4—纬纱 5—钢筘
6—综框 7—停经辊（片） 8—后梁 9—织（经）轴

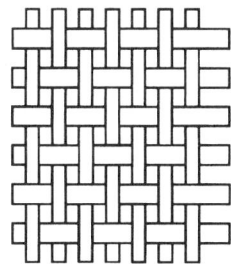

图3-4 经纬纱的交织

一般来说，借助综框的上下运动把经纱分为上下两层，形成梭口的运动，称为经纱的开口运动。将由梭子带动纬纱穿过上下两层经纱梭口空间的运动称为引纬运动。借助往复摆动的钢筘，将引入梭口的纬纱打向与经纱形成紧密交织的运动称为打纬运动。为了连续不断地形成织物，需要将形成的织物卷离织口，以便形成下一纬交织，借助布轴的卷取运动将形成的织物卷离织口运动称为卷取运动。与卷取运动相配合，自织（经）轴以片纱的形式不断输出经纱的运动称为送经运动。

经过前面的说明可以看出，所谓机织物就是纵向排列的经纱与横向排列的纬纱按一定的沉浮规律交织所形成的片状纺织品。同时，织机上有五种基本机构及运动是形成织物的必要条件，但还有一些对生产效率和织物质量起重要作用的其他辅助机构。这五种基本运动是开口运动、引纬运动、打纬运动、送经运动、卷取运动。其中开口运动、引纬运动、打纬运动是形成织物所必需的，送经运动、卷取运动的作用则是保障织物生产能够连续进行。

第二节　机织物基本知识

一、机织物的分类

（一）按机织物的纱线结构分

纱机织物是用单纱织造的织物如各种棉平布；全线机织物是全部用股线织成的织物如大多数的精纺呢线绒、毛哔叽、毛华达呢等；半线机织物是经纱用股线、纬纱用单纱织造的织物如纯棉或涤棉半线卡其。

（二）按机织物的纺纱系统分

精梳机织物是由精梳纱织成的织物，多为高档织物；粗梳机织物是由粗梳纱织成的织物，主要是普通中档织物和工业用布。

（三）按纱线所用原料分

纯纺机织物是由纯纺纱织成的机织物，如棉织物、毛织物、麻织物、丝织物、纯化纤织物等；混纺机织物是由混纺纱织成的机织物，混纺织物的命名原则是：混纺比大的在前、混纺比小的在后；混纺比相同时，天然纤维在前，合成纤维在其后，人造纤维在最后；交织机织物是由经纬纱分别用不同纤维的纱线或长丝交织而成的机织物。

（四）按原料和生产工艺分

棉型机织物商业上简称为"棉布"，它是用棉纱或棉与化纤混纺纱线织成的机织物；毛型机织物商业上简称为"呢绒"，它是以动物毛和毛型化纤为原料织成的机织物；丝型机织物商业上简称为"丝绸"，以桑蚕丝为原料织成的机织物称作真丝绸；以柞蚕丝为原料织成的机织物称作柞丝绸。真丝绸和柞丝绸都是长丝织物，又可分成生丝和熟丝两种。生丝是指未经精练的茧丝，熟丝是指精练的茧丝，熟丝比生丝品质高。以下脚丝切断后纺成纱再织成的机织物称为绢纺织物。此外，还有与各种化纤长丝交织的交织绸；麻型机织物主要有苎麻织物和亚麻机织物，黄麻等其他品种麻一般不作衣料使用，只用作包装材料或工业用布；纯化纤机织物主要有中长纤维仿棉、仿麻、仿毛、仿丝织物、化纤长丝织物、人造鹿皮和人造毛皮等。

（五）按印染加工方法分

本色布又称"坯布"，指未经染整加工而保持原来色泽的机织物，本色布可直接市销，但大多数是用作印染厂的坯布；漂白布是指经过漂白处理的机织物；染色布指本色织物经过染色工序染成单一颜色的机织物；印花布是指经过印花工序使织物表面有花纹图案的机织物；色织布是指经、纬纱用不同颜色的纱线织成的机织物；色纺布是指先将部分纤维或毛条染色，再将染过色的纤维或毛条与本色纤维按一定比例混合成纱再织成的机织物。

（六）按组织分类

三原组织指平纹组织、斜纹组织和缎纹组织；变化组织指平纹变化组织、斜纹变化组织和缎纹变化组织；联合组织指条格组织、绉组织、透孔组织、小提花组织等；复杂组织指重组织、双层组织、起毛组织和毛巾组织等；大提花组织指需在提花机上织造的大花纹组织。

（七）按产品用途分

服装用机织物是指用于服装面料等；装饰用机织物是指用于窗帘、床单、沙发布等室内装饰用品；产业用机织物是指用于汽车、医院、土工布等产业用领域。

（八）按产品类型分

机织物品种繁多，花色各异，以上机织物可按产品进一步分类。这里以纯棉机织物为例，它可按染色方式分为原色棉布、染色棉布、印花棉布、色织棉布；也可按织物组织结构分为平纹布、斜纹布、缎纹布。

原色棉布是指没有经过漂白、印染加工处理而具有天然棉纤维的色泽的棉布。它可根据纱支的粗细分为市布、粗布、细布；府绸是棉布的主要品种，兼有丝绸风格，有纱府绸、线府绸、色织府绸等；素色布、漂白布、印花布这类布由各类白坯布经印染、漂白而成；素色布是指单一颜色的棉织物，一般经丝光处理后匹染。如：士林蓝、凡拉明蓝等各种什色布；漂白布是由原色坯布经过漂白处理而得到的洁白外观的棉织物，它又可分为丝光布和本光布两种；印花布是由纱支较低的白坯布经印花加工而成，有丝光和本光两类；纯棉色织布是用染色或漂白的纱线结合组织及花型的变化而织成的各种织品。常见的品种有线呢、条格布、劳动布等。其中线呢可分为男线呢和女线呢。

二、机织物的组织结构

1. 机织物组织及组织图　机织物的组织结构就是经纱和纬纱相互交错或经纱和纬纱彼此浮沉的规律。一般把经纱和纬纱的相交点称为织物的组织点。为了确定织物的组织，通常分析检查织物的正面（有时反面），观察每一个经纬纱交织点判断经纱浮于纬纱上面还是纬纱浮于经纱上面。如果经纱浮在纬纱之上，则称为经组织点（经浮点），如果经纱沉在纬纱之下或纬纱浮在经纱之上，则称为纬组织点（纬浮点）。织物组织的经纬纱浮沉规律可用组织图来表示。一般在带有格子的意匠纸上，用纵行格子代表经纱，横行格子代表纬纱来描绘织物组织。此时经组织点（经浮点）方格中用符号"■ ⊠ ◨ ◧"表示，纬组织点（纬浮点）在方格中用符号"□"表示。如图3-5所示，纵向排列的四根黑色经纱与横向排列的四根白色纬纱交织，图3-5（a）反映了四根经纱与四根纬纱沉浮交织情况，

图3-5（b）反映了纬纱分别与四根经纱沉浮交织的情况，图3-5（c）反映了经纱分别与四根纬纱沉浮交织的情况。如果以"■"表示经组织点，以"□"表示纬组织点，则图3-5（d）~图3-5（f）分别表示织物的组织。

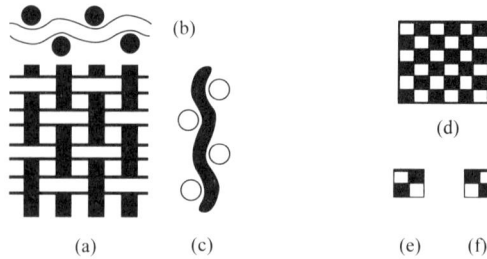

图3-5　交织的织物及其组织图

织物有三种基本组织：平纹组织、斜纹组织和缎纹组织。其他所有组织都是以这三种组织为基础加以变化或联合使用而得到的。

织物的组织类型取决于织物的外观和性能要求（表3-1）。在选择织物组织之前，必须综合考虑以下因素：光泽、强度、花型、色彩效果以及最重要的因素——成本。

表3-1　基本组织性能比较

组织	光泽	抗勾丝性能	表面效果	撕裂强度	抗皱性能
平纹	差	良好	平整、一般	低	差
斜纹	一般	好	斜的纹路	中等	一般
缎纹	良好（尤其是长丝织物）	浮线过长时差	光滑	高	好

2. 平纹组织　平纹组织是一种最简单但运用最多的组织。如图3-6所示，在平纹组织中，每根经纱在整个织物长度内交替地从纬纱的上、下穿过。两根相邻经纱的交织规律正好相反：1根经纱从纬纱的下面穿过时，相邻经纱则从这根纬纱的上面通过。第3根和第4根经纱的交织顺序分别与第1根和第2根的相同。在织物的整个幅宽范围内，每根纬纱交替地从经纱上、下穿过。连续两根纬纱的交织规律正好相反，当1根纬纱从经纱的上面穿过时，下1根纬纱则从这根经纱的下面穿过，第3根和第4根纬纱的交织顺序分别与第1根和第2根的相同。因此，两根经纱和两根纬纱即可组成一个完整的组织循环。为了简单起见，将这种有规律的平纹组织记为一上一下平纹，2根经纱和2根纬纱构成一个组织循环。

平纹织物交织点最多，纱线屈曲点最多，使织物坚牢、耐磨、硬挺、平整，但弹性较小，光泽一般。平纹织物密度不太高，较为轻薄，耐磨性较好，透气性较好。使用平纹组织的织物比较多，从薄型织物到厚重织物都有运用。例如：纱布、雪纺绸、方格色织布、钱布雷绸、塔夫绸、摩擦轧光印花棉布、粗麻布和粗帆布等都是平纹组织。在平纹组织基础上，可变化出方平组织，如图3-7所示。

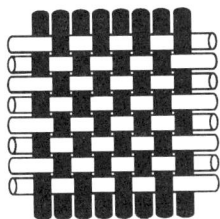

图3-6　一上一下平纹织物及其组织图

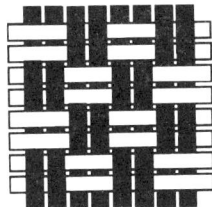

图3-7　二上二下方平织物及其组织图

3. 斜纹组织　斜纹组织在布面上产生斜纹。如图3-8所示，在右斜纹中，斜线向右上方倾斜；在左斜纹中，斜线向左上方倾斜；布反面的斜向同正面的相反。劳动布、华达呢和丝光卡其军服布等是几种常用的斜纹织物。

斜纹组织很多，最简单的斜纹组织如图3-8所示。该斜纹组织中，每根经纱在整个织物长度内交替地从两根纬纱上穿过，然后再从一根纬纱下穿过，依次循环，形成两上一下的交织规律。相邻经纱的交织规律也相同，不过要上提一个组织点。在织物的整个幅宽范围内，每根纬纱交替地从两根经纱下穿过，然后再从一根经纱上穿过，依次循环，形成两下一上的交织规律。相邻纬纱的交织规律也相同，不过要左移一个组织点。

由图3-8可以观察出，对于经纱来说，第1根和第4根经纱交织顺序、第2根和第5根经纱交织顺序、第3根和第6根经纱交织顺序分别相同。对于纬纱来说，第1根和第4根纬纱交织顺序、第2根和第5根纬纱交织顺序、第3根和第6根纬纱交织顺序分别相同。因此，三根经纱和三根纬纱即可组成一个完整的组织循环。为了简单起见，将这种有规律的斜纹组织记为一上二下斜纹，3根经纱和3根纬纱构成一个组织循环。经组织点多于纬组织点的，称为经面斜纹，反之称为纬面斜纹。

图3-9为二上二下斜纹织物，其特点是经纬组织点数量相同，因此被称为双面斜纹。对于双面织物来说，经纬纱线的细度相同、经纬密度也相同。大多数斜纹织物为经面织物或双面织物。这种织物形成的斜纹更加明显，表面也更耐磨。

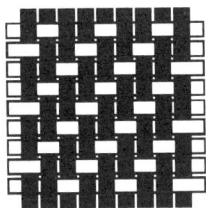

图3-8　一上二下斜纹织物及其组织图

图3-9　二上二下斜纹织物及其组织图

斜纹组织是由经浮长线或纬浮长线构成织物表面呈现的斜纹的外观效应。斜纹织物的经纬纱交织的次数比平纹少，使经纬纱之间的孔隙较小，纱线可以排列得较密，从而织物比较致密厚实。所以布面有明显斜向纹路，斜纹较平纹织物手感柔软，弹性好。但由于斜纹织物浮长线较长，在经纬纱粗细、密度相同的条件下，耐磨性、坚牢度不如平纹织物。

4. 缎纹组织 最简单的一种缎纹组织如图3-10所示，该缎纹组织中，每根经纱在整个织物长度内交替地从一根纬纱下穿过，然后再从四根纬纱上穿过，依次循环，形成一上四下的交织规律。相邻经纱的交织规律也相同，不过要上提两个组织点。在织物的整个幅宽范围内，每根纬纱交替地从一根经纱上穿过，然后再从四根经纱下穿过，依次循环，形成四下一上的交织规律。相邻纬纱的交织规律也相同，不过要左移三个组织点。

由图3-10可以观察出，对于经纱来说，第 1 根和第 6 根经纱交织顺序、第2根和第7根经纱交织顺序、第3根和第8根经纱交织顺序、第4根和第9根经纱交织顺序、第5根和第10根经纱交织顺序分别相同。对于纬纱来说，第 1 根和第 6 根纬纱交织顺序、第2根和第7根纬纱交织顺序、第3根和第8根纬纱交织顺序、第4根和第9根纬纱交织顺序、第5根和第10根纬纱交织顺序分别相同。因此，5根经纱和5根纬纱即可组成一个完整的组织循环。为了简单起见，将这种有规律的缎纹组织称为五枚缎纹，5根经纱和5根纬纱构成一个组织循环。经组织点多于纬组织点的称为经面缎纹，反之称为纬面缎纹，如图3-11和图3-12所示。

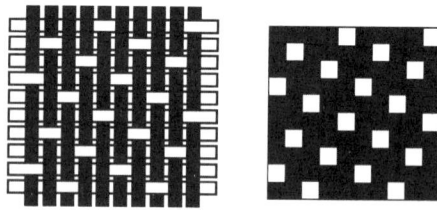

图3-10 缎纹织物及组织

图3-11 五枚经面缎纹织物及组织　　　　图3-12 五枚纬面缎纹织物及组织

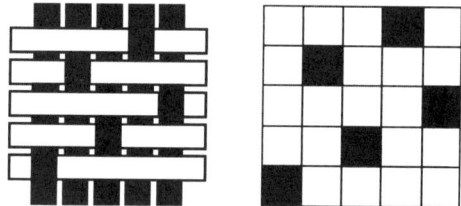

缎纹组织是根据织造时所需的综片数设计的。某种缎纹可能被命名为5枚缎纹或5综缎纹。织造缎纹最少需要5片综，同时它也是应用最为广泛的综片数。有时也会生产7枚缎纹和8枚缎纹，但一般超过8枚缎纹就成本过高，基本不生产。

对于5枚缎纹来讲，在一个组织循环中只有5个交织点。交织点数目与织造时所需的综片数相同，缎纹的浮长比所用的综片数少1。所用的综片数与经纬两个方向的循环数也相等。

缎纹也可以作为一种缎纹组织织物的名称。经缎织物是由长丝织造，并且织物正面主要呈现经纱浮长。由于使用有光长丝织造、交织点少而浮长较长、正面纱线很细而且十分紧密等众多原因，经缎织物表面光滑而且富有光泽。织物沿经向（浮长方向）光泽度最高，因此，用这种织物制作服装时必须沿此方向（竖直方向）裁剪，以使服装具有最佳的光泽。

棉缎织物是一种耐用的纬面缎纹棉织物。由于它是用较粗的短纤纱织造而成的，重量较重，因而不如经面缎纹光泽感强，同时悬垂性也较差。

在绉缎中，经纱很细且捻度较小甚至不加捻，纬纱却加以强捻。织物正面几乎全是经纱，反面几乎全是纬纱。由于纬纱捻度较高，因而织物反面具有绉效应，但正面非常光滑。

由于织物有许多的经浮长或纬浮长（缎纹的交织点最少），因而缎纹的表面非常光滑。长浮线使缎纹织物富有光泽，但同时也是这类服装服用性能较差的原因。由于浮长较长，纱线经受的摩擦力作用也较多。同时，这种织物普遍采用长丝纱织造，浮线很容易被粗糙表面勾丝而断裂，因此，缎纹织物一般用在一些无需考虑耐磨性能的地方，例如：晚礼服、女士内衣和装饰布等。

然而，在一定条件下，缎纹织物也可以获得良好的耐磨性能和强度。由于浮长较长，纱线可以滑移到另一根纱线下面，因此，缎纹织物可以比短浮长和无浮长的织物的经纬密度大。假如织物的经纬密度非常大，那么，由于纤维密集，织物将非常耐用。另外，由于纱线紧密并使用短纤纱，勾丝将不再是一个严重的问题，纬面棉缎织物做成的足球运动服和军用迷彩服就是具有良好的悬垂性的例子。

三、机织物的主要规格

机织物的主要规格通常指经纬纱线密度、织物经纬向密度、织物幅宽、原料和织物组织等。

1. 经、纬纱线密度　织物的经、纬纱线密度对织物的外观、手感、服用性及用途有着明显的影响。国家标准规定，织物的经、纬纱线密度用特数（tex）表示，其表示方法为：经纱线密度×纬纱线密度。如：20×20，表示经、纬纱均为20tex的单纱；30×2×30×2，表示经、纬纱均为30tex的双股线；14×2×28，表示经纱采用14tex双股线，纬纱为28tex的单纱。同等条件下，单纱的经、纬纱可织制轻薄、柔软、细腻的织物，但牢度相对差些。在其他条件相同的情况下，股线织物较单纱织物的织纹清晰，坚牢耐用，手感较硬挺。

2. 织物经纬密度　织物经向或纬向密度是指沿织物纬向或经向单位长度内经纱或纬纱排列的根数。国家标准与行业标准中分别规定棉织物与毛织物均以公制密度表示。公制密度是指10cm内经纱或纬纱的根数。织物经纬向密度以"经向密度×纬向密度"表示。例如，236×220表示织物经向密度为236根/10cm，纬向密度为220根/10cm。对于同样粗细的纱线和相同的组织，经、纬密度越大，则织物越紧密，平方米质量也越大。织物密度影响服装面料的柔软度、吸湿性、透气性、弹性和手感等，织物密度大小是根据其用途、品种、原料、结构等决定的。如果将织物纱线线密度与密度同时标出，则一般写成 $28 \times 28 \times 236 \times 220$，前面两个数字表示织物经纬纱线密度，后两个数字表示织物的经纬向密度。

3. 织物的幅宽 织物沿其宽度方向（纬向）最外边两根经纱间的距离为幅宽，单位为"cm"，它是指织物经自然伸缩后的实际宽度。织物幅宽由加工过程中的收缩程度、用途、利用率等因素决定，并有一定的规范性。有梭织机生产的织物幅宽一般不超过150cm，无梭织机生产的织物幅宽可达300cm以上。

第三节　机织物的生产工序与设备

纱线作为经、纬纱线在织机上进行交织前，还要经过所谓的经纱准备和纬纱准备工序才能上机织造。即作为经纱使用的纱线，要先把它做成经轴的形式，作为纬纱使用的纱线则要先把它做成纬纱所需要的卷装形式。最终，在织机上经纬纱交织成机织物。

普通本色织物的织造工序如图3-13所示。

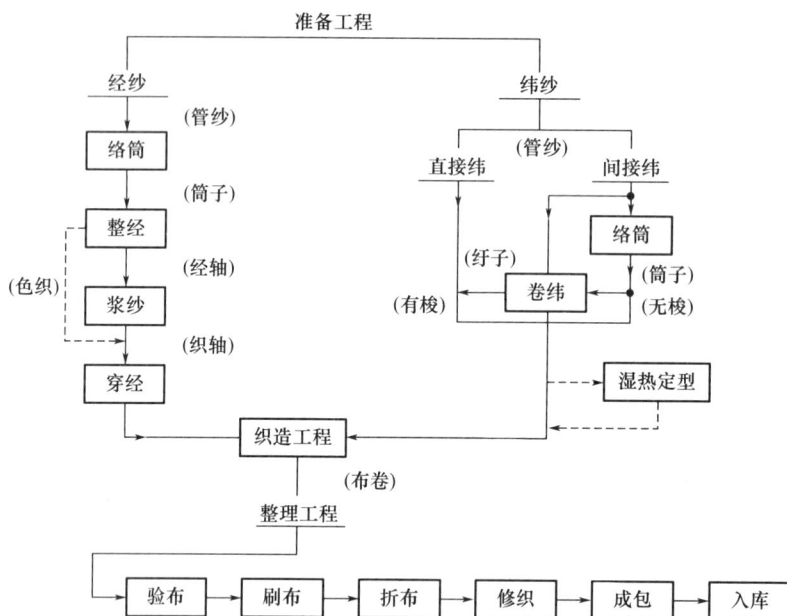

图3-13　普通本色织物的织造工艺流程图

一、络筒

（一）络筒的任务

1. 改变纱线的卷装形式 络筒的第一个任务是将前道工序运来的纱线加工成容量较

大（通过络筒将容量较少的管纱或绞纱连接起来，做成容量较大的筒子，一只筒子的容量相当于二十多只管纱）、成形良好、有利于后道工序（整经、无梭织机供纬、卷纬或漂染）加工的半成品的卷装，无边筒子、有边筒子和绞纱。因此，络筒可分为管纱络筒、绞纱络筒和特殊要求的络筒，如染色用的松式络筒。图3-14是绞纱络筒示意图，图3-15是松式筒子染色示意图。

图3-14　绞纱络筒示意图

图3-15　松式筒子染色示意图

2. 检查及清纱　络筒的另外一个主要任务是检查纱线条干均匀度，消除纱线上的疵点、杂质。为提高织物的外观质量，减少整经、浆纱、织造过程中的断头，在络筒工序中对纱线上的粗节、细节、双纱、弱捻纱、棉结、杂质等进行清理。

（二）络筒的要求

1. 筒子的形状和结构应保证后道工序的顺利退绕　筒子卷装应坚固，稳定，成形良好，长期储存及运输中纱圈不发生滑移、脱圈，筒子卷装不改变形状。筒子的形状和结构应保证在下一道工序中能以一定的速度轻快退绕，不脱圈，不纠缠断头。筒子上的纱线排列要整齐，无重叠、凸环、脱边、蛛网等瑕疵。

2. 卷绕张力适当，波动小　满足筒子的成形好，又保持纱线原有的机械性能，筒子卷绕形式如图3-16所示。

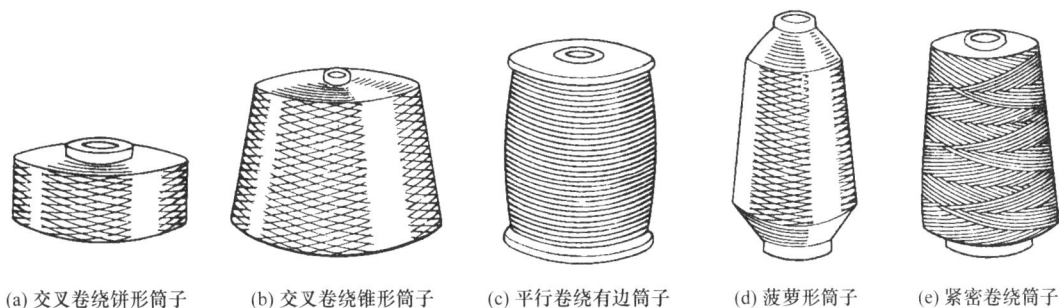

(a) 交叉卷绕饼形筒子　　(b) 交叉卷绕锥形筒子　　(c) 平行卷绕有边筒子　　(d) 菠萝形筒子　　(e) 紧密卷绕筒子

图3-16　筒子卷绕形式

3. 尽可能增加卷装容量提高卷装密度 用于间歇式整经的筒子还应符合筒子卷绕定长的要求。

4. 染色用筒子，必须保证结构均匀 对于要进行后处理的（如染色）筒子，必须保证结构均匀，使染液能顺利均匀地透过卷装整体。

5. 纱线的结头小而牢 应根据对成布的不同实物质量的要求、纱线的质量状况恰当地制订电子清纱器的清纱范围，去除纱瑕疵和杂质，纱线的结头小而牢。

（三）络筒机

络筒机是纺织行业的专用设备。图3-17和图3-18分别是普通络筒机和自动络筒机，图3-19是自动络筒机的流程图。络筒机的作用有以下四点：

图3-17 普通络筒机

图3-18 自动络筒机

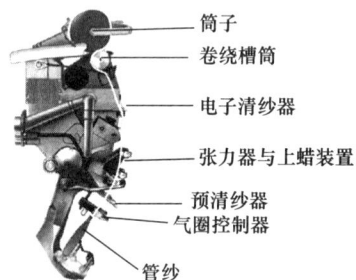

筒子
卷绕槽筒
电子清纱器
张力器与上蜡装置
预清纱器
气圈控制器
管纱

图3-19 自动络筒机的流程

1. 更换卷装形式 把相对长度较短的管纱卷装，卷绕成相对长度较大的筒子。

2. 消除弱节 由张力器设置合适的络筒张力，恰好使弱节断头，并由自动打结器完成纱线的连接。

3. 消除粗、细节 由电子清纱器经过逻辑判断，剪除纱线上的粗、细节，并由自动打结器完成纱线的连接。

4. 筒纱定长卷绕 卷绕在筒子上的纱线达到指定长度后，自动停车换管，保证每只筒子卷绕的纱线长度相同。

二、整经

机织物是由经纱系统和纬纱系统构成的。经纱系统可以是简单的单纱或坯纱，也可以是复杂的多色排列（或不同性质、种类的纱线排列），非常复杂且富于变化。要形成符合织物要求的经纱系统，必须将卷绕在筒子上的经纱按工艺设计要求的根数、长度、幅宽、配列等平行地卷绕在经轴或织轴上，这就是整经。

（一）整经的目的、任务与工艺要求

1. 目的　把单根纱卷装的筒子纱改变成具有数千根纱卷装的圆柱形经轴（或织轴）。

2. 任务　按工艺设计的要求，把一定数量的筒子纱排列成具有一定幅宽和具有一定长度的平行纱片，按工艺规定的适当且均匀的张力平行卷绕到经轴上，供浆纱或并轴用。

3. 整经工序的工艺要求

（1）片经纱张力适度、均匀。

（2）片纱排列均匀，以使卷绕形状正确、密度均匀。

（3）整经长度准确，整经根数、纱线配列绝对准确。

（4）接头符合标准。

（二）整经方式

1. 分批整经　分批整经又称轴经整经，先将全幅织物所需要的总经纱根数的一部分卷绕成若干只经轴，然后再将若干只经轴通过浆纱机并合或用并轴机并合后卷绕在织轴上，以满足总经根数的要求。分批整经的特点是整经速度快，生产率高，适宜于大批量生产，常用于棉织方面。

2. 分条整经　先将全幅织物所需的总经纱根数的一部分按照需要组成一个条带，然后将其卷绕在整经滚筒上。当一根条带绕到规定长度时，剪断并穿入绞线。然后紧挨前一条带平行地卷绕另一条带。如此依次绕上一根根的条带，直至绕到规定的条数为止。为了成形良好，随着滚筒的回转，各层经纱应做微小的横向运动，使条带截面呈平行四边形。最后将整经滚筒上的全幅经纱用倒轴机构卷绕到织轴上。分条整经法的特点是可直接做成织轴。当用于多色或不同捻向经纱的整经时，排列色经较为方便。广泛应用于小批量、多品种的色织、毛织、丝织等生产。

（三）整经的工艺流程

分批整经的工艺流程与分条整经的工艺流程分别如图3-20和图3-21所示。

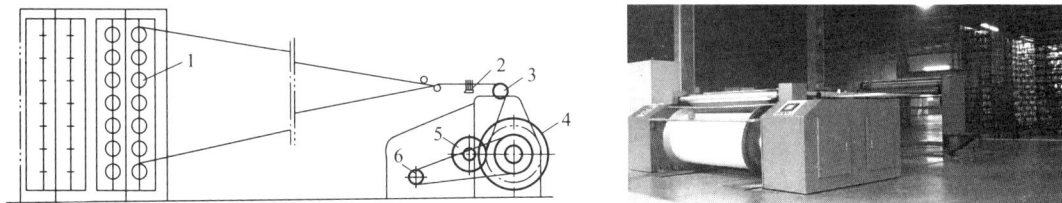

图3-20　分批整经
1—筒子　2—伸缩筘　3—导纱辊　4—整经轴　5—压辊　6—电动机

三、浆纱

中国古代就发明了浆纱技术，手工浆纱是将经纱展成片状，用刷子或箔抹上浆糊，

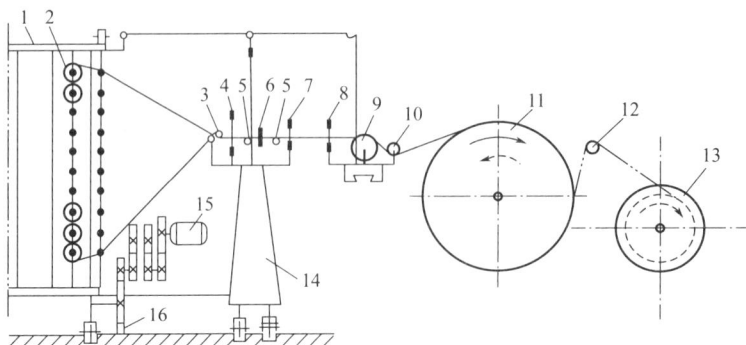

图3-21　分条整经机

1—筒子架　2—筒子　3—导杆　4—后箱　5—导杆　6—光电式断头自停片
7—分绞箱　8—定幅箱　9—测长辊　10—导辊　11—大滚筒　12—导辊
13—织轴　14—分绞架　15—电机　16—固定齿条

晾干后绕成织轴。元代王祯《农书》中有使用刷子给经纱上浆的图文,《天工开物·乃服篇》中"过糊"一节记载了用淀粉、牛皮、骨胶浆丝的方法和工具。现代织机织造时,经纱在织机上要承受经停片、综、筘等的反复摩擦、拉伸、弯曲等作用,可能会大量起毛甚至断裂,未上浆的单纱纤维互相抱合不牢,表面毛羽较多,难以织制,浆纱就显得更加重要。

(一)浆纱的任务、目的和要求

1. 浆纱的任务　让经纱的表面和内部黏附、渗入一定量的浆液,再经过烘燥使表面成膜、内部部分纤维相互黏结,以此增加原纱的断裂强度和耐磨性,提高其织造性能。

2. 浆纱的目的　一方面是由于浆膜的作用使纱线的毛羽伏贴,降低其摩擦系数;另一方面使纱线内部的纤维相互粘连,改善纱线内纤维的抱合力,增强其拉伸断裂强度。

3. 浆纱时所产生的两个现象

(1)被覆。经过上浆工序后,在经纱的表面形成一层浆膜,此现象称为被覆。

(2)浸透。上浆时,浆液会渗透入经纱的内部,使内部纤维粘结,此现象称为浸透。

4. 浆纱的要求

（1）浆液对经纱的被覆和浸透要有适当比例。

（2）浆液成膜性要好（薄、软、韧、光）。

（3）浆液的物理和化学稳定性要好。

（4）浆料配方合理简单，调浆和退浆容易，且不污染环境。

（5）上浆应保证工艺质量指标上浆率、回潮率、伸长率、好轴率。

（6）保证质量的前提下，尽量提高浆纱生产效率，降低成本，节约能源，以提高经济效益。

（二）浆纱方法及基本过程

1. 经纱的上浆方法 经纱的上浆方法主要有六种。

（1）经轴上浆。经轴上浆是将若干只经轴上的经纱同时引出，浸入浆液，压去余液，烘干、分纱，最后按规定长度卷成织轴。这是应用最广的上浆方法。

（2）织轴上浆。织轴上浆是由分条整经机做成的织轴，经上浆后再卷成浆轴。这种方法多用于丝织、色织的多品种和小批量生产。

（3）整浆联合。整浆联合是在整经机的筒子架和卷绕机构之间安装上浆和烘干设备，合整经、浆纱为一道工序，多用于化学纤维长丝上浆。

（4）染浆联合。染浆联合是在浆纱机的浆槽前加装染色烘干设备，使浆纱先染色、烘干，然后上浆，合染色、上浆为一道工序，多用于需要染色的经纱上浆，如织制劳动布的色经上浆。

（5）单纱上浆。单纱上浆是从筒子上退出单纱，经单纱上浆机上浆后再卷绕成浆纱筒子。单纱上浆机是在低速络纱机上加装浆槽和烘干机构而成。这种方法虽然产量低，工耗大，但浆膜质量好，在丝织和苎麻织中有时采用。

（6）绞纱上浆。绞纱上浆有手工上浆和机械上浆两种方式，都是将绞纱在浆液中浸透、绞干、抖松，然后烘干。这种方法适用于色织、织带等小批量生产。

2. 经轴浆纱基本过程（图3-22）

（1）浆液浸润。经纱由浸没辊的引导进入浆液槽，通过与具有一定黏性的黏稠状的浆液的直接接触，浆液首先浸润纱线的表面，然后进入纱线内部纤维之间，之后又进一步渗入纤维内部。

（2）压辊挤压。经过挤压辊的浸轧，一方面挤出纤维表面和纤维之间的自由水，同时由于挤压辊的作用，使浆液进一步渗入到纱线和纤维内部。

（3）烘房烘燥。通过烘筒和干热蒸汽的烘燥，包覆在纱线和纤维表面的浆液凝固成一层薄薄的浆膜包覆于纱线和纤维的表面，使纱线表面的毛羽伏贴。减少纱线表面的摩擦系数，提高其耐磨性。渗透到纱线内部的浆液干燥后使内部部分纤维互相黏结，增大了纤维之间的抱合力，使纱线的断裂强度提高，断裂伸长减少。

（三）浆料

为使浆纱获得理想的上浆效果，浆液及其成膜应具备优良的性能。要求浆液化学物

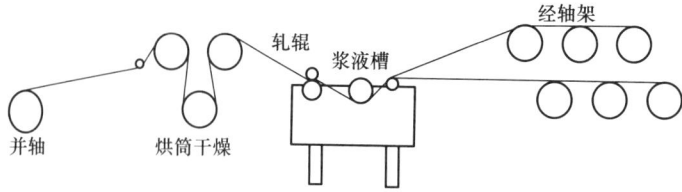

图3-22 经轴浆纱基本过程

理性质的均匀性和稳定性，浆液在使用过程中不易起泡、不易沉淀，遇酸、碱或某些金属离子时不析出絮状物；对纤维材料的亲和性及浸润性良好；具有适宜的黏度，要求浆膜性能对纤维材料的黏附性，具有强度、耐磨性、弹性、可弯性；具有适度的吸湿性、可溶性及防腐性。

但是，很难找到某种浆料能兼有上述各项优良的性能。为此，浆液中既有作为基本材料的黏着剂，也有起辅助作用的各种助剂，扬长避短，获得理想的综合效果。

（四）浆液的配方

随着上浆要求的不断提高，经纱上浆通常使用由几种黏着剂组成的混合浆料或共聚浆料。因此，在纺织厂的浆液调制及浆料加工厂的浆料生产中，都需要对浆液（包括浆料）配方进行设计。浆液配方的设计工作也就是正确选择浆料组分、合理制订浆料配比的工作。

1. 浆料组分的选择 浆料组分的选择包括黏着剂和助剂的选择，选择时应当遵循以下原则。

（1）根据纱线的纤维材料选择浆料。为避免织造时浆膜脱落，所选用的黏着剂大分子应对纤维具有良好的黏附性和亲和力。从黏附双方的相容性来看，双方应具有相同的基团或相似的极性。

（2）根据纱线的线密度、品质选择浆料。细特纱具有表面光洁、强力偏低的特点，黏着剂可以考虑选用上浆性能比较优良的合成浆料和变性淀粉，浆料配方中应加入适量浸透剂。粗特纱的强力高，表面毛羽多，上浆是以被覆为主，兼顾浸透，上浆率一般设计得较低些。

（3）根据织物组织、用途、加工条件选择浆料。制织高密织物的经纱，由于单位长度上受到的机械作用次数多，黏着剂可以考虑选用PVA、丙烯酸酯类合成浆料和变性淀粉，浆料配方中应加入适量浸透剂。当车间相对湿度较低时，在使用淀粉或动物胶作为主黏着剂的浆料配方中，应加入适量吸湿剂，以免浆膜因脆硬而失去弹性。

应当注意，浆料的各种组分（黏着剂、助剂）之间不应相互影响，更不能发生化学反应。否则，上浆时它们不可能发挥各自的上浆特性。例如，黏着剂受不同酸碱度影响会发生黏度变化，甚至沉淀析出。离子型表面活性剂与带非同类离子的浆用材料共同使用会失去应有的效能。

2. 浆料配比的确定 浆料组分选择之后，就需进一步确定各种组分在浆料中所占的比例。确定浆料配比的工作主要是优选各种黏着剂成分相对溶剂（通常是水）的用量比例。溶剂外的其他助剂使用量很少，可以在黏着剂量确定之后，按一定的经验比例，直接根据黏着剂用量计算决定。

目前，受纺织工艺研究水平的限制，还不可能以理论分析的方法来精确计算各种黏着剂相对溶剂的最优用量比例。一般都要依靠工艺设计人员丰富的生产经验和反复的工艺试验，才能较好地完成浆料配比的优化工作。试验方法有很多，例如，旋转试验设计法、正交试验设计法等。

（五）浆纱机

根据烘燥形式不同，浆纱机可分为热风式浆纱机、烘筒式浆纱机和热风烘筒联合式浆纱机。热风烘筒联合式浆纱机如图3-23所示。

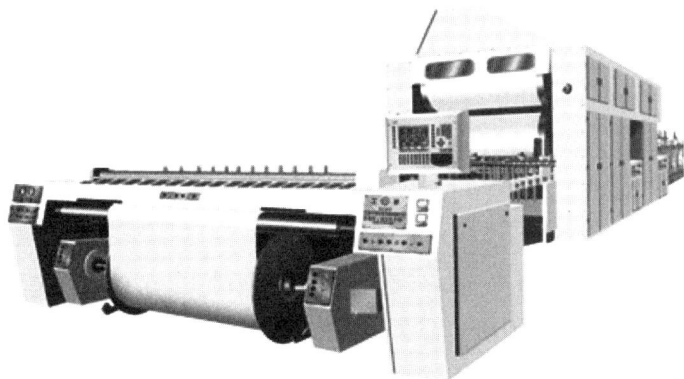

图3-23 热风烘筒联合式浆纱机

四、穿结经

1. 穿经 穿经是经纱按织物上机织造的上机图所规定的方法，依次穿过停经片、综丝和钢筘，以便在织机上由开口机构提升综丝形成梭口，完成与纬纱以一定组织规律交织形成织物的工艺过程。常用器材有综框、综丝、钢筘、停经片。

（1）综框。综框是控制经纱上升或下降运动的装置。挂在同一综框上的综丝具有相同的上升或下降运动规律。挂在不同综框上的综丝具有不同的上升或下降运动规律。为了使不同位置的经纱随综框上下运动形成梭口，必须将经纱穿入一根一根综丝眼中，经纱穿入的综丝如果在同一片综框上，则这些经纱具有相同的运动规律。有梭织机综框分单列式和复列式两种。

（2）钢筘。钢筘是由一片一片筘齿组成的。经纱穿入一片一片筘齿之间，一方面，可以控制经纱排列的密度使经纱沿纬向均匀排列；另一方面，打纬时钢筘可以把打纬力均匀地传递给纬纱形成织物。

（3）停经片。停经片是感知经纱织造张力的传感元件。如果将经纱穿过停经片，则它能感知到经纱的张力。在经纱张力的作用下，停经片悬空挂在经纱上。如果经纱发生断头，则经纱失去张力，此时停经片下落，并发出信号告知经纱断头。因此，将每根经纱分别穿入停经片，可以对每根经纱的断头情况进行监测。

穿经的方法如下。

①手工穿经。在穿筘架上进行。

②半机械穿经。采用三自动穿经机（自动分纱、自动分停经片、自动插筘）。

③机械式穿经。也称五自动穿经，即分纱、分停经片、分综丝、引纱（穿停经片、综丝）和插筘均实现自动化。

穿经机械有：分绞机、插停经片机、自动穿经机。

穿经具有劳动强度大、要求高、生产效率低、易造成批量性疵点特点。结经是解决这一问题的办法之一。

2. 结经　结经是将了机经纱的纱尾与新上机同一品种织轴上的新经纱依次用手工打结的方法连接起来，然后将上机经纱全部拉过停经片、综眼和钢筘，完成穿经过程。

结经分为手工结经和机械结经。结经具有两大特点，一是能部分替代穿经；二是劳动强度小，生产效率高，适用于大批量生产。

五、纬纱准备

纬纱是由引纬系统引入梭口，与经纱进行交织形成织物的。有梭织机与无梭织机的引纬原理有很大的不同。有梭织机纱管是置入梭子内随梭子一起运动的。纱管上的纬纱必须能够快速退绕。无梭织机一般使用卷装较大的筒子，直接由储纬器引导筒子纱退绕，然后由无梭织机的引纬器（片梭、剑杆、喷射的气流或水流）将纬纱引入梭口。因此，纬纱要被做成纤管或筒子纱的形式。

根据织物设计的要求，纬纱可能是股线、可能是强捻，还需要合股和加捻。对于捻度大的纱线还需要蒸纱定型。因此，需要纬纱准备有以下原因。

（1）改变纬纱的卷装形式，可以是管纱、纤子纱、筒子纱。

（2）合股纬纱和强捻纬纱需要进行合股加工和捻线加工，以及纱线的定型加工。

（3）有些色织物的纬纱先把纱线络成绞纱进行染色，然后再把绞纱络成筒子纱作为纬纱使用；也有络成松式筒子进行筒子染色，然后再落成正常的筒子作为纬纱使用的。

（一）纬纱准备的种类和内容

纬纱准备一般包括络筒、卷纬和定捻。

有梭织机工艺的纬纱准备内容与无梭织机工艺的纬纱准备内容是不同的。色织物与素织物的纬纱准备工艺也是不同的。

1. 有梭织机工艺的纬纱准备　有梭织机使用直接纬纱时，细纱管纱作为纬纱；使用间接纬纱时：细纱管纱—络筒（清纱）—定捻—卷纬（纤子）。

2. 无梭织机工艺的纬纱准备　无梭织机是将筒子纱作为纬纱使用。因此，无梭织机纬纱准备包括络筒、倍捻和定捻等工序。

（二）纱线定捻

1. 纬纱定捻作用 消除纱线因加捻而产生的扭应力，稳定纱线捻度。由于纱线加捻，纤维内部产生扭应力，纱线张力很小或松弛时，极易发生退捻、扭转、起圈等现象，通过定捻加工，消除扭应力，可稳定纱线捻度。

2. 定捻方法 常用定捻方法有自然定捻、加热定捻、给湿定捻和热湿定形。

（1）自然定捻。自然定捻是把加捻后的纱线在常温环境中放置一段时间。纤维大分子产生蠕动，纤维内应力逐渐减少，从而使捻度稳定。该方法定捻工序短，纱线力学性能不变。但自然定型时间较长，定捻效果不稳定，仅适用于捻度较小的纱线。比如1000捻/m以下的人造丝，常态放置3～10天，可定形。

（2）加热定捻。加热定捻是利用在高温环境下，纤维分子动能增加，大分子间的相互作用减弱，分子重新排列，内应力消除，使捻度稳定。合成纤维定型温度在玻璃化温度之上、软化点之下。

加热定捻设备为热定捻锅。定捻效果好，应用广，适宜于细特纱、强捻纱、混纺纱定捻。热定捻后纱线性质有一定变化，经过热定捻的涤棉纱，物理性能有所变化，强力有下降的趋势。由于纤维膨胀，产生热收缩，纱线细度有所增加，纱线的回潮率则增大而均匀，且纱线毛羽有所减少。

（3）给湿定形。给湿定形是利用水分子渗入纤维分子之间，增大彼此间的距离，使大分子链段的移动比较容易，加速蠕变过程。

给湿定形方式有喷雾法，用于棉纺织，相对湿度保持在80%～85%，纱线存放12～24h。另一种水浸法，纬纱浸泡在35～37℃的热水中40～60s，再在纬纱室放置4～5h。给湿定捻设备简单，定捻效果较好，有毛刷式给湿机和喷嘴式给湿机。

（4）热湿定形。热湿定形是使纱线在热湿作用下，定形速度加快，一般在热定形室（箱）中进行。热定形方式有热湿定形，纱线与高温蒸汽直接接触，吸收水分和热量；另一种是真空定形，先用真空泵抽出空气，产生负压，再进蒸汽，可加快蒸汽渗透到纱线内层的速度。

目前广泛采用热湿定形箱方式，其优点在于：定形效果好，原料周转期短，适应所有纱线、捻度，尤其适合大卷装。

（三）卷纬

有梭织机的补纬方式有手工换梭、自动换梭和自动换纤，都必须在卷纬机上进行，将把筒子纱卷绕成符合织造要求并适合梭子形状的纡子。这道工序称为卷纬，仅适用于有梭织造。

卷纬工艺要求：成形良好，表面平整，无重叠，直径合适，易退解，不脱圈；卷绕张力均匀、合理，卷绕密度适当，保证容量；具有适当的备纱，保证探纬部件执行换纬操作时，织机织造需要的必要的纬纱，一般3纬左右的备用纬纱。

卷纬机械分为卧锭式和竖锭式。卧锭式锭子工作位置呈水平状态，锭速快，自动化程度高，生产效率高，操作工劳动强度低，但每锭占地面积大，故棉纺织厂中应用较少，常见于毛织、绢织生产。竖锭式锭子工作位置呈竖直状态，具有产量高、纤子质量较好、工人看锭数多、每锭占地面积小、维修方便等优点，相对于卧锭式在棉织生产中应用较广。

六、织造

织造就是经纬纱交织成机织物的过程。中国有悠久的手工织造技术，但近现代织造技术开始于西方。1733年，英国人凯.J，发明了手拉投梭（飞梭装置）。1785年，英国人卡特赖特创造了动力织机，即"普通织机"的雏形。19世纪初，法国人贾卡，J.M.制成了不需挽花童的提花机，即纹版提花机。为了织制多色纬纱的织物，1869年R.L.哈特斯利和J.希尔发明了回转多梭箱。1895年诺斯勒普，J.H.发明了自动换纤装置，以后又有了多色纬的自动补纬装置。20世纪50年代以来，为了进一步提高织机的生产率，出现了各种无梭织机，主要有片梭织机、喷气织机、喷水织机、剑杆织机等。由于有梭织机和无梭织机的成布过程都是间歇性的，为此人们又提出了连续引纬的新方法，出现了不同类型连续引纬的多梭口织机。

为完成经、纬纱的交织，织机上必须有开口、引纬、打纬、卷取和送经五个基本动作，各由相应的机构来完成。开口运动是把经纱分成上下两层，形成梭口；引纬运动是将纬纱引入梭口；打纬运动是钢筘将纬纱推入织口，经纬纱完成交织形成织物；卷曲运动是由卷曲机构将形成的织物引离织口，以便进行下一纬的交织；送经运动与卷曲机构配合，送出形成下一纬织物所需要的经纱长度。

（一）开口

开口运动的任务是使经纱上下分开形成梭口，并且根据织物组织要求控制经纱的升降次序，使织物获得所需的组织结构。完成开口运动的机构称作开口机构。

1. 梭口 梭口是指经纱按一定规律分成上、下两层，形成一条能供引纬器或引纬介质引入纬纱的通道。梭口可分为中央闭合梭口、全开梭口、半开梭口、清晰梭口、不清晰梭口、半清晰梭口、长梭口和短梭口等，具体根据产品、织机类型和工艺进行选择。

2. 对开口运动的要求

（1）要求开口运动能保证形成的梭口清晰，以便顺利引纬，减少纱疵。

（2）适应不同织物对打纬的要求。

（3）和打纬引纬运动有良好配合。

（4）综框运动平稳，高速适应性好。

（5）机构简单，适应性好。

3. 开口机构 任何开口机构都必须由提综装置、回综装置和综框（综丝）升降、次序的控制装置组成。有凸轮（连杆）开口机构，多臂开口机构，提花开口机构等多种开口机构，提花开口如图3-24所示，每根经纱的升降都采用单独控制，适用于复杂的大花纹织物，速度低。

（二）引纬

引纬是将纬纱引入梭口。织机上经纱由开口机构形成梭口之后，必须把纬纱引过梭口，才能实现经纱和纬纱的交织。

按照引纬所采用的器件或介质，生产中常见的引纬方式主要有以下几类。

1. 梭子引纬 梭子引纬开始于手工织布，有梭织机发明后，继续使用梭子引纬。梭子引纬是采用装有纡子的梭子，梭子在受到投梭机构的作用获得飞行速度之后，便在走梭板两端的梭箱之间，往复飞行从而实现引纬，如图3–25所示。

图3-24 提花开口机构

图3-25 有梭织机的梭子

梭子是有梭织机的主要器材，同时具有引纬和储纬功能。

有梭织机曾经是机织物的主要生产设备，但梭子引纬织机震动大，噪声大，机物料损耗多，生产效率低，不利于高速和高档次产品的生产。因此，随着无梭织机的推广，目前有梭织机主要在生产特殊产品时使用，正在逐渐被淘汰。

2. 片梭引纬 片梭织机是片状夹纬器（片梭）将纬纱引入梭口的织机。1933年德国人R.罗斯曼首先提出片梭引纬；1934年瑞士苏尔泽公司研制出片梭织机，20世纪50年代初投入商业生产。片梭织机采用比较先进的扭轴投梭机构，利用扭轴的弹性变形击梭，片梭的速度与车速无关。片梭织机的片梭体积小，质量轻，引纬速度高；由于引纬器小，梭口可较小，从而实现小开口；引纬时积极握持纬纱，使得纬纱交接可靠，效率高；纬纱张力可调节，布面质量好；产品适应面广，日常生产费用低；但织机昂贵，一次性设备投资大（图3–26）。

片梭织机能适应各种天然化学纤维，能适应各种织造质量要求高的织物，能配合多臂或提花开口机构加工高附加值的装饰物和高档毛织物，并适宜强度低的纱线作纬纱。

3. 剑杆引纬 剑杆引纬是最早使用的无梭引纬方式，1844年开始出现刚性剑杆织机，柔性剑杆织机起始于1925年，第二次世界大战后，20世纪50～60年代实现商品化生产。目前仍是无梭织机应用最广泛的一种机型，入纬率已达到1500m/min。

剑杆引纬按引纬方式分为单剑杆引纬和双剑杆引纬。按照剑杆结构分为刚性剑杆和

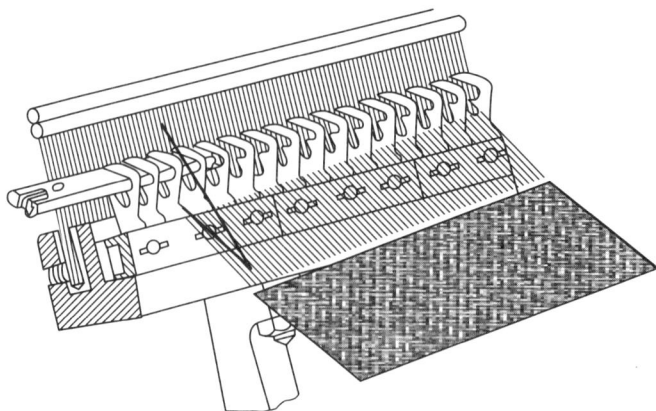

图3-26　片梭引纬

挠性剑杆，前者的剑带是笔直送纬的，而后者的剑带是可以弯曲的（图3-27）。

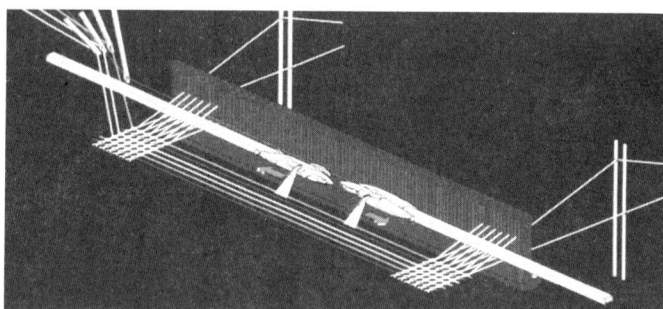

图3-27　剑杆引纬

剑杆织机的传剑机构有连杆与周转轮系组成的传剑机构、变螺距螺杆传剑机构、球面曲柄传剑机构和共扼凸轮传剑机构各种类型。

剑杆引纬的主要工艺参数包括剑头的初始位置、动程、纬纱的交接、剪纬及纬纱释放与运动的配合。

剑杆引纬依靠剑杆往复运动积极引纬，引纬质量可靠；机构简单，噪声低；适用多种开口机构和多色纬纱，幅宽达5.4m；适于中小批量生产；进出口调节范围小，幅宽变化小。但剑杆引纬的剑带易磨损，维护要求高。

剑杆引纬属积极式引纬，且在交接过程中纱线所受张力较小，其产品适应性较好。剑杆引纬能适应不同原料，不同粗细，不同截面形状的纬纱；能适应天然长丝和人造长丝的织造；能适应多色纬织造；能适应双层、双重织物的生产；能适应玻璃纤维和一些高性能特种纤维工业用织物的生产。

4. 喷气引纬　喷气引纬是采用喷射气流牵引纬纱穿越梭口，是利用空气作为引纬介质，以喷射出的压缩气流对纬纱产生摩擦牵引力进行牵引，将纬纱带过梭口，通过喷气产生的射流来达到引纬的目的。1914年美国人发明喷气织机，1950年捷克斯洛伐克生产第一台商用喷气织机，20世纪70年代喷气织机开始应用于工业生产。现代新型喷气织机速度、自动监控水平、产品质量、品种适应性等都有了大幅度的提高，成为无梭织机中发展最快的机型（图3-28）。

单喷嘴引纬系统，由主喷嘴和管道片组成。主喷嘴是普通喷嘴结构，管道片一般以塑料模压加工而成，典型的是脱纱槽开放式管道片。在该引纬系统中，管道片的运用有效地减少了气流的扩散，提高了出梭口侧的气流速度，为顺利引纬提供了有利条件。但引纬气流从管道片的间隙中向外扩散，速度的降低还相当大，当幅宽达到1m以上时，由于气流的速度降低，在出梭口侧会产生严重的纬缩织疵，故只能用于窄幅织物的生产，目前，该种类型已逐步被淘汰。

异型筘多喷嘴接力喷射引纬系统，该系统主要由主喷嘴、辅助喷嘴、异形筘等组成。主喷嘴是组合式喷嘴结构，有较好的射流；多个辅助喷嘴相隔一定距离安装在筘座上，不断向筘槽喷射气流，使引纬气流在较长距离内保持所需的流速，让纬纱得到适宜的牵引而穿越整个梭口；异型筘是在每叶筘片前沿有向前突起的凹口，形成一条引导气流和纬纱的凹槽（筘槽），异型筘对经纱的磨损小，织造细支高密织物质量好，能实现引纬高速化。所以，该引纬系统得到了广泛的应用。

喷气引纬工艺参数主要包括时间参数和压力参数。如开始引纬时间和总引纬时间、主喷嘴开闭时间、辅喷嘴开闭时间和喷嘴喷射压力调节。

喷气织机有一定的品种适应性，适宜于各类细薄和厚重织物加工，可选色4~6色，原料主要以短纤纱或化纤长丝为主，织造高支高密单色织物优势明显。

5. 喷水引纬 喷水引纬与喷气引纬相似，喷水引纬是采用喷射水柱牵引纬纱穿越梭口的。喷水织机最早由捷克人于1955年发明，20世纪70年代日本引进专利技术开始生产（图3-29）。

图3-28 喷气引纬

图3-29 喷水引纬

喷水引纬系统包括定长储纬器、喷射水泵、喷嘴和夹纬器等。由于水的密度较空气大得多，喷水引纬对纬纱的摩擦牵引力比喷气引纬大，扩散性小，水流射程远，不需要辅助喷嘴，而且适应表面光滑的合成纤维、玻璃纤维等长丝引纬的需要。

喷水引纬以水作为引纬介质。在自来水或地下水中，存在着各种有机物和无机物的杂质微粒及各种金属离子微生物等，未经处理的水直接用于喷水引纬时，将会引起各种弊病，必须进行必要的水处理。

喷水引纬工艺参数包括喷水量、喷水时间和水压。

喷水引纬以伸向流动的水作为引纬介质，有利于织机高速运转，在几种无梭引纬织机中，喷水引纬速度最大。因此，喷水引纬适用于大批量、高速度、低成本织物的加工；适用于疏水性纤维的织物加工。但喷水引纬为消极引纬方式，梭口是否清晰是影响引纬质量的重要因素。另处，喷水引纬耗用水量较大，生产废水会污染环境，要进行污水净化处理。

（三）打纬

打纬是依靠织机上钢筘的前后往复摆动，将一根根引入梭口的纬纱推向织口，与经纱交织，形成符合设计要求的织物的过程。

打纬的作用除了用钢筘将引入梭口的纬纱打入织口，使之与经纱交织外，还包括用钢筘确定经纱排列密度和织物幅宽；在有梭织机上，钢筘还组成梭道，保证梭子稳定飞行；在一些剑杆织机上，借助钢筘控制剑带的运行，起导引纬纱的作用；在采用异形筘的喷气织机上，钢筘起到防气流扩散的作用。

织机的打纬机构必须有利于引入纬纱；创造有利的打纬空间；还要有利于提高车速，减少织机的震动。

（四）卷取

卷取运动是指将形成的织物引离织口并卷绕到卷布辊上的运动。

卷取机构的作用是将织物引离织口，并卷到卷布辊上，使织造过程能连续进行；同时它决定着织物的纬密和纬纱在织物中的排列特征。

纬密是指单位长度织物内所包含的纬纱根数，在织机上纬密由卷取机构根据要求随时改变卷取量，调整织物纬密。

（五）送经

送经运动是随着织造进行，不断向织造区送出定量经纱的运动。

送经机构的作用就是不断从织轴上送出一定长度的经纱，保证织造过程连续进行；保持织造过程中经纱张力的稳定。通常由织轴上经纱送出装置和经纱张力调节装置两部分组成。在织造过程中要求经纱上机张力适当，并保持经纱张力不随织轴直径的变化而上下波动。

对送经机构的要求是送经量每次要均匀一致；经纱张力控制在一定范围内，减少张力变化；送经机构与其他机构配合，使经纱张力变化不大；经纱送出量要适合不同纬密。

机械送经机构可分为消极式和积极式送经机构，另外，还有电子送经机构。

织机除了五大运动装置以外，还有许多装置。如传动装置、布边装置、储纬器、选纬机构、混纬机构、断经自停装置和断纬自停装置等。

机织物下机后需经过整理过程，验布是检验织物的外观质量；修补是对织物上的可修补疵点，如缺经、缺纬、棉粒、异物织入、油渍等，在整理车间清除掉；分等是按照布面疵点多少给予评分，根据国家标准或国际标准进行分等，以此来确定生产产品的质量；最后，打包用打包机将织物打成合格的大包，便于储存和运输。

随着电子计算机和机电一体化技术的发展，各种尖端科技将不断应用到织造生产上来，未来的织造生产将以高度的自动化、智能化、集约化、信息化和连续化为特征。目前，织造技术的发展主要表现在以下几个方面：一是广泛采用成熟的电子控制技术，利用计算机对众多分电动机实行控制，提高智能化、远程控制等机电一体化水平，提高可靠性和稳定性，便于操作和保养；二是提高织物品种适应性和织造织物质量，采用张力控制技术适应纬纱张力变化，采用送经、卷取和主传动联动的电子控制技术，自动控制经纱张力及变化，实现自动改变纬密功能，提高织物品种适应性和织物质量；三是减少经纬纱断头率，降低织机的故障时间，不断提高织机的可靠性和稳定性；四是绿色织造，随着人们环保意识的增强，绿色织造已提到议事日程，这就对织造提出了更高要求，污水、震动、噪声的降低，先进电子控制技术和人机工程原理在织造技术上的广泛应用，将是织机技术面临的重要课题。

思 考 题

1. 什么是机织物？它和其他织物相比有什么特性？
2. 什么是机织物的组织？如何表示织物组织？
3. 简述一般机织物的工艺流程及作用。络筒工序的任务和要求是什么？
4. 分批整经和分条整经工作原理和用途有什么不同？
5. 对浆纱的要求是什么？
6. 什么是织机的五大运动？片梭引纬、剑杆引纬、喷气引纬和喷水引纬的原理和特点是什么？

参 考 文 献

[1] 武继松，张如全. 纺织科学入门 [M]. 北京：中国纺织出版社，2012.
[2] 荆妙蕾. 织物结构与设计 [M]. 5版. 北京：中国纺织出版社，2014.
[3] 朱苏康，高卫东. 机织学 [M]. 2版. 北京：中国纺织出版社，2015.

第四章　针织物及加工技术

第一节　针织工业的发展概况

将纱线转变为织物有四种主要方法，可分为机织方法、针织方法、编织方法和非织造方法。

针织是利用织针将纱线编织成线圈并相互串套而形成针织物的一种方法。针织工业就是用针织的方法来形成产品的一种工业。根据编织方法的不同，针织生产可分为纬编和经编两大类，针织机也相应地分为纬编针织机和经编针织机两大类。纬编针织机主要有各种圆纬机、横机、袜机等；经编针织机主要有各种高速经编机、贾卡经编机、花边机、双针床经编机、缝编机等。

一、针织工业的主要产品

针织分为纬编和经编：用纬编方法生产的织物称为纬编针织物，用经编方法生产的织物称为经编针织物。在纬编成圈过程中，纱线顺序地垫放在纬编针织机的工作织针上，形成一个线圈横列，纱线纬向编织成纬编针织物，如图4-1所示，图中1是织针，2是纬纱。在经编成圈过程中，一组或几组平行排列的纱线同时沿经向喂入经编针织机的工作织针上，而形成经编针织物，如图4-2所示，图中1是导纱针，2是织针，3是经纱。由于两者编织方法不同，因而在结构形状和特性等方面也有一些差异。纬编针织物手感柔软，弹性、延伸性好，但容易脱散，织物尺寸稳定性较差；经编针织物尺寸稳定性较好，不易脱散，但延伸性、弹性较小，手感较差。

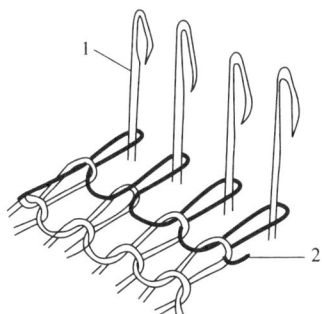

图4-1　纬编针织图

图4-2　经编针织图

针织物品种繁多，其产品在服用、装饰用和产业用三大领域中得到广泛应用，深受消费者喜爱。

二、针织工业的发展概况

1. 早期的针织 现代针织是由早期的手工编织演变而来的。早期的手工编织是用竹制的棒针或骨质棒针、钩针将纱线编结成一个个互相串套的线圈，最后形成针织物，如图4-3所示，手工编织法一直沿用至今。早期手工针织品主要是简单的披肩、围巾、长筒袜、帽子、手套等，后来手工也逐渐能编织出较复杂的毛衣等制品。

图4-3 手工编织

2. 针织机械的发明 世界上第一台针织机是由英国人威廉·李（William Lea）于1589年发明的，这是一台8针/25.4mm的粗钩针手摇袜机，可用毛纱织出粗劣的成形袜片。1598年，他在该机的基础上又研制出了一台更细密的、结构更完美的袜机，机号为20针/25.4mm。此机速度为500线圈/min，其产量是当时最灵巧的女工手编产量的5倍。这台手摇袜机的动作原理为近代针织机的发展奠定了基础。到1727年止，这种型号的袜机，已高达8000台。第一台袜机发明100多年后，又陆续发明了一些新型机种。1758年，Jedeiah Strutt在李氏袜机的基础上加装了另一组织针而制成了罗纹机；1775年，Crane模仿李氏袜机，制出了第一台使用钩针的Tricot型经编机；1849年，英国人Mellor发明了台车，1847～1855年，英国人又相继发明了舌针，并制造出了双针床舌针经编机；1863年，美国人W.Lamb发明了舌针式罗纹平机；1908年，世界上出现了第一台棉毛机。

从1589年第一台手动式粗针距袜机发明以来，针织机械在400余年间，经历了从无到有、从简单到复杂、从单一机种到近代各种针织机种的缓慢发展过程。

3. 现代针织工业 针织工业是纺织行业中起步比较晚的行业，针织由家庭手工编织转入正式工业化生产是在近百年内实现的。由于针织生产工艺流程短、占地面积小、经济效益比较高，加之原料适应性强、产品使用范围广、机器噪声小等优点，20世纪50年代以来，针织工业在世界范围内得到迅猛发展。针织工业的飞速发展表现在以下几个方面。

（1）针织设备的进步。20世纪50年代末，特别是60年代以后，随着化学纤维工业的飞速发展，针织产品由传统的内衣向外衣发展具备了原料方面的条件，迫切需要能编织化学纤维原料的新型针织设备，这一形势促进了针织机械的飞速发展。国际上出现了各种非常先进的新型圆纬机、经编机、横机和袜机。70年代以后，在各种针织设备上开始引用近代科学技术，如气流技术、光电技术和微电子技术。进入80年代，计算机、气流等现代科技成果在先进的针织设备上得到了迅速广泛的应用。因而，针织企业目前大都拥有外形精美、制造精密，织造能力和提花能力较强的针织设备。90年代以后，现代计算机和通信技术更深刻地影响着包括针织在内的纺织企业，如使用计算机辅助设计系统（CAD）设计针织产品的花型、款式，进行产品分析、工艺设计和排料；使用计算机辅助制造系统（CAM）帮助自动化裁剪，进行原料、半成品、成品的合理储存，适时运送，使企业能在最短时间内，花最少的成本，达到最优空间利用、最高劳动生产率和最大利润；依据网络系统的电子数据交换、电子邮件和电子商务系统，使针织企业能拥有高速处理信息流量的能力和通过计算机接受处理订单，对订单的生产、加工过程进行跟踪和监控，及时了解位于世界各地的供应链上的存供货信息，从而使企业在计划、生产、控制和销售方面具有较强的竞争优势。一些发达的工业国家已拥有完全计算机化的生产系统（CIM），利用计算机将各工艺环节、管理控制环节联系起来，实现智能化生产，其生产全过程的自动化程度高达70%。

（2）新原料的使用。化学纤维工业的发展，各种新型纤维和新型花式纱线的涌现，为针织新产品的开发提供了多种多样的原料，也为针织工业的发展开辟了广阔的天地。在20世纪20年代以前，针织原料主要是棉，其次是毛和丝；随着30～40年代锦纶、涤纶和氨纶的相继出现，针织设备和针织产品飞跃发展；70年代后，各种特色纤维的研制成功，更使针织产品锦上添花；进入90年代以后，以产业、环保和加强人体舒适、安全、保健为主要方向，研究开发了各种高科技的针织原料。原料结构的重大变革，为纺织、针织工业的发展增添了前所未有的动力源泉。目前，针织原料包括所有的天然纤维和化学纤维。天然纤维方面，除了传统的棉、羊毛外，大力开发了天然丝、麻、兔毛、驼毛和牦牛毛、绵羊绒、羊驼绒等新品种。在化学纤维原料方面，涤纶长丝、涤纶低弹丝和涤纶短纤维、锦纶长丝和锦纶高弹丝、腈纶短纤维和膨体纱、丙纶、氨纶、氯纶及各种混纺原料广泛应用于针织外衣、紧身内衣、人造毛皮和各种装饰用布、产业用布等产品。各种具有优良性能的特色纤维织制的针织品也相继出现；在各种改性天然纤维针织品方面，用不需要染色的"绿色"纤维彩色棉、不施化学药剂而能抗虫害的生态棉，生产的针织内衣、T恤、婴儿用品深受消费者欢迎。

（3）印染后整理新技术的应用。化学整理新助剂的问世，印染整理新技术的开发，如染色、印花新工艺、丝光、烧毛、定形、轧光、拉毛、割绒、密绒、压花、轧纹、烂花、静电植绒、涂层热复合、多包处理等新工艺及各种防缩、防皱、防污、防菌、防水、免烫、阻燃、抗静电和进行柔软、带香味处理、抗菌处理以及改善吸湿、导湿性、透气性、保健性等高级整理手段的应用，不但丰富了针织品的花色品种，美化了针织物外观；而且进一步改善了针织物的力学性能和服用性能，极大地提高了产品质量，赋予了针织物各种特殊的功能。同一种坯布经不同的染色、印花、整理，可生成千百种、具有截然不同外观的织物。针织物的整理过程越完善，其性能就越好、一些特殊功能整理手段如涂层和层合加工，使交通运输、建筑、安全防护、救灾等产业领域的产品得到广泛开发。

（4）针织物产量、品种的增加。针织工业的迅猛发展突出表现在其产量、质量、花色品种等方面。从产量方面来看，针织物发展很快，以针织服装为例，由于近20年针织外衣化发展的结果，针织服装在产销量上已与机织服装并驾齐驱。从品种方面看，现代的针织品不仅冲破了袜子、内衣、手套三类产品的老框架，也超越了衣饰用物的范畴，扩展到室内装饰、产业用纺织品等各方面。

第二节 针织物的加工基本知识

一、针织物的基本结构

针织物的基本结构单元为线圈，它是一条三度弯曲的空间曲线。其几何形状如图4-4

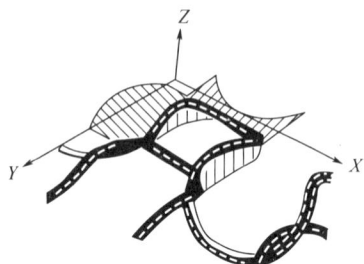

图4-4　线圈模型

所示。

图4-5所示是纬编织物中最简单的纬平针组织线圈结构图。纬编针织物的线圈由圈干1—2—3—4—5和延展线5—6—7组成。圈干的直线部段1—2与4—5称为圈柱，弧线部段2—3—4称为针编弧，延展线5—6—7又称为沉降弧，由它来连接两个相邻的线圈。图4-6所示是经编织物中最简单的经平组织线圈结构图。经编织物的线圈也由圈干1—2—3—4—5和延展线5—6组成，圈干中1—2和4—5称为圈柱，弧线2—3—4称为针编弧。线圈在横向的组合称为横列，如图中的a—a横列；线圈在纵向的组合称为纵行，如图中的b—b纵行。同一横列中相邻两线圈对应点之间的距离称为圈距，一般用A表示；同一纵行中相邻两线圈对应点之间的距离称为圈高，一般用B表示。

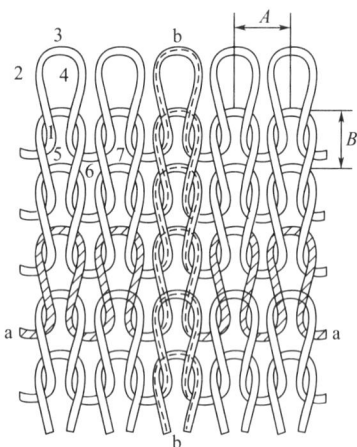

图4-5　纬平针针织线圈结构图

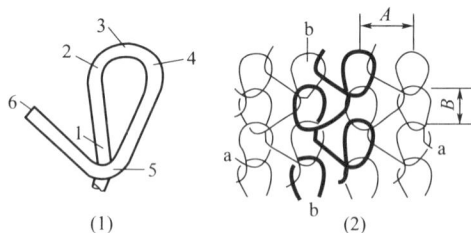

图4-6　经平组织线圈结构图

单面针织物的外观，有正面和反面之分。线圈的圈柱覆盖于前一线圈的圈弧之上的一面称为正面；线圈的圈弧覆盖于线圈的圈柱之上的一面称为反面。单面针织物的基本特征为线圈的圈柱或线圈的圈弧集中分布在针织物的一个面上，而分布在针织物的两面的则称为双面针织物。

二、针织生产的特点

与机织生产方式相比较，针织生产方式具有许多明显的特点。针织生产方式的工艺流程短，整个生产准备、织造及后整理的工艺流程也比较简单，织造效率高。通常情况下，其单机产量是机织的十倍以上，所需要的人工也相对较少，工厂占地面积小，工厂生产环境相对较好，噪声小，劳动强度低。从其生产的产品来说，产品覆盖范围大，其最大的优势是可生产成型服装产品。

三、针织用纱的基本要求

在编织过程中，针织纱线要弯曲成线圈。为了使编织顺利进行，同时使编织出来的织物具有良好的外观。通常针织用纱要进行专纺，不可将机织用纱用于针织用纱。对使用的针织纱线通常有以下要求。

（1）具有一定的强度和延伸性，以便能够弯纱成圈。

（2）捻度均匀，比机织用的纱线低。

（3）细度均匀，纱疵少。

（4）抗弯刚度低，柔软性好。

（5）表面光滑，摩擦因数小。

四、针织生产的准备

针织生产前的准备工作主要是对纱线进行相应的处置，它包括吸湿回潮、进行相应的检测及对部分纱线进行络纱等。在络纱的过程中主要使纱线的卷装成形良好，并对纱线的疵点进行清除和对纱线进行上蜡上油等处理，使其能更好地进行高效编织和有利于产品质量的提高。针织生产前的准备所采用的络纱机主要有三种，即槽筒式络纱机、菠萝锭络丝机和松式络筒机。槽筒式络纱机主要适用于络取棉、毛及混纺等短纤纱；菠萝锭络丝机主要适用于络取长丝；松式络筒机则适用于将纱线络成密度较松和均匀的筒子，以便进行筒子染色。

五、针织生产工艺流程

现代针织厂大多是从以前的全能厂转变为单一的生产厂，对于单一的针织厂，其流程相对比较简单，其流程为：

原料进厂→停放→检测→络筒（络丝）→上机织造→查密→称重打印→检验→修布→入库

对于整个针织生产的大流程来说，基本流程为：

原料进厂→准备→织造→检验→坯布前处理→坯布染色及整理→光坯检验→光坯打卷包装→入库

六、针织物的主要物理机械指标

针织物的主要物理机械指标如下。

1. 线圈长度　针织物的线圈长度是指每一个线圈的纱线长度，它由线圈的圈干和延展线组成，一般用l表示，如图4-5的1—2—3—4—5—6—7所示。线圈长度一般以毫米（mm）为单位。线圈长度决定针织物的密度，而且对针织物的脱散性、延伸性、耐磨性、弹性、强力及抗起毛、起球和匀丝性等有影响，故为针织物的一项重要物理指标。

2. 密度 针织物的密度是指针织物在规定长度内的线圈数，它表示在一定纱支条件下针织物的稀密程度，通常以横密和纵密表示。横密是沿线圈横列方向，在规定长度（50mm）内的线圈纵行数，用符号P_A表示。纵密是沿线圈纵行方向，在规定长度（50mm）内的线圈横列数，用符号P_B表示。密度是考核针织物质量的一项重要物理指标。

3. 未充满系数 针织物的稀密程度受两个因素的影响：密度和纱线细度。密度仅仅反映了一定面积范围内线圈数目多少对织物稀密的影响。为了反映出纱线细度对织物稀密的影响，必须将线圈长度l（mm）和纱线直径f（mm）联系起来，这就是未充满系数λ_2。未充满系数可以表示在相同密度条件下，纱线细度对针织物稀密程度的影响，也可以表示在一定纱线线密度条件下，密度对针织物稀密程度的影响。

4. 单位面积的干燥质量 单位面积的干燥质量是指每平方米干燥针织物的克重数（g/m^2）。它是国家考核针织物质量的重要物理、经济指标。

5. 厚度 针织物的厚度取决于它的组织结构、线圈长度和纱线粗细等因素，一般以厚度方向上有几根纱线直径来表示。

6. 脱散性 针织物的脱散性是指当针织物中的纱线断裂或线圈失去串套联系后，线圈与线圈分离的现象。针织物的脱散性与它的组织结构、纱线的摩擦系数、未充满系数和纱线的抗弯刚度等因素有关。

7. 卷边性 某些组织的针织物在自由状态下，其布边会发生包卷，这种现象称为卷边。这是由于线圈中弯曲线段所具有的内应力试图使线段伸直而引起的。卷边性与针织物的组织结构及纱线弹性、细度、捻度和线圈长度等因素有关。

8. 延伸性 针织物的延伸性是指针织物在受到外力拉伸时，其尺寸伸长的特性。它与针织物的组织结构、线圈长度、纱线性质和细度有关。

9. 弹性 针织物的弹性是指当引起针织物变形的外力去除后，针织物形状回复的能力。它取决于针织物的组织结构、纱线的弹性、摩擦系数和针织物的未充满系数。

10. 断裂强力与断裂伸长率 针织物在连续增加的负荷作用下，至断裂时所能承受的最大负荷称为断裂强力。布样断裂时的伸长量与原来长度之比称为针织物的断裂伸长率，用百分率表示。

11. 收缩率 针织物的收缩率是指针织物在使用、加工过程中长度和宽度的变化。针织物的收缩率可有正值和负值，如在横向收缩而纵向伸长时，则横向收缩率为正，纵向收缩率为负。

12. 勾丝与起毛、起球 针织物在使用过程中碰到尖硬的物体，织物中纤维或纱线就会被勾出，在织物表面形成丝环，这种现象称为勾丝。当织物在穿着、洗涤中不断经受摩擦，纱线表面的纤维端就会露出于织物表面，使织物表面形成丝行，称为起毛。若这些起毛的纤维端在以后的穿着中不能及时脱落，就相互纠缠在一起被揉成许多球形小粒，为起球。起毛、起球和勾丝的现象主要在化纤产品中较突出。它与原料种类、纱线结构、针织物组织结构、后整理加工及成品的服用条件等因素有关。

第三节　纬编

一、纬编基本知识

纬编是将纱线沿纬向喂入针织机的工作织针，使纱线顺序地弯曲成圈并相互串套而形成针织物的一种工艺，如图4-7（a）所示。经编是一组或几组平行排列的纱线沿经向喂入平行排列的工作织针，同时成圈的工艺过程，如图4-7（b）所示。在纬编中，一根或若干根纱线从纱筒上引出，沿着纬向顺序地垫放在纬编针织机各相应的织针上形成线圈，并在纵向相互串套形成纬编针织物。一般说来，纬编针织物的延伸性和弹性较好，多数用于服用面料，还可以直接加工成服用与产业用的半成品和全成品。

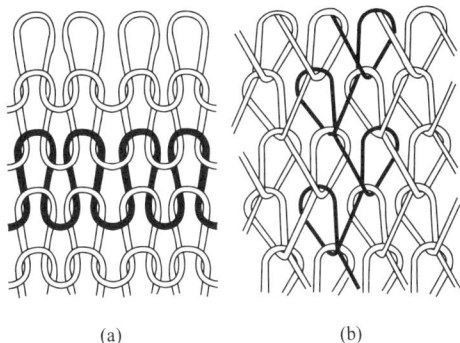

(a)　　　　(b)

图4-7　纬编和经编针织物

（一）纬编针织物的形成

纬编一般采用舌针编织而形成织物。如图4-8所示为线圈的形成过程。织针在三角的作用下，沿着三角轨迹做上下运动，由于针舌的开闭而形成线圈。图中的A-F各个阶段的状况如下所述。

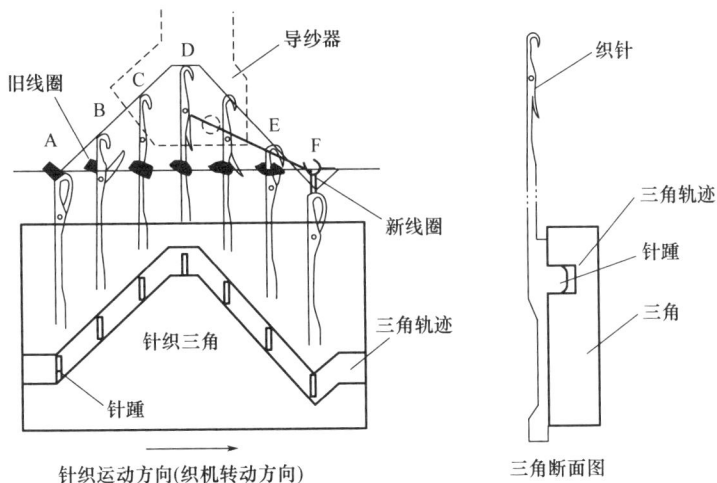

图4-8　纬编针织物的形成

A：旧线圈挂在针钩中，织针保持水平位置（即浮线高度）。

B：织针沿三角上升，旧线圈将针舌自动开启。

C：织针沿三角上升，旧线圈套在针舌上（即集圈高度）。

D：织针进一步上升，旧线圈从针舌滑脱到针杆上（即退圈）。

E：当织针开始下降时，经导纱器和针的相对运动，将新纱线垫入针钩，旧线圈将针舌关闭。

F：旧线圈从针头上滑脱下去，织针钩住的纱线又形成新线圈（即脱圈）。

（二）纬编线圈的组成

线圈是组成针织物的基本结构单元，几何形态成三维弯曲的空间曲线。线圈由圈干和沉降弧组成。

（三）织物正面与织物反面

根据编织时针织机采用的针床数量，针织物可分为单面和双面两类。单面织物采用一个针床编织而成，特点是织物的一面全部为正面线圈，织物两面具有显著不同的外观。双面针织物采用两个针床编织而成，其特征为针织物的任何一面都显示为织物正面。

（四）线圈纵行与线圈横列

在针织物中，线圈沿织物横向组成的一行称为线圈横列，沿纵向相互串套而成的一列称为线圈纵行。如图4-5所示，纬编针织物的特征是：每一根纱线上的线圈一般沿横向配置，一个线圈横列由一根或几根纱线的线圈组成。

（五）纬编机的分类

纬编机按针床数可分为单针床纬编机与双针床纬编机；按针床形式可分为平型纬编机与圆型纬编机；按用针类型可分为舌针机、复合针机和钩针机等形式。

在针织行业，一般是根据纬编机编织机构的特征和生产织物品种的类别，将目前常用的纬编机分为圆纬机、圆袜机和横机三大类，见表4-1。

表4-1　纬编机的分类

纬编针织机	单针床（筒）	平型	钩针	全成形平型针织机
			舌针	手摇横机
		圆型	钩针	台车、吊机
			舌针	多三角机、提花机、毛圈机等
			复合针	复合针圆机
	双针床（筒）	平型	钩针	双针床平型钩针机
			舌针	横机、手摇机、手套机、双反面机
		圆型	舌针	棉毛机、罗纹机、提花机、圆袜机等

二、纬编组织

1. 纬平针组织　纬平针组织是以单一正面线圈或反面线圈所组成的，是一种最常用的针织结构，如图4-9所示。这种结构所形成的织物属于单面针织物，是春夏季针织衫常用的结构。纬平针组织结构所形成的织物，其正面较平滑、光洁，反面较粗糙、光泽暗淡。由于大部分的针织纱是经加捻而成的，形成织物后，纱线中存在的应力使其力图解

(a)　　　　(b)　　　　(c)　　　　(d)

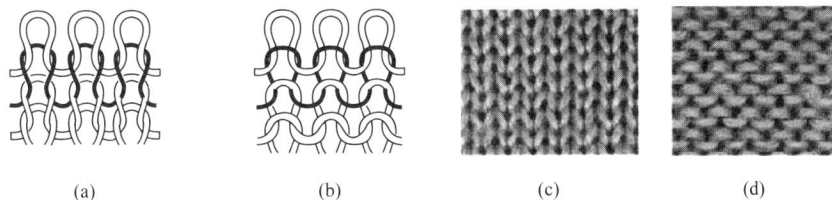

图4-9　纬平针组织

捻，而致针织物的线圈产生歪斜，从而使针织物的横列和纵行之间不垂直，这是纬平针织产生扭度的主要原因。纵、横向有较好的延伸性，横向的弹性比纵向大。两侧向工艺反面卷，起始边及关边向工艺正面卷，如图4-10所示。顺编织和逆编织方向均可脱散，纱线断裂时也会在顺、逆编织方向产生脱散，如图4-11所示。

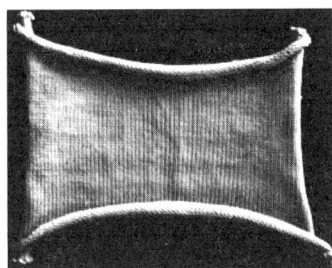

(a) 纱线断裂后的局部脱散　　(b) 顺、逆编织方向脱散

图4-10　纬平针织物的卷边　　　图4-11　纬平针织物的脱散特性

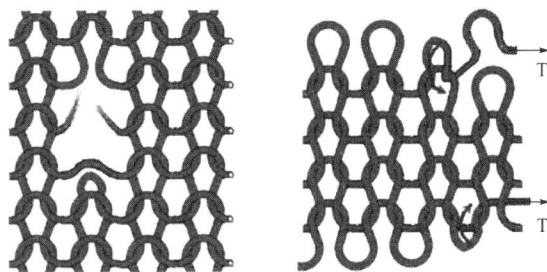

2. 罗纹组织　将正面线圈纵行与反面线圈纵行以一定的组合规律配置的纬编组织称为罗纹组织。它是双面纬编针织物的基本组织。如图4-12所示为一种最基本的1+1罗纹组织的结构。它是由一个正面线圈纵行a和一个反面线圈纵行b相间配置而成的双面纬编针织物。图4-12（a）是在横向拉伸时的结构，图4-12（b）是自由状态时的结构，图4-12（c）是在机上时的线圈配置图。1+1罗纹组织的正、反面线圈不在同一平面上，这是因为沉降

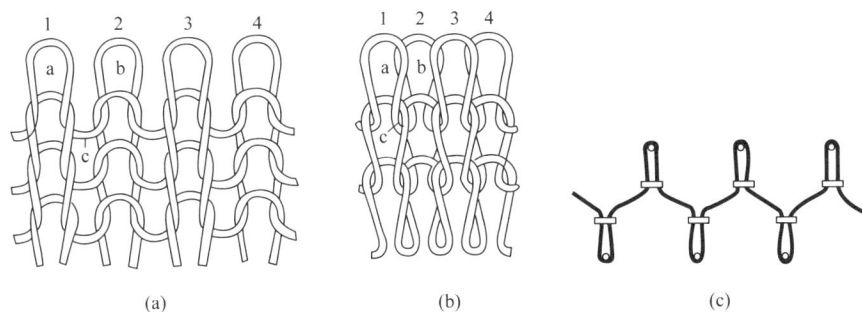

(a)　　　　　(b)　　　　　(c)

图4-12　1+1罗纹组织

弧c需由前到后或由后到前地把正、反面线圈相连，使得沉降弧产生较大的弯曲和扭转。由于纱线的弹性，它力图伸直，使正面线圈纵行有向反面线圈纵行前方移动的趋势，结果相同的正反面线圈纵行（1、3、5或2、4、6）相互靠近。1+1罗纹组织两面都具有由圈柱组成的直条凸纹的表面，只有在拉伸时，才会露出它们之间的横向圆弧。

罗纹组织的种类很多，它取决于正、反面线圈纵行数的不同配置，通常用数字来表示正、反面线圈纵行的配置情况。例如，正、反面纵行1隔1配置的称为1+1罗纹，2隔2配置的称为2+2罗纹，5隔3配置的称为5+3罗纹等。罗纹组织中的一个最小循环单元称为一个完全组织。1+1罗纹的完全组织为2，2+2罗纹的完全组织为4，5+3罗纹的完全组织为8。

由于罗纹组织有较好的延伸性和弹性，卷边性小，而且顺编织方向不会脱散，它常用于编织袖口、领口、裤口、袜口、下摆等，也常用于弹力衫、弹力裤的编织。

3. 双罗纹组织　双罗纹组织俗称棉毛组织，属于罗纹组织的变化组织。它由两个罗纹组织复合而成，一个罗纹组织的反面线圈纵行被另一个罗纹组织的正面线圈纵行所覆盖，在织物的两面只能看到正面线圈，以这种结构所形成的针织物属双面针织物。它较平整厚实，常用于冬季较保暖的针织内衣。双罗纹组织是用A+B或A×B来标识的，其中A代表一个最小循环内其中一个罗纹组织的连续正面线圈纵行数，B代表一个最小循环内其中一个罗纹组织的连续反面线圈纵行数，2+1双罗纹组织的线圈结构如图4-13所示。双罗纹组织的正反面类似于纬平针组织的正面，比较光洁平整，延伸性与弹性都较罗纹组织小，尺寸比较稳定，只可逆编织方向脱散，不会卷边。

4. 双反面组织　双反面组织属于纬平针组织的变化组织，是由正面线圈横列和反面线圈横列相互交替配置而成，以这种结构所形成的针织物属双面针织物。它具有明显的凹凸条纹效应，常用于针织毛衫和针织内衣。双反面组织是以A+B或A×B来表示的，其中A代表一个最小循环内的连续正面线圈横列数，B代表一个最小循环内的连续反面线圈横列数，2+3双反面组织的线圈结构如图4-14所示。平衡状态下，正面线圈横列分别在左右两边各掩盖半个反面线圈横列。因而，对于1+1双反面织物，其正反面类似于纬平针的反面，而对于其他的双反面结构织物，其外观特征表现为正反面横列数各少一的双反面结构织物。在平衡状态下，3+2双反面结构织物的外观类似于2+1双反面结构织物。双反面组织是纬编组织结构中纵向弹性及延伸性最大的组织，在纵向具有比横向更大的弹性和延伸性，

图4-13　2+1双罗纹组织结构图

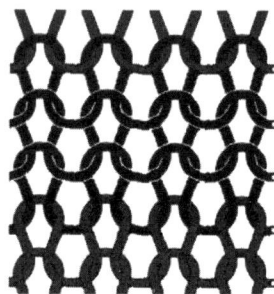

图4-14　2+3双反面组织结构图

顺逆编织方向都可脱散（1+1罗纹）。正反面线圈纵行数相同的双反面组织不会发生卷边，正反面线圈纵行数不相等的双反面组织其自由端头有卷边的趋势。

第四节　经编

一、经编的基本知识

用一组或几组平行排列的纱线，于经向喂入机器的所有工作针上，同时成圈而形成针织物，这种编织方法称为经编，所形成的织物称为经编针织物。完成这一编织过程的机器称为经编机。

（一）经编针织物的形成

如图4-15所示，槽针1上升做退圈运动，下降做成圈运动，针芯2在针槽内上下滑动，用以开启和关闭针口，上方的导纱针3则做绕针运动，将纱线垫到针上。沉降片4用来握持和控制旧线圈，使旧线圈在针上升时，不与针一起上升；在新线圈形成后，又将新线圈从成圈区域牵拉开，保证成圈过程的顺利进行。

由经编针织物的形成过程可知，在经编针织物中，一个横列的纱圈是由许多根纱线同时形成的。另外，由于每个导纱针在形成相邻两横列之间要进行"针背垫纱"，亦即由与一个针相对应的位置，在针背后移到与另一个针相对应的位置。因而，导纱针将轮流在几根针上垫纱，使经编针织物的每个线圈纵行是由几根纱线轮流形成的，这就形成了各根纱线所形成线圈之间的横向联系，而组成了整片的经编针织物，如图4-16所示。经编针织物结构的基本单元是线圈，线圈的串套使它们在纵向连接起来，而线圈横向则有延展线和其他成分连接。为了使经编针织物具有一定的结构和力学性能，达到一定的花色效应，往往采用两组或更多组的纱线，利用不同穿经和不同色纱配置进行编织。

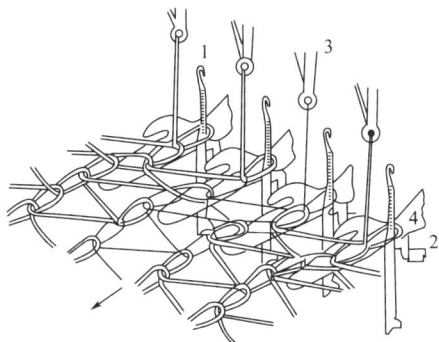

图4-15　经编成圈过程

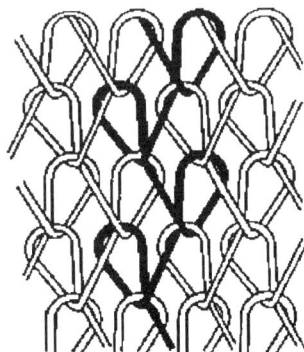

图4-16　经编针织物的结构

（二）经编线圈的组成

如图4-17所示，经编线圈由线圈主干和延展线组成。线圈可以分为开口线圈和闭口线圈。针前与针背做同向垫纱或有针前垫纱但针背横移为零时形成的线圈为开口线圈，针前与针背做反向垫纱形成的线圈称为闭口线圈，如图4-18所示。

图4-17　线圈的组成

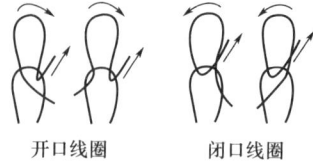

开口线圈　　　闭口线圈

图4-18　开口线圈和闭口线圈

（三）工艺正面与工艺反面

经编织物有工艺正面与工艺反面之分，如图4-19所示。工艺正面为圈柱压住圈弧和延展线的一面，工艺反面即为延展线和圆弧压住圈柱的一面。织物的使用面可能是工艺正面，也可能是工艺反面，视具体情况而定。

（四）线圈纵行与线圈横列

如图4-20所示，由同一根针形成的纵向串套的一系列线圈，称为线圈纵行。织物的纵行数通常表示机器上的工作针数。线圈横列表示所有工作织针完成一个编织循环所形成的肩并肩的一系列线圈。

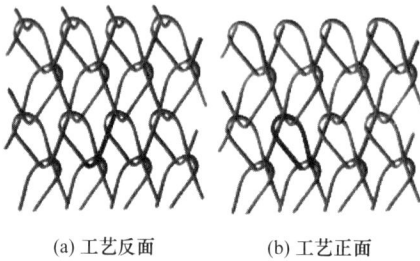

(a) 工艺反面　　　　(b) 工艺正面

图4-19　工艺正面和工艺反面

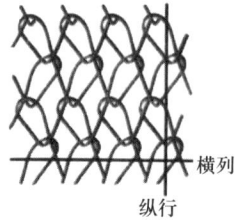

图4-20　线圈纵行和线圈横列

（五）线圈密度

线圈密度可分为纵密和横密两种。纵密即织物上沿纵行方向单位长度内的线圈横列数，经编中单位长度通常取1cm，用cpc表示。横密即织物上沿横列方向单位长度内的线圈纵列数，经编中单位长度通常取1cm，用wpc表示，有时也用每英寸长度中的线圈纵行数wpi表示。根据织物处于不同状态，又分为机上密度、坯布密度和成品密度。

（六）经编针织物的特点

1. 经编针织物的生产效率高　经编机最高机速达3300r/min，幅宽达5334mm（210英寸），生产效率可达98%。

2. 与纬编针织物相比经编针织物的延伸性比较小　大多数纬编针织物横向具有显著的延伸性，而经编针织物的延伸性与梳栉数及组织有关，有的经编针织物横向和纵向均有一定延伸性，但大多数经编针织物延伸性很小，尺寸稳定性却很好。

3. 经编针织物防脱散性好　经编针织物不会因断纱、破洞而引起的脱散线圈现象，其防脱散性能很好。

4. 花纹变换快捷简单　经编针织物由于能使用不同粗细的纱线，进行不同的衬纬编织，因而能形成不同形式的网眼组织，花纹变换简单，所以几乎所有的织物组织都能编织出来。

5. 网眼形成能力强　在生产网眼织物方面，与其他生产技术相比，经编技术更具实用性。生产的网眼织物可以有不同大小和形状，且织物形状稳定。

6. 能方便地生产成形产品　在双针床经编机上能方便地生产如连裤袜、三角裤、无缠紧身衣和手套等成形产品。

二、经编组织

1. 编链组织　编链组织是由每根纱线始终在同一枚织针上垫纱成圈所形成的组织。编链组织的效果图及线圈结构图如图4-21所示。由于垫纱方法不同可分为闭口编链和开口编链。在以编链组织为结构的织物中，各纵行间无联系，故不能单独使用，一般与其他组织复合成经编织物。编链组织纵向延伸性小，其延伸性主要取决于纱线的弹性。编链组织可逆编织方向脱散。利用其脱散性能在编织花边时，可以作为花边与花边之间的分离纵行。

2. 经平组织　在经平组织中，同一根纱线所形成的线圈轮流排列在相邻两个线圈的纵行。经平组织中的所有线圈都具有单向延展线，也就是说线圈的导入延展线和引出延展线都是处于该线圈的一侧。由于纱线弯曲线段力图伸直，因此，经平组织的线圈纵行呈曲折形排列在针织物中。线圈向着延展线相反的方向倾斜，线圈倾斜度随着纱线弹性及针织物密度的增加而增加。图4-22为经平织物的效果图及线圈结构图，图4-22（a）为经平线圈结构图，图中4-22（b）为织物效果，图中4-22（c）为线圈变形图。

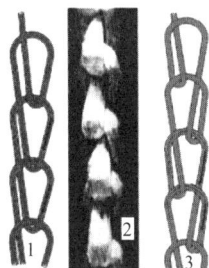

图4-21　编链织物的
效果图及线圈结构图

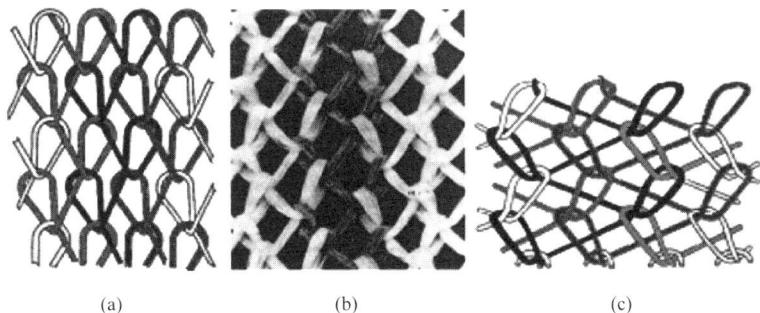

(a)　　　　　　　(b)　　　　　　　(c)

图4-22　经平织物的效果图及线圈结构图

以经平组织结构形成的织物在纵向或横向受到拉伸时，由于线圈倾斜角的改变，线圈中纱线各部段的转移和纱线本身伸长，而具有一定的延伸性。经平结构的经编织物在一个线圈断裂，并受到横向拉伸时，则由断纱处开始，线圈沿纵行在逆编结方向相继脱散，而使坯布沿此纵行分成两片。

3. 经缎组织 经缎组织是一种由每根纱线顺序地在三枚或三枚以上相邻的织针上形成线圈的经编组织。编织时，每根纱线先以一个方向顺序地在一定针数的针上成圈，后又反向顺序地在同样针数的针上成圈。图4-23为经缎织物的效果图及线圈结构图。

经缎组织一般在垫纱转向时采用闭口线圈，而在中间的则为开口线圈。转向线圈由于延展线在一侧，所以呈倾斜状态；而中间的线圈在两侧有延展线，线圈倾斜较小，线圈形态接近于纬平针织物，因此，其卷边性及其他一些性能类似于纬平针织物。在以经缎组织结构形成的织物中，不同方向倾斜的线圈横列对光线反射不同，因而在针织物表面形成横向条纹。当有个别线圈断裂时，坯布在横向拉伸下，虽会沿纵行在逆编结方向脱散，但不会分成两片。

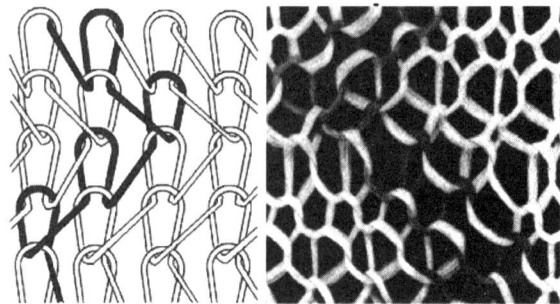

图4-23 经缎织物的效果图及线圈结构图

4. 重经组织 凡是一根纱线在一个横列上连续形成两只线圈的经编组织称为重经组织。编织重经组织时，每根经纱每次必须同时在两只针上垫纱。

由于重经组织中有较多比例的开口线圈，所以其性质介于经编和纬编之间，有脱散性小、弹性好等优点。图4-24为重经织物的效果及线圈结构图。

5. 罗纹经平组织 罗纹经平组织是在双针床经编机上编织的一种双面组织，编织时前后针床的针交错配置，每根纱线轮流地在前后针床共三枚针上垫纱成圈。图4-25为罗纹经平组织的线圈结构图。罗纹经平组织经编织物的外观与纬编的罗纹组织相似，但由于延展线的存在，其横向延伸性能则不如后者。

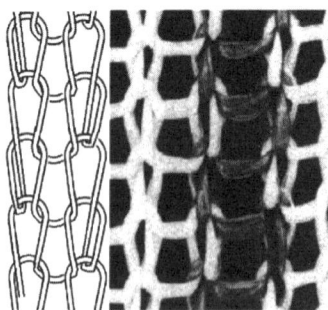

图4-24 重经织物的效果图及线圈结构图

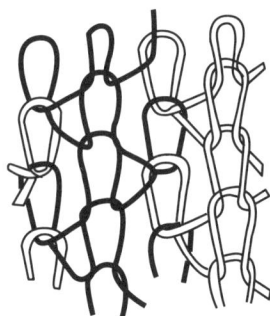

图4-25 罗纹经平组织的线圈结构图

思 考 题

1. 针织物生产特点有哪些?
2. 针织物的主要物理机械指标有哪些?
3. 什么是经编针织? 什么是纬编针织?
4. 如何区分针织物的正面和反面?
5. 了解纬平针组织、罗纹组织、双罗纹组织和双反面组织的结构和织物特性。
6. 了解编链组织、经平组织和经缎组织的结构。

参考文献

［1］武继松，张如全. 纺织科学入门［M］. 北京：中国纺织出版社，2011.

［2］龙海如. 针织学［M］. 2版. 北京：中国纺织出版社，2008.

［3］蒋高明. 针织学［M］. 北京：中国纺织出版社，2012.

［4］贺庆玉. 针织概论［M］. 2版. 北京：中国纺织出版社，2012.

第五章　纺织品的染整加工技术

人类使用染料的历史可以追溯到距今五万年到十万年的旧石器时代。北京山顶洞人文化遗址中发现的石制项链，已用矿物质颜料染成了红色。在新石器时期，人们开始利用植物制作染料，给纺织品染色。在我国西周时代，已经设置了专门负责印染纺织品的专职官吏，称为"染人"。到春秋战国时期，许多专门染色的染坊相继出现，并发现了多种植物染料。各种颜色的面料虽形成了服装色彩的变化，但仍无法满足不断增长的物质文化需求与审美需求。于是出现了中国古代最早用染料在纤维织物上施加花纹的方法，这种手绘的方法一直流传在民间，被称作"画绩"。秦汉时期，人们在染色实践中发现了染色与空白的对比关系，认识了控制染色面积和染色形状可以形成空白的花纹，防染技术也随之诞生。

汉代染色技术达到了相当高的水平。湖南长沙马王堆、新疆民丰等汉墓出土的五光十色丝织品，虽然在地下埋葬了两千多年，但色彩依旧鲜艳。当时染色法主要有两种；一种是织后染，如绢、罗纱、文绮等；另一种是先染纱线 再织，如锦。1959年新疆民丰东汉墓出土的"延年益寿大宜子孙"、"万事如意"、"阳"字锦等，所用的丝线颜色有绛色、白色、黄色、褐色、宝蓝色、淡蓝色、油绿色、绛紫色、浅橙色、浅驼色等，充分反映了当时染色、配色技术的高超。到唐代以后各种防染法开始流行，即人们常说的"染缬"（蜡缬、夹缬、纹缬）。在少府监下设有织染署，所属的练染之作中已普遍使用植物染料，印花的缬类织物盛行，工艺也不断创新。宋代由于缬帛用于军需，官营练染机构进一步扩充，在少府监下建立文思院，内侍省设置造作所。到了明清时期，我国染坊也有很大的发展，除在南北两京设立织染局外，在江南还设有靛蓝所供应染料，同时还发展猪胰等物质精练布帛，这是中国利用生物酶的先驱。乾隆时，有人这样描绘上海的染坊："染工有蓝坊，染天青、淡青、月下白；有红坊，染大红、露桃红；有漂坊，染黄糙为白；有杂色坊，染黄、绿、黑、紫、虾、青、佛面金等"。明代《天工开物》、《天水冰山录》则记载了57种色彩名称，到了清代的《雪宦绣谱》已出现各类色彩名称，共计704种。

然而，在近代中国印染行业的发展却远远落后于世界水平。19世纪中叶以后，中国的染坊仍然处于手工业状态。20世纪初，随着国外印染机械和化学染料的发展，国内的练染业也逐渐使用进口的机械染整设备，并广泛应用化学染料和助剂。30年代后，开始制造部分染整设备和染料。抗日战争时期，由于内地染整业不能正常生产，整个中国的染整工业畸形发展。

中华人民共和国成立以后，逐步把原中国纺织建设公司所属各印染厂和许多私营印染厂改造成为国有企业，先后在全国各地新建和扩建大批印染厂，并以科研、革新与引进国外先进技术相结合，不断提高练漂、印染、整理工艺的技术水平。纺织工业部组织印染机械设计和工艺人员设计制造成套棉印染机械，定型于1954年，称为54型印染机械。以后又不断改进和吸纳国内外先进技术，研制成功了65型、71型、74型、96型印染机械，及时装备了我国的印染工业，我国的印染生产水平逐渐得到提升。时至今日，纺织印染工业已经发展成为我国重要的支柱产业，在国民经济中占有相当重要的地位。印染加工量稳居世界首位，是当之无愧的世界纺织品染整的生产中心。

现代纺织品染整生产是指利用现代工业技术对纺织材料（纤维、纱线和织物）进行以化学处理为主的工艺过程，通常称为印染。染整同纺纱、机织或针织生产一起，形成纺织物生产的全过程。染整包括前处理、染色、印花和后整理等几个环节。

第一节　纺织品染整的前处理

棉、麻、毛、丝、化纤及其他一些混纺织物，在染色，印花、整理之前，都要进行前处理。前处理的目的是利用化学和物理的方法，除去坯布上含有的天然杂质，以及在纺织过程中施加的浆料和沾上的油污，使织物具有洁白的光泽，柔软的手感和良好的渗透性能，从而为染色、印花和整理等后加工提供优质的半成品。前处理主要包括坯布准备、烧毛、退浆、煮练、漂白、开轧烘、丝光等加工环节。

一、坯布准备（图5-1）

未经染整加工的直接从织布机上下来的织物统称为原布或坯布。原布准备包括原布检验、翻布（分批、分箱）、打印和缝头。

验布机

翻布机

图5-1　原布准备的设备举例

原布检验的目的是检查坯布质量，发现问题能及时加以解决，促进纺织厂进一步提高产品质量。检验内容包括物理指标和外观疵点两项。物理指标检验包括长度、幅宽、质量、经纬纱的规格、密度、强力等方面，外观疵点检验对象包括缺经、断纬、跳纱、棉结、筘路、破洞、油污渍等等方面，如图5-2所示。一般根据原布的质量情况和品种的要求抽检10%左右。

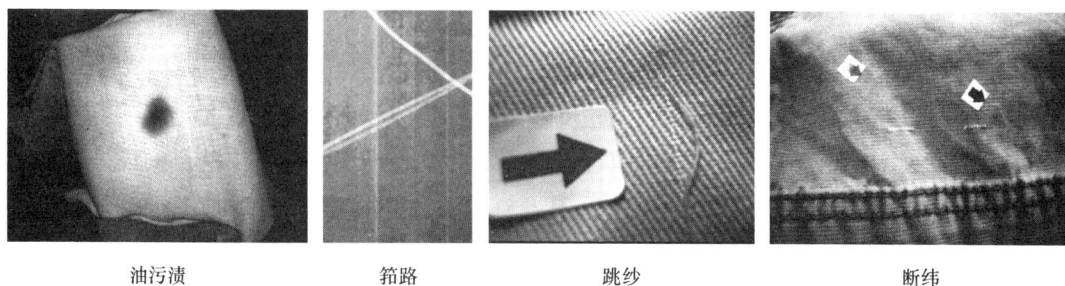

| 油污渍 | 筘路 | 跳纱 | 断纬 |

图5-2 原布外观疵点举例

翻布的目的是为了避免混乱，便于管理，便于布匹在加工过程中的运输。生产上常将同规格、同工艺的原布划为一类并进行分批、分箱、打印。分批的原则是根据原布的情况和设备的容量，把相同规格的坯布、相同加工工艺的产品划为一类批量。比如煮布锅煮练，则以煮布锅的容布量为依据；绳状连续练漂加工，则以堆布池的容量为准；平幅连续练漂加工，一般以十箱为一批。分箱则按照布箱大小、原布规格和运输需求进行操作，比如绳状双头加工，分箱数应为双数；卷染加工，每箱布能分解成若干整卷为宜。打印印记的内容包括原布品种、加工类别、批号、箱号、发布日期、翻布人代号等。印记位置一般离布头10～20cm处，所采用的印油要求有耐酸、碱、氧化剂、还原剂等化学药品，并且能耐高温，快干，不沾污布匹。

缝头是将不同箱或卷的布匹首尾相连，缝合在一起，其目的是为了适应印染厂大批量连续化加工的需要。缝合时要求缝路平直、缝线坚牢、针脚均匀，不漏针跳针，缝头的两端针脚应加密，加密长度为1～2cm，织物正反面要一致，布边要对齐。具体方法有平缝、环缝和假缝三种。环缝的主要特点是缝接平整、坚牢，用线量多，为幅宽的13倍，适宜于一般中厚织物，尤适宜卷染、印花、轧光、电光等加工织物。平缝采用家用缝纫机，灵活、方便，用线少，为幅宽的3.2倍，适合于箱与箱间或湿布的缝接，但由于两端布层重叠，易产生横档等疵病，对重型号轧辊有损伤，不宜用于轧光、电光和卷染等加工。假缝式的主要特点是没有底线，只用一根线，针脚能自己打圈，扣合成链条形，缝接坚牢。假缝式适于稀薄织物，不易卷边，用线省，为幅宽的3.6倍，但存在布层重叠问题。

二、烧毛

将纺织厂出品的原布拉平，置在眼前，沿着布面可以观察到布面上有不少长短不一的绒毛。这种绒毛主要是由露在纱线表面的纤维末端所形成的，布面上的绒毛过多，不仅容易使成品的光洁度差、容易沾染尘污等缺点，而且在后续加工中也会带来负面影响，甚至引起一些染色印花或整理的疵病。因此，棉布在染整加工开始时，一般都要进行烧毛。烧毛的目的是烧去织物表面的茸毛，使织物表面光洁美观，织纹清晰，并防止在染色、印花时，因存在绒毛而产生染色不匀及印花疵病。对于涤棉织物来说，由于布面上绒毛被烧去后，起球现象会大大的减轻，所以烧毛又是防止涤棉织物起球的主要措施之一。

烧毛的过程就是使织物在平幅张紧的状态下，快速通过火焰或擦过炽热的金属表面，运行速度通常为80~140m/min。由于露出表面的茸毛相对受热面积大，会瞬时升温至着火点而燃烧，织物本体则因交织紧密升温速度慢，在织物温度尚未达到着火点之前就已经离开火焰或炽热金属表面，所以能达到只烧去表面茸毛而不损伤织物本体的目的。烧毛的火焰温度通常在1000℃左右，炽热金属表面温度也达到800℃，均高于各种纤维的分解温度或着火点。

根据烧毛工艺流程（刷毛→烧毛→灭火）的需要，烧毛联合机由进布装置、刷毛箱、烧毛机、灭火装置及落布装置等单元组成。根据烧毛方式的不同，可分为气体烧毛机（火焰烧毛）和热板烧毛机两种，但热板烧毛机有较多的缺点，在生产中使用较少。气体烧毛机设备结构简单、操作方便、劳动强度较低、热能利用比较充分、烧毛质量比较好，适用于各种织物的烧毛。烧毛时，可燃气体从火口的狭缝中喷出燃烧，织物以平幅的状态在火口的火焰上通过，通常有4~6个火口，可使织物进行多火口和双面烧毛。常用于气体烧毛机的可燃性气体有城市煤气、炉煤气、天然气、丙烷、丁烷、气化汽油气和石油气等。图5-3是气体烧毛机结构，由进布装置、刷毛箱、烧毛火口和灭火装置、出布装置五个主要部分组成。

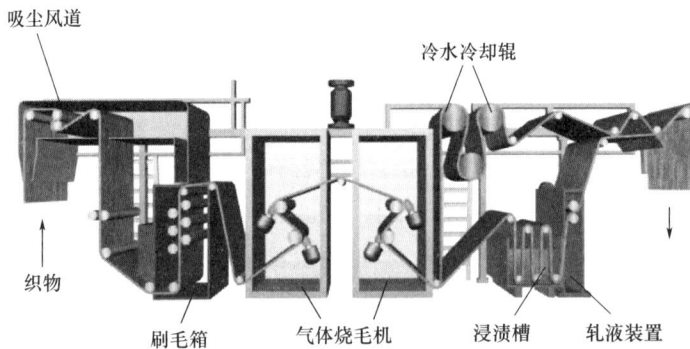

图5-3　气体烧毛机结构示意图

烧毛后的织物常用烧毛质量级数来进行质量评级，1级为未烧毛坯布，2级为长毛较少，3级基本上没有长毛，4级仅有较整齐的短毛，5级表示毛烧净。

三、退浆

棉织物在织造前，一般都经过经纱上浆处理，这虽有利于织造，但给印染加工带来了许多困难。它会影响织物的渗透性，还阻碍化学介质与纤维的直接接触，所以，棉织物在染整加工前一般均需进行退浆处理。退浆除了可以去除织物上的浆料外，还能去除棉纤维上部分的天然杂质。

纺织浆料是由黏着剂和助剂两大部分组成。黏着剂是纺织浆料的主体，主要有淀粉、聚乙烯醇及丙烯酸三大类。

淀粉类浆料以淀粉和变性淀粉类浆料为主体，主要用于棉纤维等纤维素纤维。因此，对淀粉类浆料的退浆，是印染厂最常用的退浆工艺。淀粉在酸、碱、氧化剂和淀粉酶的作用下，发生不同程度的分解。淀粉酶是一种生物化学催化剂，对淀粉浆料的水解有显著的功效，退浆效率较高。常用的有胰淀粉酶和细菌淀粉酶。这两种酶的主要组成都是α-淀粉酶，能促使淀粉长链分子的苷键断裂，生成糊精和麦芽糖，而极易从织物上洗除。淀粉酶退浆液以近中性为宜，在使用中常加入氯化钠、氯化钙等作为激活剂以提高酶的活力。织物浸轧淀粉酶液后，在40～50℃堆置1～2h可使淀粉充分水解。细菌淀粉酶较胰淀粉酶耐热，因此，在织物浸轧酶液以后，也可采用汽蒸3～5min的快速工艺，为连续退浆工艺创造条件。淀粉在热的烧碱作用下，发生强烈的膨化，淀粉经充分膨化后可以用热水洗去，可利用精练或丝光过程中的废氢氧化钠溶液作退浆剂，浓度通常为10～20g/L。织物浸轧碱液后，在60～80℃堆置6～12h。棉织物还可应用碱、酸退浆，其方法是先经碱液退浆，水洗后再浸轧浓度为4～6g/L的稀硫酸堆置数小时，进一步促使淀粉水解，有洗除棉纤维中无机盐类杂质的作用。印染厂有时为了缩短工艺流程和节约能源，将碱和双氧水结合一起进行退煮、漂染二步或一步法工艺。

聚乙烯醇类浆料多适用于含化纤成分的面料。比如涤/棉（65/35）经纱含涤成分高，在通常的上浆配方中，聚乙烯醇（简称PVA）浆料使用比例很高，在涤/棉（65/35）经纱上浆的传统浆料配方中，聚乙烯醇浆料比例高达70%～75%。PVA不能被淀粉酶分解，因而也不能用淀粉酶来退浆。水是PVA最好的溶剂。如果是低黏度的PVA，浸轧含表面活性剂的水后堆置或汽蒸，使PVA薄膜膨胀和软化，然后用80℃以上的大量溢流水冲洗是能达到退浆效果的。但由于PVA规格不是全部低黏度的。因此，当前退浆的主要方法是热碱退浆。轧热碱后，在一定的温度下堆置，然后充分水洗。因为热碱作用于PVA，可以促进PVA薄膜的膨化，比单用热水膨化的效果好。同时，现在多以混合浆料上浆，热碱亦能使淀粉膨化，用热水强洗后，达到共同去除的目的。丙烯酸类浆料的退浆原理与PVA浆料的退浆原理基本相同。

氧化剂退浆法也是一种常用的退浆工艺，利用氧化剂使浆料氧化水解，水溶性增大，经水洗容易被去除，而达到退浆目的。氧化剂退浆迅速，退率较高，并兼有部分漂白作用，但在退浆同时对纤维素有一定损伤。氧化剂退浆适用于PVA及以PVA为主的混合浆。常用的氧化剂有过氧化氢（双氧水）、亚溴酸钠等。

在工业生产时，并没有专门的退浆机械，一般是由浸轧机和水洗机组成的联合机。退浆效果可用失重率进行评价，也可用化学手段进行检测，比如可以利用碘与淀粉作用生成蓝色或者蓝紫色物质。将碘的乙醇溶液或者碘与碘化钾配制成的试剂（加入醋酸）滴在布上，呈深蓝色，说明还有相当量的淀粉存在。再比如用铬酸法检测PVA浆料是否退除，滴一滴重铬酸钾试液，立刻再加上三滴NaOH试液半分钟后如果呈现棕色说明有PVA。如果呈现绿色，则说明无PVA存在。

四、煮练

煮练又称精练，其工艺目的是去除大部分的天然杂质和残留的浆料，精练提纯纤维素，从而改进织物的外观，提高织物的吸湿性，以利于印染后加工。棉纤维面料经过退浆后，大部分浆料及少部分天然杂质已被去除，但棉纤维中还有一小部分天然杂质，如蜡状物质、果胶质、含氮物质、棉籽壳及少部分油剂和少量浆料还残留在面料上，使棉纤维面料的布面较黄，吸湿性降低，渗透性差，不能适应后续染整加工的要求。为了使棉纤维面料具有一定的吸水性和渗透性，有利于染整加工过程中染料助剂的吸附、扩散，因此，在退浆以后还要经过煮练，以去除棉纤维中的残留杂质。

煮练原理是在煮练剂烧碱及煮练助剂的作用下，杂质通过溶解、降解、乳化等作用，部分直接溶解在煮练液中，部分则由于溶胀与纤维的结合力变小通过水洗从织物上脱落下来，还有部分通过表面活性剂的乳化作用从织物上剥离下来。烧碱是棉及棉型面料煮练的主要用剂，在较长时间及一定的温度作用下，可与面料上的各类杂质起作用。例如，使蜡状物质中的脂肪酸皂化成脂肪酸钠盐，转化成乳化剂，使不易皂化的蜡质去除。另外，能使果胶质和含氮物质水解成可溶性物质而将它们去除。棉籽壳在碱煮过程中发生溶胀，变得松软而容易去除。为了加强煮练效果，还需加入一定量的表面活性剂，如亚硫酸钠、硅酸钠、磷酸钠等助练剂。在表面活性剂作用下，煮练液容易润湿面料，并渗透到面料内部，有助于杂质的去除。亚硫酸氢钠能使木质素变成可溶性的木质素磺酸钠，有助于棉籽壳的去除。另外，因为亚硫酸氢钠具有还原性，可以防止棉纤维在高温带碱情况下被空气氧化而受到损伤，并可提高棉纤维面料的白度。硅酸钠俗称水玻璃或泡花碱，可以吸附煮练液中的铁质和棉纤维中的杂质分解产物，防止在面料上产生铁斑以及杂质分解产物的再沉淀，有助于提高面料的吸水性和白度。磷酸三钠具有软化水的作用，去除煮练液中钙离子、镁离子，提高煮练效果，节省助剂用量。

煮练通常在高温高压设备中进行，常压饱和蒸汽汽蒸具有在短时间内使织物迅速升温，保持一定水分的特点。但是它的温度只能达到100～103℃，不能满足高温加工的要求，然而，在封闭系统内，饱和蒸汽的温度却可随着压强的增加而上升，系统内液体沸点温度随之升高，因此，封闭系统内高温高压汽蒸可以显著提高汽蒸速度。而且，由于蒸汽压力和温度的提高，可以提高汽蒸的渗透速率，汽蒸质量也会得到提高。高温高压煮练机中典型的代表是煮布锅，它是一种间歇式的精练设备，有立式和卧式两种类型。常用的高温高压煮布锅，主要组成部分为锅身、锅盖、列管式均匀加热器和练液循环系统等。轧碱后的织物被均匀地堆置于锅底透气架上，常在透气架上堆置一层卵石，以防止堵塞透气孔，堆置完毕后盖紧锅盖。织物煮练时，练液由循环泵自锅底抽出，经加热器加热后，从锅口环形喷液盘洒向织物，练液就这样在锅内自上而下通过织物层不断循环。煮布锅精练除杂效率高，特别适用于紧密织物如府绸、细帆布等。煮布锅灵活性大，适宜小批量加工，但其属于间歇式加工方法，生产效率较低，且易产生纬斜、擦伤、折痕、破洞等疵病。

为提高生产效率，开发了唇封式高温高压汽蒸箱以应用于煮练环节（图5-4），采用唇式或辊式封口以达到密封的效果，以唇式应用较多，上唇由不锈钢制成，下唇为外包聚四氟乙烯薄膜的橡胶充气袋，袋内气压使下唇紧贴上唇，织物在其间通过，蒸汽不易外

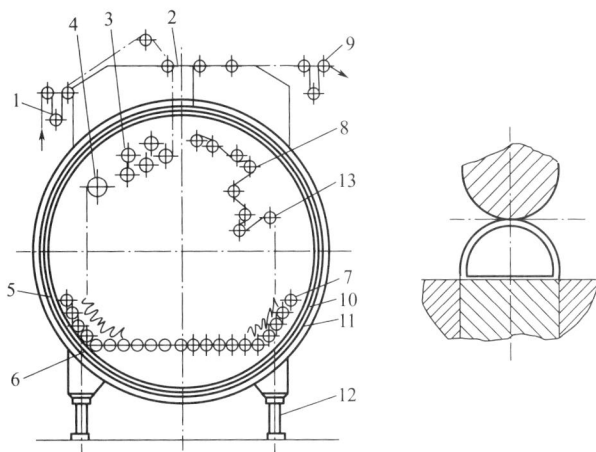

图5-4　唇式高温高压汽蒸精练机

1—线速度调节装置　2—唇封口　3—牵引辊　4—主动六角辊　5—进布被动辊　6—主动辊
7—出布被动辊　8—扩幅辊　9—出布牵引辊　10—密封圈　11—箱体　12—搁脚　13—紧布器

泄。织物经唇封口进入卧式圆筒形汽蒸箱后，堆置在主动回转的不锈钢辊组成的辊床（伞柄）上，在高压蒸汽中汽蒸1～4min，导出洗净。

煮练效果常常从外观、吸湿性及强力等方面来进行评价。外观常用白度仪测定白度，吸湿性可用毛细管效应来衡量，即将棉布的一端垂直浸在水中30min，观察织物面上水上升的高度，一般棉织物要求达到8～10cm。对纤维的损伤可用煮练前后织物的强力变化来衡量。

五、漂白

棉纤维面料经过煮练后，大部分杂质已被去除，吸水性有了很大改善，但由于纤维上还有天然色素存在，其外观尚不够洁白，除极少数品种外，一般都要进行漂白，否则会影响染色或印花的色泽鲜艳度。漂白的目的是在保证纤维不受到明显损伤的情况下，借助化学作用，通常是在氧化剂的作用下破坏天然色素的发色体系，赋予面料必要的和稳定的白度，同时去除煮练后残存的杂质（特别是棉籽壳）。

目前，用于棉纤维面料的漂白方法有氧化剂漂白与还原剂漂白。还原剂漂白主要有二氧化硫、连二亚硫酸钠（保险粉）等，多用于蛋白质纤维纺织物的漂白。还原性漂白剂的耐久性差，经长期空气中放置后，已经漂白的物质会重新被氧化而泛黄。氧化剂漂白主要有次氯酸钠、过氧化氢（俗称双氧水）和亚氯酸钠等漂白方法。漂白过后常常需测量纺织品的白度。

次氯酸钠漂白主要用于棉、麻纺织物漂白。次氯酸钠溶液在不同pH时，可分解成不同量的OCl^-、$HOCl$与Cl_2。当pH为7时，纤维氧化损伤严重；pH为2～4时纤维损伤较少，漂白速率也较快，但逸出氯气较多。一般次氯酸钠漂白控制在pH为9.5～10.5，温度约为30℃。用次氯酸钠漂白后的纺织物再用淡硫酸液处理，可促使漂液分解，有时可用硫代硫酸钠或亚硫酸钠溶液等还原剂进行脱氯处理，以去掉残留的氯。

亚氯酸钠漂白适用于棉、麻、合成纤维及其混纺织物的漂白。亚氯酸钠在酸性溶液中发生分解，其组分随pH而变化。通常选用pH在4~4.5时加热漂白。如pH过低，则亚氯酸钠分解快，会产生较多的有毒气体ClO_2而造成危害。用亚氯酸钠对棉、麻织物漂白，不仅能获得良好的白度，对纤维损伤少，且能去除棉籽壳或木质素等杂质。有时也可不经过退浆直接漂白。漂白时，可在漂白液中加醋酸、蚁酸等有机酸或硫酸铵、乳酸乙酯、酒石酸乙酯等在受热时释酸的物质。

过氧化氢漂白是工业上应用最为广泛的一种漂白方式，可用于各种天然纤维和一般化学纤维纺织物。过氧化氢是弱酸，在水溶液中能离解。光照和铁、铜等金属离子都会促进过氧化氢分解，生成$HO_2\cdot$、$HO\cdot$、O_2，不仅消耗过氧化氢，且能使纤维氧化而受损，甚至产生严重脆损，在织物上形成破洞。为了控制过氧化氢的分解，除适当控制pH外，漂白时还须添加硅酸钠、焦磷酸钠、硫酸镁、聚丙烯酰胺及聚丙烯酸等作为稳定剂，对重金属离子起稳定作用。棉织物的过氧化氢漂白可在涂有硅酸盐等保护层的煮布锅中进行，pH为10~11，温度为80~90℃，处理约2h；或浸轧过氧化氢溶液汽蒸1h左右。毛纺织物漂白pH一般为8~9，温度为50℃左右。蚕丝纺织物可在精练液内加少量保险粉以提高白度，也可采用过氧化氢加稳定剂，在pH为10左右，温度为70℃下漂白。柞蚕丝漂白所需时间较长。双氧水的使用浓度一般应以既能达到满意的白度和去杂的效果，又能保证使纤维受损最小为原则对织物进行漂白。过氧化氢漂白方式有很多，有连续化或间歇式生产，又可高温汽蒸或冷漂，也可以绳状或平幅漂白，具体的漂白方式，要视织物的品种和设备条件而定，目前使用最多的是连续汽蒸漂白法。常见汽蒸练漂机的基本类型有J形箱式、翻板式、履带式、轧卷式、叠卷式等。图5-5是MH752型氧漂汽蒸箱示意图。

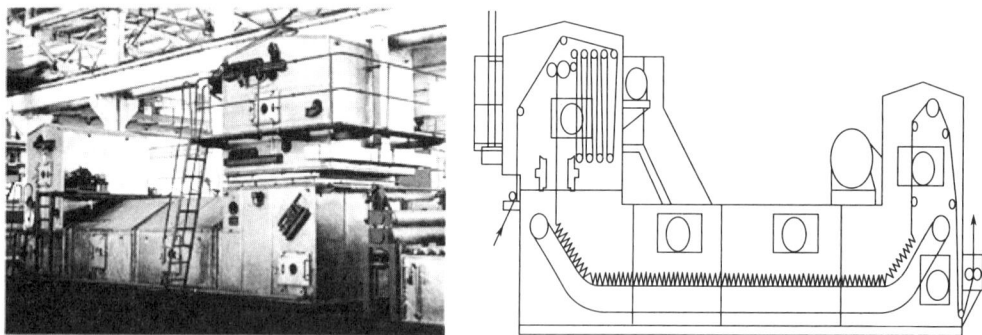

图5-5 MH752型氧漂汽蒸箱示意图

为了节约能源，减少排放，在工业生产也常将煮练与漂白联合起来进行，称为练漂工艺。在实际生产中，要根据织物品种、煮练情况（重煮轻漂，轻煮重漂）、加工要求和设备等多方面情况来确定双氧水的浓度。煮练效果差、白度要求高的，双氧水浓度应高些；反之，双氧水浓度可低些。

六、开幅、轧水、烘燥

经过煮炼、漂白后的绳状织物必须回复到原来的平幅状态，才能进行丝光、染色和印花。为了达到这个目的，需要通过开幅、轧水和烘燥几个过程，简称开轧烘。

开幅绳状织物扩展成平幅状态的工序称为开幅，由打手、螺纹扩幅辊、平衡导布器、牵引辊等部件构成。打手由两根稍呈弧形的铜管组成，它与织物运行方向成反向高速回转，起到松展织物的作用。打手和导布圈距离应不少于6m，距离过短，绳状织物不易展开，距离过长，织物因本身重量下垂会使织物的伸长增大。织物经过打手松展后进入螺纹扩幅辊，辊表面有由中央向左右分展的螺纹，由螺纹形成的箭头运行方向与织物运行方向相反，通过摩擦作用使织物扩幅平展。织物再经由三根导布辊组成，用来自动调整织物运行位置，使织物平展后位置稳定。最后由牵引辊引出机台。图5-6是开幅机实物图。

图5-6 开幅机实物图

轧水是一种机械脱水作用，其目的在于平整均匀地轧除织物中多余的水分，以降低烘燥时的能量消耗，在不损伤织物的前提下，要求其轧余率尽可能低。轧余率是织物经过浸轧后所带有的溶液的质量占干布质量的百分比，即织物经轧压后的质量减去织物自然回潮后的质量所得的差值再除以织物自然回潮后的质量。平幅轧水机是染整设备中的主要单元机构之一，它一般是由轧车、轧液槽和传动装置等主要部分组成，广泛应用于练漂、染色、印花、后整理等各个加工环节。根据轧辊的数目，又可将轧车分为两辊轧车和三辊轧车，也可根据轧车的加压方式的不同，将轧车分为液压式轧车、气压式轧车和重锤杠杆加压式轧车。加压装置是轧车的核心部件。重锤杠杆加压是一种使用历史较长、较普遍、结构较简单的加压装置，通过重锤、下杠杆、连杆、上杠杆、升降丝杆而加压于轧辊，但这种轧车常因通过轧辊间织物的厚度变化而使杠杆发生震动，造成轧点压力的波动很大，而且常常需要停车手工操作加压，不利于工业上的连续生产。另外，这种机器受到机器占地面积及支点销钉尺寸的限制，轧点的压力也大小有限。液压加压装置的工作原理是由原动机传动油泵将油自油缸输经三向阀，再通过并联管道分别输送至轧辊两端轴承下方的油缸内推动活塞，顶起下、中两辊压向位置固定的上轧辊，完成加压。液压加压利用密闭油液的压强传递，油液通过管道进入加压油缸内，油液的压强作用在大面积的活塞上，从而可以获得较大的压力，采用阀门控制，操作很方便。但液压系统必须有良好的密封，防止漏油，沾污织物，还要防止因漏油而引起的油压迅速下降的现象。气压加压将空气经过滤器滤去尘埃，进入压缩泵加压，通过水气分离器将清洁干燥的压缩空气储存在储气桶中，桶上装有安全阀，以防止桶内压力过大而发生爆炸。储气桶中的压缩空气经雾化油润滑器与雾化油混合，在干燥的空气中混入雾化油，可以减轻活塞与气缸间的摩擦，起到保护活塞气缸的作用，再经压力调节器、分配阀、单向节流阀进入气缸，推动活塞加压于轧辊。这种加压方式操作简单，生产连续，但存在爆炸的危险。

烘燥是采用热能汽化的方式来脱除织物上的残余水分，使织物中的水分降到自然回潮率以下的过程。在染整加工过程中，根据工艺要求需对被加工的织物进行多次烘燥，尤其是半制品在各道工序之间都需烘干，比如，织物在漂白与丝光之间，丝光与染色之间，为了避免由于前道工序会让织物带很多水分而降低碱液或染液浓度，为了保证下道工序能够正常生产，一般都要进行烘干这一步骤。再比如，印花后为了防止搭色，也要立即进行烘干。再比如树脂整理时，就要进行预烘与焙烘，预烘的目的：一方面，是为了焙烘的需要而脱除水分；另一方面，则是为了防止树脂的泳移而影响加工质量。在生产中，为了满足不同工艺的要求，烘燥方法有所不同，大体上可分为烘筒烘燥、热风烘燥、红外线烘燥、高频介质烘燥以及微波介质烘燥等。织物在烘燥过程中的升温是依靠热传导、热对流和热辐射三种基本热交换形式来实现的。当高温物体与低温物体直接相接触时，热量由高温物体传递到低温物体，或在同一物体中，热量由高温部分传递到低温部分的物理过程，称为热传导，烘筒烘燥机就是利用加热的金属表面与织物表面相接触而传递热量，汽化织物中的水分，对织物进行烘燥。平幅轧水机与烘筒烘燥机如图5-7所示。当流体一部分受热时，因为它的密度变化而发生流动，从而引起热量的传递，称为热对流。热风烘燥机、焙烘机及热定形机就利用加热的空气吹向织物表面而传递热量，这些热空气还可以带走从织物汽化出来的水分。以电磁波形式通过空间进行热量传递的过程，称为辐射传热，在烘

图5-7 平幅轧水机与烘筒烘燥机

燥机中，一般采用红外线或远红外线等辐射来进行辐射传热。热风烘燥机与红外线烘燥机如图5-8所示。

图5-8 热风烘燥机与红外线烘燥机

七、丝光

丝光，通常是指棉、麻纺织品在一定张力下，用浓烧碱溶液处理，以获得稳定的尺寸，耐久的光泽及提高对染料的吸附能力的加工过程。

图5-9是棉纤维丝光前后的横截面比较。由图可知纤维经浓碱作用后，纤维直径增大变圆，纵向天然扭曲率改变，从80%下降到14.5%，横截面由腰子形变为椭圆形，甚至圆形，胞腔缩为一点。若施加适当张力，纤维圆度增大，表面原有皱纹消失，表面平滑度、光学性能得到改善（对光线的反射由漫反射转变为较多的定向反射），增加了反射光的强度，织物显示出丝一般的光泽。织物内纤维形态的变化是产生光泽的主要原因，张力是增进光泽的主要因素。在微结构方面，其结晶度由原来的70%下降至50%，无定形区域上升，使原来在水中不可及的羟基变为可及，因此，纤维对染料的吸附性能和化学反应性能都有所提高，另外，由于丝光后，纤维形态变化，表面和内部的光散射减少，因此，同浓度染料染色时，染色深度也增加。而且纤维溶胀后，大分子间的氢键被拆散，在张力作用下，大分子的排列趋向于整齐，使取向度提高。同时，纤维表面不均匀变形被消除，减少了薄弱环节，使纤维能均匀地分担外力，从而减少了因应力集中而导致的断裂现象。加上膨化重排后的纤维相互紧贴，抱合力，也减少了因大分子滑移而引起断裂的因素。棉纤维在浓碱液中发生溶胀后，大分子链间的氢键被拆散，舒解了织物中储存的内应力，通过拉伸，大分子进行取向排列，在新的位置上建立起新的分子键，且分子间力比溶胀前大。最

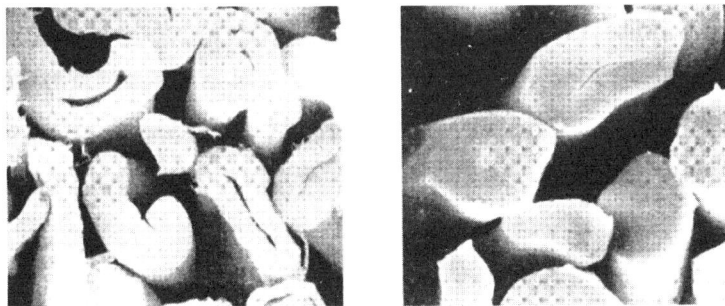

(a) 丝光前棉纤维　　　　(b) 丝光后棉纤维

图5-9 棉纤维丝光前后的横截面比较（SEM照片）

后，在张力下去碱，已取向排列的纤维间的氢键被固定下来（是在更为自然、稳定的状态下被固定下来的），这时的纤维处于较低的能量状态，因此尺寸稳定。丝光效果可通过显微切片观察纤维形态变化，也可检测其光泽、吸附性能、尺寸稳定性等因素进行评价。

布铗链式丝光机是丝光机械最典型的代表，它的主要组成部分有平幅进布装置、烧碱溶液浸轧机、绷布辊、布铗链式扩幅、淋吸碱装置、去碱蒸箱、平洗机、烘筒烘燥机、平幅出布装置和传动机构等。图5-10是布铗链式丝光机结构示意图。

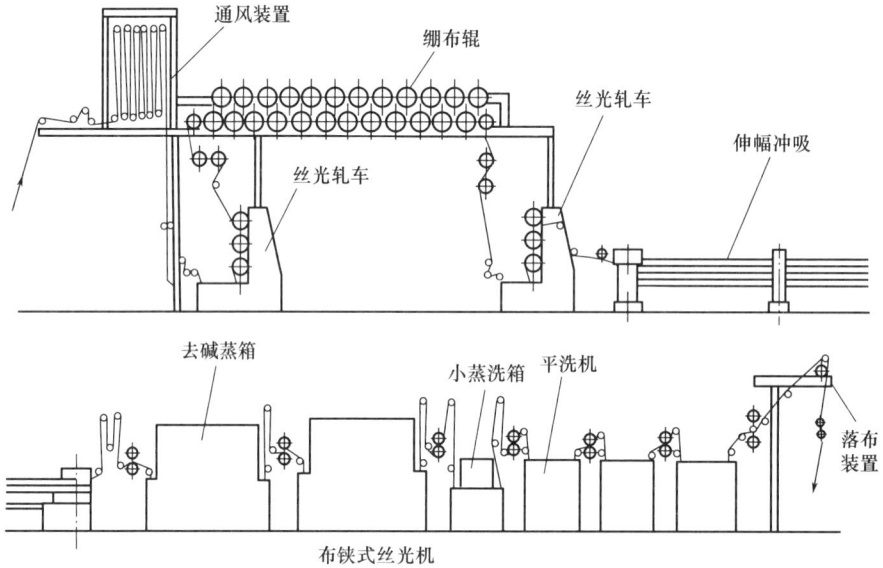

图5-10　布铗链式丝光机结构示意图

布铗链式丝光机一般采用立式三辊平幅浸轧机，采取两浸两轧工艺，前后各有两台浸轧机，在浸轧槽内装有多只导辊，以增加织物在碱液中的浸渍时间，一般可达20s左右。浸轧槽具有可通冷水冷却槽内碱液的夹层，两个浸轧槽间有联通管，以便碱液的流动。第一台浸轧槽压力要小些，可用杠杆加压，以使织物带较多的碱液，有利于碱液与纤维素的作用。第二台浸轧槽压力要大，可用油泵加压，使织物带碱液量少，轧余率小于65%，便于冲洗去碱，降低耗碱量。为了延长织物的带碱时间，满足碱对织物充分渗透和反应，同时防止织物溶胀后收缩，在两台浸轧槽之间的机架上方装有十几只上下交替的铁制空心绷布辊，直径为460~500mm。一般被动运行，也有主动运行的。为防止织物收缩，织物沿绷布辊的包角面应大一些，且后台轧槽的线速度也应大于前槽。这样使织物的经向有一定的张力，可防止收缩，而纬向则利用摩擦阻力防缩。

布铗式扩幅装置是布铗丝光机的主要部分，由许多布铗联结而成的两串长链，分别在左右轨道上循环运行。左右布铗链间距离可根据加工织物幅度调节，布铗链上布满布铗，咬住布边起扩幅作用，两头的铗盘分别起使织物上铗和脱铗的作用。自第二台轧车输出的织物被布铗夹持后随布铗链的行进而伸幅，当伸幅达到规定宽度后，织物在布铗链上运行1/3的长度，这时用热水或者热稀碱液由上面的冲洗箱向下冲淋，以去除织物上的浓碱液，在布的下面由吸碱箱吸去碱液，一般采用四冲四吸或五冲五吸，这种使织物处于一定伸张状态下进行真空吸液的方法，可以强化织物中的液体交换，从而提高洗涤去碱的效果。在生产上，为了节约成本，也常把由吸液管吸下的淡碱液，依次排入机器下的各个淡碱池内，然后用真空泵把这些淡碱池内的淡碱液和来自去碱蒸箱的淡碱液一起输送到相应的淋洗器，再适当加温以提高淋洗效果。为了将织物上的烧碱进一步洗去，在经过伸幅淋洗之后，便进入了洗涤效率较高的去碱蒸箱。通常要用1~2格去碱蒸箱，再经多格平洗，烘干后，落布。

第二节　纺织品的染色

概括来说，染色是把纤维制品染上颜色的加工过程，是借染料与纤维发生物理化学或化学的结合，或者用化学方法在纤维上生成颜色，使整个纺织物成为有色物体。染色产品不但要求色泽均匀，而且必须具有良好的染色牢度。

很早以前，人类就开始使用来自植物和动物体的天然染料对毛皮、织物和其他物品进行染色。公元前2600年，中国就有染料应用的记载。公元前11世纪的商朝，我国染料和染丝技术相当成熟；靛蓝、茜素、五倍子、胭脂红等是我国最早使用的动、植物染料。这些染料虽然历史悠久，但品种不多，染色牢度也较差。1856年，从年仅18岁的英国化学家Perkin研制出第一种合成染料——苯胺紫开始，合成染料发展于今已有150多年的历史。当时出于纺织工业的发展，由于天然染料在数量和质量上远不能满足需要，便对合成染料提出了迫切需求；加上煤焦油中发现了有机芳香族化合物，为合成染料提供了所需的各种原料，同时，四价碳（1858年）和苯结构理论模型（1856年）的确立，使人们能够通过染料分子的结构设计有目的地合成染料，正是由于上述几个契机，促成了现代染料工业的产生和发展。

在此之后，各种合成染料相继出现。如1868年Graebe和Liebermann阐明了茜素（1，2-二羟基蒽醌）的结构设计，并合成出了这一金属络合染料母体，1890年人工合成出靛蓝。1901年Bohn发明了还原蓝，即所谓的阴丹士林蓝，20世纪20年代出现了分散染料，30年代诞生了酞菁染料，50年代又产生了活性染料等。合成纤维的快速发展，更促进了各类染料的研究开发，各国科学家先后合成出上万种染料，其中具有实际应用价值的染料已达千种以上，世界染料生产的著名企业有德国BASF公司、Bayer公司等。染料已成为精细化工领域的一个重要分支。我国染料工业在过去的50年中已形成了门类齐全，科研、生产和应用服务健全的工业链，可生产2000余种商品染料，常年生产的染料品种近800种，其中近年开发的新品种约300种，超过100个品种的染料有分散染料、活性染料和酸性染料等。中国是世界上第一大染料出口国，2007年已达出口量36.9万t，占世界染料贸易量的1/4以上。尽管我国的染料工业在相当大程度上满足了国内市场的需要，而染料的大量出口已成为我国染料工业的发展重点，但无论在染料品种还是产品质量上，与发达国家相比仍有一定的差距，特别是一些高档染料仍需进口。今后染料工业的发展重点为高品质染料商品化技术和生态友好的染料合成工艺。

一、染料分类

染料是能使其他物质获得鲜明、均匀、坚牢色泽的有色有机化合物。染料可溶于水或有机溶剂，有的可在染色时转变成可溶状态。有机染料主要应用于各种纤维的染色和印花，如棉、麻、毛、丝、毛皮和皮革以及合成纤维（如涤纶、锦纶、腈纶、维纶、黏胶纤维等）。此外，也广泛应用于塑料、橡胶制品、油墨、墨水、印刷、纸张、食品、医药等方面。

染料可按其化学结构和应用性能进行分类。根据染料的应用特性方法来分类称为应用分类，根据染料共轭体系的结构特征进行分类称为结构分类。同一种结构类型的染料，某些结构的改变可以获得不同的应用性质，从而成为不同应用类型的染料；同样，同一应用类型染料，可以有不同的共轭体系（如偶氮、蒽醌等）结构特征，因此，应用分类和结构分类常结合使用。为了方便染料的使用，一般商品染料的名称大都采用应用分类，而在染料合成研究中，又常采用结构分类。

用于纺织品染色的染料按应用性能可分为以下几类。

1. 直接染料　直接染料因不需依赖其他药剂而可以直接染着于棉、麻、丝、毛等各种纤维上而得名。它的染色方法简单，色谱齐全，成本低廉。但其耐洗和耐晒牢度较差，针对染色牢度较差的缺陷，人们做了许多改革，例如，采用化学药品，把已经染上颜色的布进行后处理，提高色布的耐洗和耐晒牢度；也有采用新型的交联固色剂来提高染色织物的后处理牢度。除此之外，也发现和研制了一些新染料品种，如直接耐晒染料和直接铜盐染料等。目前，对如何提高直接染料的湿处理牢度，还处于进一步的探索之中。

2. 不溶性偶氮染料　不溶性偶氮染料不溶于水，这类染料实质上是染料的两个中间体，其一为耦合剂，是酚类化合物，也称色酚或纳夫妥；另一种为显色剂，也称色基。染色时溶解在烧碱中的色酚先上染纤维，然后浸轧色基重氮化溶液，两者在纤维上耦合显色，生成不溶性染料固着在纤维内。此外，还有一种稳定的重氮色基盐称作色盐，可直接用于染色。因为在印染过程中要加冰，所以又称冰染料。不溶性偶氮染料给色量高，色泽鲜艳，其中尤以红、紫、蓝、酱色见长。日晒牢度受染色浓度的影响，淡色时较差，摩擦牢度亦较低。大多数染料的氯漂、皂洗牢度较高。目前广泛用于纤维素纤维织物的染色和印花。

3. 活性染料　活性染料又称反应性染料。这类染料是20世纪50年代才发展起来的新型染料。它的分子结构中含有一个或一个以上的活性基因，在适当条件下，能够与纤维发生化学反应，形成共价键结合。它可以用于棉、麻、丝、毛、黏胶纤维、锦纶、维纶等多种纺织品的染色。

4. 还原染料　还原染料不溶于水，在强碱溶液中借助还原剂还原溶解进行染色，染后氧化重新转变成不溶性的染料而牢固地固着在纤维上。由于染液的碱性较强，一般不适宜于羊毛、蚕丝等蛋白质纤维的染色。还原染料是染料中各项性能都比较优良的染料。按其主要化学结构可分为靛类和蒽醌两大类。它的色谱较全，色泽鲜艳，皂洗、日晒牢度都比较高，但因价格昂贵，某些黄色、橙色等颜色有光敏脆损现象，使其应用受到一定的限制。

5. 可溶性还原染料　可溶性还原染料又称印地科素，多数是由还原染料衍变而来。从化学结构上看，是把不溶性还原染料分子中的羰基（$\diagdown$C=O）转变为可溶性的硫酸钠盐。按其化学结构不同，可分为溶蒽素及溶靛素两大类。这类染料溶于水后，能在中性或弱酸性溶液中染色，因此，对纤维素纤维和蛋白质纤维都能上染。可溶性还原染料对棉纤维的染色方法简单，染液稳定，对棉纤维的直接性小，故其匀染性好。由于上染率低，价格又较贵，仅适于染浅色、中色。

6. 硫化染料　硫化染料由芳香胺类或酚类化合物与多硫化钠或硫黄熔融而成，在染色时须用硫化碱还原溶解，故称为硫化染料。硫化染料价格低廉、染色工艺简单，拼色方便，染色牢度较好，能使用卷染和轧染法生产，但因色谱不齐，色泽不艳，部分染料染色牢度较差而使其应用受到一定的限制。

7. 硫化还原染料　硫化还原染料的化学结构和制造方法与一般硫化染料相同，而它的染色牢度和染色性能介于硫化染料和还原染料之间，所以称为硫化还原染料。染色时可用烧碱—保险粉或硫化碱—保险粉溶解染料。

8. 酞菁染料　酞菁染料往往作为一个染料中间体，在织物上产生缩合和金属原子络合而成色淀。目前，这类染料的色谱只有蓝色和绿色，但由于色牢度极高，色光鲜明纯正，因此很有发展前途。

9. 分散染料　分散染料是一类水溶性较低的非离子型染料。最早用于醋酯纤维的染色，称为醋纤染料。随着合成纤维的发展，锦纶、涤纶相继出现，尤其是涤纶，由于具有整列度高，纤维空隙少，疏水性强等特性，要在有载体或高温、热溶下使纤维膨化，染料才能进入纤维并上染。因此，对染料提出了新的要求，即要求具有更好疏水性和一定分散性及耐升华等的染料，目前，印染加工中用于涤纶织物染色的分散染料基本上具备这些性能，但由于品种较多，使用时还必须根据加工要求进行选择。

10. 酸性染料、酸性媒介染料和酸性络合染料　酸性染料、酸性媒介染料和酸性络合染料是一类结构上带有酸性基团（绝大多数为磺酸钠盐，少数为羧酸钠盐）的水溶性染料。在酸性介质中进行羊毛、真丝等蛋白质纤维和聚酰胺纤维、皮革的染色。酸性染料色谱齐全，色泽鲜艳，日晒牢度和湿处理牢度随染料品种不同而差异较大。

11. 碱性及阳离子染料　碱性染料早期称盐基染料，是最早合成的一类染料，因其在水中溶解后带阳电荷，故又称阳离子染料。这类染料色泽鲜艳，色谱齐全，染色牢度较高，但不易匀染，主要用于腈纶的染色。腈纶采用阳离子染料在较高温度下进行染色，可得深浓鲜艳的色泽，但当染色温度过高并有碱存在时，则易使纤维泛黄，染色色泽改变。因此，腈纶的染色一般在弱酸性条件下进行，同时应尽量避免过高温度染色。

目前，世界各国生产的各类染料已有7000多种，常用的也有2000多种。由于染料的结构、类型、性质不同，必须根据染色产品的要求对染料进行选择，以确定相应的染色工艺条件。

由于纤维本身性质不同，在进行染色时就需要选用相适应的染料。例如，棉纤维染色时，由于它的分子结构上含有许多亲水性的羟基，易吸湿膨化，能与反应性基团起化学反应，并较耐碱，故可选择直接染料、还原染料、硫化染料、冰染料及活性染料等染色。涤纶疏水性强，高温下不耐碱，一般情况下不宜选用以上染料，而应选择分散染料进行染色。

当被染物用途不同，对染色成品的牢度要求也不同。例如，用作窗帘的布是不常洗的，但要经常受日光照射，因此，染色时，应选择耐晒牢度较高的染料。作为内衣和夏天穿的浅色织物染色，由于要经常水洗、日晒，所以应选择耐洗、耐晒、耐汗牢度较高的染料。

在选择染料时，不仅要从色光和牢度上着想，同时要考虑染料和所用助剂的成本、货源等。如价格较高的染料，应尽量考虑用能够染得同样效果的其他染料来代替，以降低生产成本。

二、常用染色设备

在染色过程中，要提高劳动生产率，获得匀透坚牢的色泽而不损伤纤维的纺织品，要根据不同的产品、不同的染料，合理选择和制订染色工艺过程，所用染色设备必须符合工艺要求。染色机械设备很多，按照机械运转性质可分为间歇式染色机和连续式染色机；按照染色方法可分为浸染机、卷染机、轧染机等；按被染物状态可分为散纤维染色机、纱线染色机、织物染色机。合理选用染色机械设备对改善产品质量、降低生产成本、提高生产效率有着重要作用。

（一）连续轧染机

连续轧染机适用于大规模连续化的印染加工，劳动效率高，生产成本低，是棉、化纤及其混纺织物最主要的染色设备。根据所使用的染料不同，连续轧染机的类型也不同，例如，有还原染料悬浮体轧染机、纳夫妥染料打底和显色机、硫化染料轧染机、热溶染色机等。尽管类型不同，但它们的组成大致可分为以下几个部分。

1. 轧车 轧车装置是织物浸轧染料的主要装置，由轧辊、轧槽及加压装置组成。轧辊有软硬之分，硬轧辊为不锈钢或胶木，软轧辊为橡胶。轧辊加压方式有杠杆加压、油动加压和气动加压。轧辊有两辊、三辊之分，浸轧方式有一浸一轧、二浸二轧或多浸二轧等多种方式，视织物品种和染料种类而定。

2. 烘干装置 烘干设置包括红外线、热风和烘筒烘燥三种型式。前两者为无接触烘干，织物所受张力较小。

（1）红外线烘燥是利用红外线辐射穿透织物内部，使水分蒸发，受热均匀，不易产生染料的泳移。这种烘燥效率高，设备占地面积小。

（2）热风烘燥是利用热空气使织物烘干。被加热的空气由喷口喷向织物，使织物上水分蒸发逸散到空气中。这种烘燥机效率低，占地面积大。

（3）烘筒烘燥是利用织物通过用蒸汽加热的金属圆筒表面而被烘干，效率较高，但易造成染料泳移。在实际生产中为了提高生产效率，保证染色质量，往往是几种方式相互结合使用。

3. 蒸箱装置 有的染料染后要汽蒸，在蒸箱内通入饱和蒸汽，织物经过蒸箱，使纤维膨化，染料及其他化学药品扩散进入纤维内部。有的蒸箱为了防止空气进入，在蒸箱的进出口设置水封口或汽封口，这种蒸箱称为还原蒸箱。

4. 平洗装置 平洗装置包括多格平洗槽，可用于冷水、热水、皂煮以及根据不同染料进行的后处理。

5. 染后烘干装置 染后的烘干都采用烘筒烘干。

目前，连续轧染机都由上述单元机组合而成，还可根据需要增减一些单元机，以适应不同染料的染色。图5-11为连续轧染机示意图。

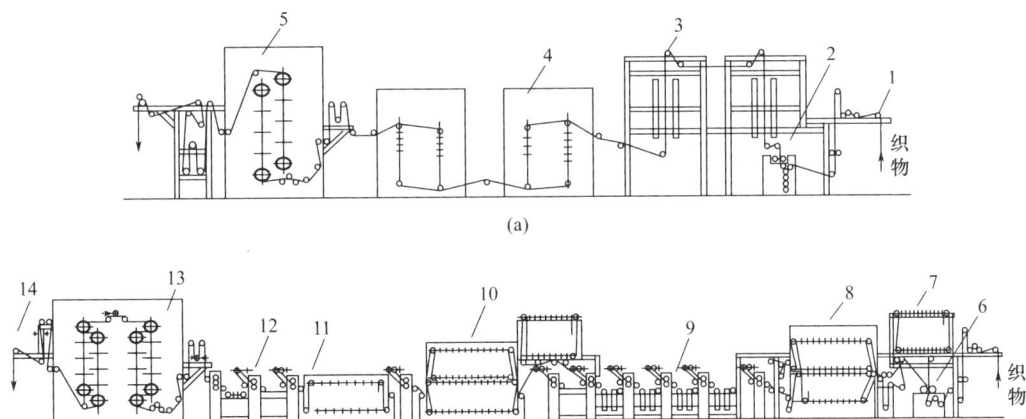

图5-11 连续轧染机

1—进布装置 2、6—均匀轧车 3—红外线烘燥机 4—横导辊热风烘燥机
5—烘筒烘燥机 7—透风辊 8—还原蒸 9—平洗槽 10—皂洗箱
11—长蒸箱 12—平洗槽 13—烘筒烘燥机 14—落布装置

（二）卷染机

卷染机是一种间歇式的染色机械，根据其工作性质可分为普通卷染机、高温高压卷染机。

普通卷染机的染槽为铸铁或不锈钢制，槽上装有一对卷布轴，通过齿轮啮合装置可以改变两个轴的主动、被动关系，同时给织物一定张力。织物通过小导布轴浸没在染液中并交替卷在卷布轴上。在染槽底部装有直接蒸汽管加热染液，间接蒸汽管起保温作用。槽底有排液管。染色时，织物由被动卷布辊退卷入槽，再绕到主动卷布轴上，这样运转一次，称为一道。织物卷一道后又换向卷到另一轴上，主动轴也随之变换。染毕织物打卷

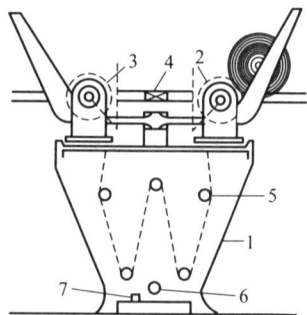

图5-12　普通卷机
1—染槽　2—卷布辊　3—布轴
4—换向齿轴　5—导布辊
6—间接加热管　7—排液口

出缸。

普通卷染机的缺点是织物运行的线速度不一致，张力较大，劳动强度较大。

等速卷染机及自动卷染机可以克服上述缺点，自动卷染机还能调向、记道数和停车自动化。图5-12为普通卷机示意图。

（三）溢流、喷射染色机

1. 溢流染色机　溢流染色机是特殊形式的绳状染色机。由于染色时织物处于松弛状态，受张力小，染后织物手感柔软，得色均匀，故都用于高压条件下合纤织物、经编织物、弹力织物等的染色。近年来也制造了一些常压溢流染色机，可供天然纤维织物常压染色之用。

采用溢流染色机染色时，染液从染槽前端多孔板底下由离心泵抽出，送到热交换器加热，再从顶端进入溢流槽。溢流槽内平行地装有两个溢流管进口，当染液充满溢流槽后，由于和染槽之间的上下液位差，染液溢入溢流管时带动织物一同进入染槽，如此往复循环，达到染色目的。该机由于采用了溢流原理，使织物在整个染色过程中呈松弛状态，有效地消除了织物因折皱而造成的疵病。该机容易操作，使用简便，但染色时浴比大，染料和用水量大。图5-13为溢流染色机示意图。

2. 喷射染色机　喷射染色机占地小，产量高，可节约材料、动力和劳动力。它不仅有高温高压式，而且有常压式；不仅能用于合成纤维，也能用于天然纤维；不仅能用于染色，也能用于前后处理。因为其有通用性，更受生产厂家欢迎。图5-14为喷射染色机示意图。采用该机染色时，先将U形管内注入染液，再通过循环泵将染液由U形管中部抽出经加热交换器，再由顶部喷嘴喷出，在喷头液体喷射力的推动下，织物在管内循环运动，完成染色。由于染液的喷射作用有助于染液向绳状织物内部渗透，染色浴比也小，织物所受张力更小，因而获得了更优于溢流染色机的染色效果。

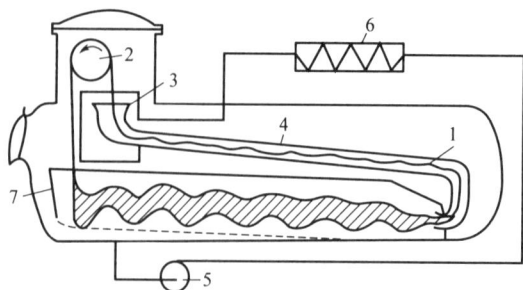

图5-13　溢流染色机
1—织物　2—导布辊　3—溢流口　4—输布管道
5—循环泵　6—热交换器　7—浸渍槽

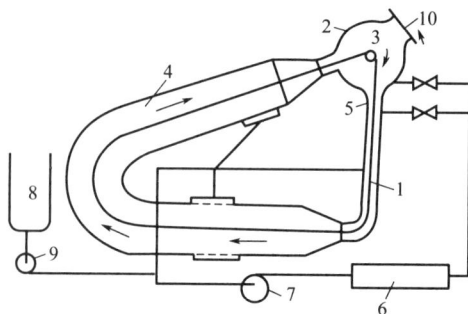

图5-14　喷射染色机
1—织物　2—主缸　3—导布辊　4—U形染缸
5—喷嘴　6—热交换器　7—循环泵　8—配料缸
9—加料泵　10—装卸口

　　当前又有溢流染色和喷射染色结合的喷射溢流染色机以及低浴比型快速染色机的出现，使染整工艺设备与生产效率都有进一步的发展。

　　（四）纱线染色设备

　　纱线所采用的机械设备种类很多，从最早的一缸两棒的手工染纱发展到目前的筒子纱染色机，近年来工艺操作发展为半机械化、半自动化，并且随着科学技术的发展，自动化的染纱机也将开始在纱线染色中应用。纱线染色广泛用于毛线、绞丝线或棉纱线和涤纶丝、锦纶丝等。纱线染色机可分为绞纱、筒子纱及经轴纱染色机等多种类型。

　　1. 往复式染纱机　往复式染纱机为半机械化操作，设备比较简单。绞纱挂在固定板的三角棒上，通过板的移动可使三角棒做相应的左右移动，使绞纱在染槽内进行染色。图5-15为往复式染纱机。

　　2. 喷射式绞纱染色机　喷射式绞纱染色机是由染槽、孔管、回转装置和泵等组成。染色时将绞纱分别套于平列的孔管上，用泵将染液从液槽送入孔内，喷淋于绞纱上。与此同时，由于回转装置的转动，可使套挂在孔管上的绞纱渐渐转动而达到均匀染色，这种设备浴比较小，绞纱的装卸操作方便，但喷眼需经常进行清洁，以防堵塞。图5-16为喷射式绞纱染纱机。

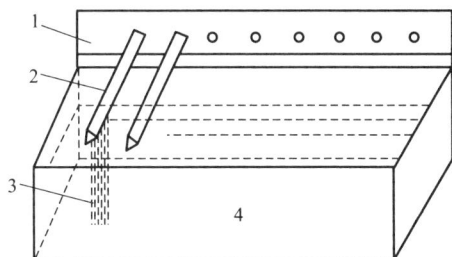

图5-15　往复式染纱机
1—板　2—三角棒　3—绞纱　4—染槽

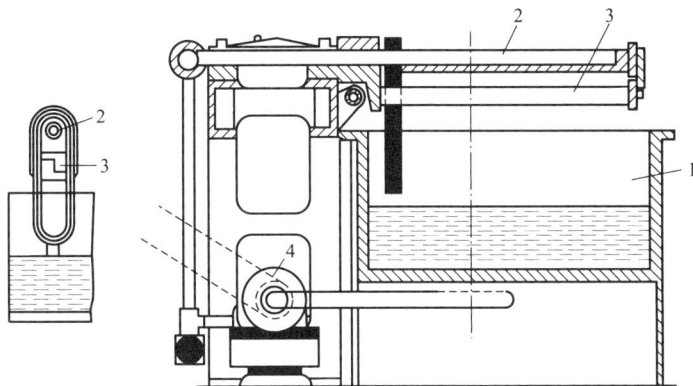

图5-16　喷射式绞纱染纱机
1—染槽　2—孔管　3—回转装置　4—泵

　　3. 高温高压染纱机　高温高压染纱机如图5-17所示。该机染色时，先将绞纱堆放在纱笼中，然后拧紧上盖。将纱笼架吊入染缸内进行染色。染色时依靠泵的作用使染液由纱笼中间的喷管喷出，从四周回流，经一定时间由电动机换向循环。

　　这种设备通常为密封，具有耐高压性能，故称为高温高压染色机，能用于合成纤维及其混纺纱线的染色，亦可用于棉纱的染色，因而适应性较广，在纱线染色中日趋重要。

（五）筒子纱染色机

筒子纱染色机为一加压密闭设备，由染槽、储液槽、筒子架、循环泵等组成。图5-18为筒子纱染色机示意图。染色时，纱筒装在筒子架上，染液自筒子架内孔中喷出，经纱层、染色槽后由泵压向储液槽。每隔一定时间染液做反向循环。进行筒子纱染色时，纱线在筒管上卷绕必须适当和良好，不能过紧或过松。

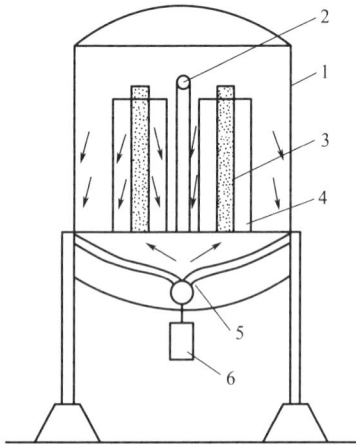

图5-17　高温高压染纱机
1—染槽　2—纱笼架　3—喷管
4—纱笼　5—循环泵　6—电动机

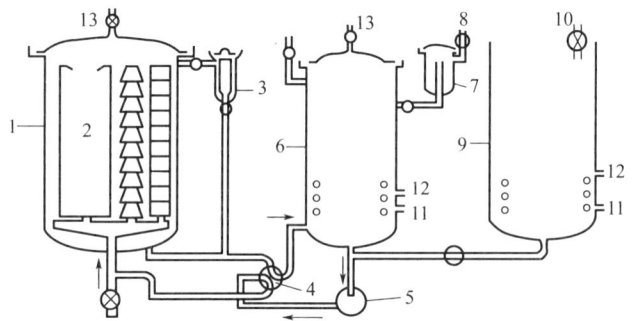

图5-18　筒子纱染色机
1—高压染缸　2—纤维支架　3—染小样机　4—四通阀　5—循环泵
6—膨胀缸　7—加料槽　8—压缩空气　9—辅助槽　10—入水管
11—冷凝水　12—蒸汽　13—放气口

（六）其他染色设备

1. 丝绸溢流染色机　真丝织物比较娇嫩，宜采用低张力、少摩擦的松式染色设备。挂练槽、星形架、卷染机、绳状染色机、转笼式染色机、溢流染色机和喷射染色机均可作为真丝织物浸染设备，但这些设备并非对每一种丝织物或每种染料都适用。染色设备应根据织物的原料、织物组织结构和所用的染料选用。丝绸溢流染色机结构如图5-19所示。

该机由染槽、导绸辊、加料桶、热交换器、过滤器、进出绸架和各种管路等组成。织物进入染槽后，由水流带动织物平滑移动，织物在染槽的任何部件均能与染液接触或浸于染液中，每条染色管配有两条独立导绸管道分隔绸匹，保证织物在最佳状态下移动。由于染槽是相通的，故染色均匀。

2. 针织物染色机　针织物由线圈构成，容易拉伸变形、擦伤或脱散，所以必须选用在染色过程中针织坯布承受张力较小的染色机械，除广泛采用通用性较强的绳状浸染机和溢流染色机等间歇式绳状染色设备外，也少量采用平幅的经轴染色机，目前又发展了针织坯布专用的连续轧染机。对于纯棉、腈纶、锦纶等针织坯布，一般采用常温常压染色机，对涤纶及其混纺或交织的针织坯布，则采用高温高压染色机械。

圆筒针织物的连续染色是采用浸轧染液后直接汽蒸的方法，适用于纯棉针织物用还

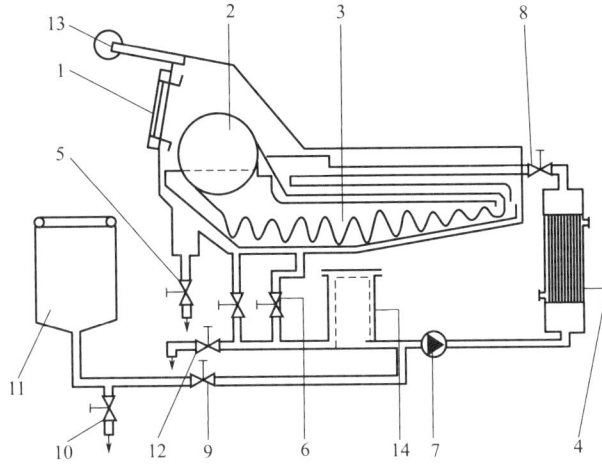

图5-19 丝绸溢流染色机

1—进绸窗 2—导绸辊 3—导绸管道 4—热交换器 5—溢流阀
6—抽水调节阀 7—主循环泵 8—流量控制阀 9—进料调节阀 10—排料阀
11—加料桶 12—排水阀 13—出绸辊 14—过滤器

原染料或活性染料等的连续染色。可提高染色均匀性和染色牢度，改善手感，重现性好。图5-20所示为圆筒针织物连续染色机的一种类型。

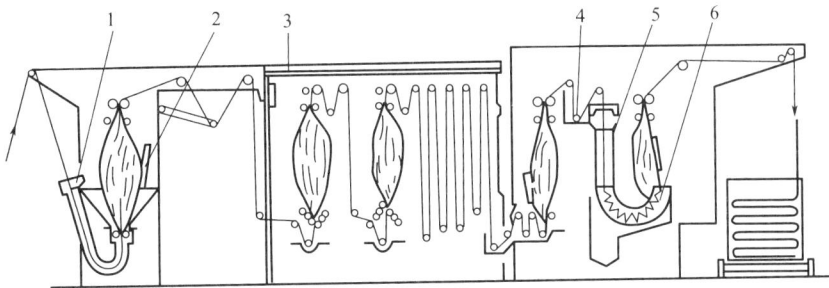

图5-20 圆筒针织物连续染色机

1—染槽 2—冲气装置 3—汽蒸箱 4—氧化剂槽 5—高速冲洗 6—氧化J形箱

3. 成衣染色设备 成衣染色一般在成衣染色机或工业洗衣机内进行。

成衣染色机主要由染槽、叶轮、减速器电动机结合件、配用电动机、直接蒸汽接管、进水管、排污装置、加料斗组成，如图5-21所示。其工作原理为染缸内叶轮通过减速电动机的运动，在染缸中以18～20r/min的转速做单向循环运动。成衣投入染缸后，即随染液（漂液）以单向循环旋涡式运动，同时叶轮不断把浮在液面的成衣毫无损伤地压向染液内，以避免色花，达到染色或漂白的目的。此机染色方法简单，机械性能好，工作效率高，操作简便。

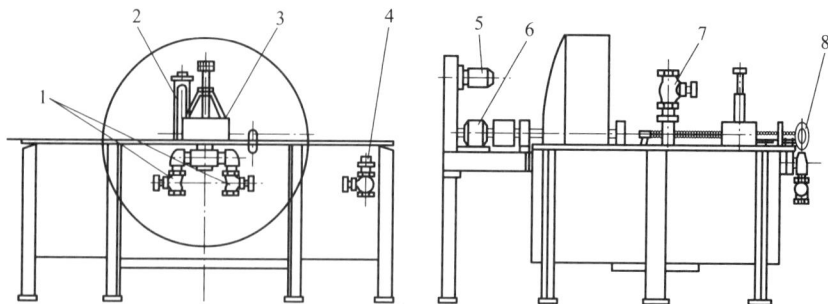

图5-21 成衣染色机简图
1—进水阀 2—温度计 3—加料斗 4—溢流阀 5—电动机 6—减速器 7—进汽阀 8—排液拉杆

三、涂料染色

涂料为非水溶性色素，商品涂料一般以浆状形式供应。其组成有涂料、润湿剂（如甘油等）、扩散剂（如平平加O等）、保护胶体（如乳化剂EL等）及少量水。涂料本身对纤维没有亲和力。涂料染色是将涂料制成分散液，通过浸轧使织物均匀带液，然后经高温处理，借助于黏合剂的作用，在织物上形成一层透明而坚韧的树脂薄膜，从而将涂料机械地固着于纤维上。该染色工艺品种适应性较强，适用于棉、麻、黏胶纤维、丝、毛、涤纶、锦纶等各种纤维制品的染色。涂料染色工艺流程短，操作简便，能耗低，有利于降低生产成本；配色直观，仿色容易；污水排放量小，能满足"绿色"生产要求；涂料色相稳定，遮盖力强，不易产生染色疵病。涂料色谱齐全，湿处理牢度较好，还能生产一般染料染色工艺无法生产的特种色泽，对提高产品附加值较为有利。

由于涂料染色搓洗牢度不高，染后织物手感发硬等。近年来，新型黏合剂不断涌现，牢度和手感得到了一定的改善，但它还不能完全替代传统的染料染色工艺。涂料染色用黏合剂，与印花用黏合剂的要求相同，如良好的成膜性和稳定性、适宜的黏着力、较高的耐化学药剂稳定性、皮膜无色透明、富有弹性和韧性、不宜老化和泛黄等。对牢度和手感要求更高，并且不易黏轧辊等。根据对涂料印花产品质量的分析（包括牢度、手感、色泽鲜艳度、稳定性等），一般认为聚丙烯酸酯类黏合剂较适用于涂料染色，且大多数采用乳液聚合的方法。因为它具有皮膜透明度高、柔韧性好、耐磨性好、不易老化等优点。常用的品种有黏合剂LPD、BPD、GH、FWT、NF-1等。也有少量聚氨酯类黏合剂，它黏着力强，皮膜弹性好，手感柔软，耐低温和耐磨性优异，但易泛黄，如Y505等。

在涂料染色时，施加交联剂对提高涂料染色的染色牢度有很大帮助，对耐洗牢度帮助更大。交联剂使用量一般为2~8g/L，常用的交联剂有交联剂EH等。涂料染色主要用于轧染。

1. 工艺流程及主要工艺条件

浸轧染液（一浸一轧，室温）→预烘（红外线或热风）→焙烘（120~160℃，2~5min）→后处理

浸轧时温度不宜过高，一般为室温，以防止黏合剂过早反应，造成严重的黏辊现象

而使染色不能正常进行。预烘应采用无接触式烘干，如红外线或热风烘燥，不宜采用烘筒烘燥。如果浸轧后立即采用烘筒在100℃下烘干，会造成涂料颗粒泳移，产生条花和不匀，并且易黏烘筒。焙烘温度应根据黏合剂性能及纤维材料的性能确定，对于成膜温度低或反应性强的黏合剂，焙烘温度可以低一些。反之，成膜温度高或反应性弱的黏合剂，焙烘温度必须高些，否则将影响染色牢度。纤维素纤维制品和蛋白质纤维制品采用涂料染色时，焙烘温度不宜太高，否则织物易泛黄，并对织物造成不同程度的损伤。

一般情况下，若无特殊要求，织物经浸轧、烘干、焙烘后，便完成了染色的全部过程。但有时为了去除残留在织物上的杂质，改善手感，可用洗涤剂进行适当的皂洗后处理。

2. 参考工艺处方（表5-1）

表5-1　涂料染色参考工艺处方

	浅色	中色
涂料色浆（g/L）	5～10	10～30
黏合剂（g/L）	10	20
防泳移剂（g/L）	10	20

3. 工艺实例　19.5tex×14.5tex，39.5根/cm×23.6根/cm，蓝绿色纯棉府绸。工艺处方见表5-2。

表5-2　工艺处方　　　　　　　　　　　　　　　　　　　单位：g/L

用料	用量
涂料藏青8304	3.6
涂料绿8601	7.3
涂料元8501	0.95
黏合剂NF-1	20
柔软剂CGF	1

工艺流程：

浸轧染液（多浸一轧，轧余率65%～70%，室温）→红外线预烘→热风烘燥→焙烘（155℃，3min）→水洗

第三节　织物的印花

印花是把一种或数种不同颜色的染料或颜料，用各种不同的方法，在纤维制品上印上所需要的花纹、图案的加工过程。织物印花是一种综合性的加工技术，一般地说，它的全过程包括图案设计、花纹雕刻、色浆配制、印花、蒸化、水洗后处理等几个工序。

一、印花方法

印花与染色两者既有相同点，也有不同点。相同点为应用染料的染着、固色原理相似；所用化学助剂的物理与化学属性相似；同一品种纤维，若用同一染料染色和印花，可具有相同的染色牢度。不同点为染色溶液不加或加少量增稠性糊料，印花色浆加较多的增稠性糊料；染色溶液，染料易溶解，不加助溶剂，而印花色浆，加较多助溶剂；染色时，染料渗透扩散充分，印花时，染料不易扩散渗透，要经过汽蒸或焙烘；染色和印花对同一类型的染料可能有特殊的要求；染色很少用两种不同类型的染料拼色，印花经常使用不同类型染料；印花布对半制品的纬斜要求特别严格；印花对坯布疵点的掩盖性比染色好；染色和印花对半制品的前处理要求不一样，织物在印花前必须先经过预处理，使之具有良好的润湿性。

印花色浆由染料（或颜料）、吸湿剂、助溶剂等与原糊组成。印花原糊的作用是使色浆具有一定的黏度和流度。它由亲水性高分子物糊料调制而成，常用的糊料有淀粉、淀粉降解产物（白糊精与黄糊精）、淀粉醚衍生物、海藻酸钠（或铵）、羟乙基皂荚胶、龙胶、纤维素醚、合成高分子电解质等。用水、火油与乳化剂制成的乳化糊，有时也用作印花原糊。印花原糊对色浆中的化学药剂应具有良好的稳定性，不与染料发生作用，对纤维有一定的黏附力，并易于从织物上洗去。印花色浆的黏度决定于原糊的性质。印花时，如果色浆黏度下降太多则难以印得精细的线条，黏度太大则色浆不易通过筛网的细孔。

按印花原理分类，可分为直接印花、防染印花和拔染印花三种。直接印花是在白色或浅色织物上先直接喷印染料或颜料，再经过蒸化等后处理获得花纹，工艺流程简短，应用最广。防染印花是在织物上先喷印防止染料上染或显色的物质，然后进行染色或显色，从而在染色织物上获得花纹。拔染印花是在染色织物上喷印消去染色染料的物质，在染色织物上获得花纹的印花工艺。手工印花技术包括夹缬、扎染、蜡染、型板、泼染、手绘等技术，工业化印花技术包括滚筒压印、筛网印花、热转移印花、数码印花等技术。

二、印花设备

织物印花机械是为实现印花工艺路线，生产印花产品而提供的成套设备。织物印花工艺路线包括印花前准备、印花操作、印花后处理三个工序。成套印花设备中，印花操作和印花后处理所需要的设备称为印花机械的主机，而印花前准备工作如色浆调制、花版制作等所需要的设备称为印花机械的辅机。当下主要的印花机械有四种类型：滚筒印花机、筛网印花机、热转移印花机和数码印花机。

1. 滚筒印花机 滚筒印花机又叫铜辊印花机，曾经是我国印染厂普遍使用的一类印花设备，按照铜辊上雕刻的花纹，它分为凸纹和凹纹两类，其中凸纹滚筒印花机主要用于毛条印花，凹纹滚筒印花机用于棉、涤/棉及化纤织物的印花；按照花筒的排列形式，可分为放射式、立式和斜式三类；按照在织物印花时是在一面还是在两面印花可分为单面滚筒印花机和双面滚筒印花机；按照印制套色多少可分为四色、六色、八色及十色滚筒印花机。在我国，使用的基本上都是放射式八色单面辊筒印花机，它的公称幅度有1100mm、

1400mm、1600mm。

　　滚筒印花机必须与其他单元机和通用装置组成印花联合机，通常是由进布装置、印花机车头、烘燥机（可分为预烘机、衬布烘燥机、花布烘燥机）、进出布装置（一般来说，印花机都有两套进布装置，一套供衬布进布，一套供待印织物进机）、传动设备等主要部分组成。

　　滚筒印花机的花筒是用紫铜制成的空心圆筒，新花筒的周长为400～460mm，需要雕刻新花纹时，要先车去筒面上的旧花纹，磨光后再进行雕刻，当花筒周长小于350mm时，就不再使用，每套花样的各只花筒周长必须相等，允许误差为0.1mm左右。雕刻好的花筒，应对筒面镀铬，以提高花筒表面的硬度和光洁度，增加它的耐磨能力，耐色浆腐蚀能力，延长使用寿命，减少因筒面不够光洁而造成的印花疵病，花筒雕刻的方法很多，有缩小雕刻法、照相雕刻法、电子雕刻法和压纹雕刻法等。滚筒印花机的花筒都配有一套给浆装置，它由浆盘、给浆辊、刮浆刀和除尘刀等组成，浆盘用不锈钢薄板制成，用来盛放印花色浆，给浆辊由花筒轴端的齿轮传动或者由花筒表面的摩擦所传动，刮浆刀是用来刮去花筒平面上的色浆的。除尘刀是用来铲除黏附在花筒表面的纱头，以及将花筒未刻花部分外表面色浆刮除，使凹形花纹内留有色浆。它是用黄铜或磷铜片制成，所以又叫作铜刀，具有良好的耐磨性与弹性。工作时，先在浆盘中盛放印花色浆，色浆由给浆辊带到花筒表面，经刮刀刮浆后，花筒上只有凹纹内嵌有色浆，印花时，印花坯布和衬布同时进入承压滚筒与花筒的轧点，因承压滚筒包有衬垫而具有弹性，便将凹纹中的色浆印到了印花坯布上。图5-22是滚筒印花机的实物图、印花车头及给浆装置的示意图。

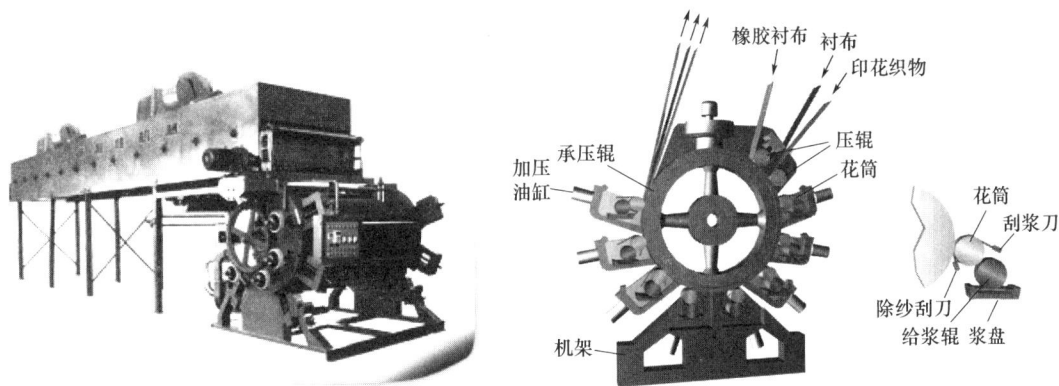

图5-22　滚筒印花机的实物图、印花车头及给浆装置的示意图

　　2. 筛网印花机　筛网印花包括印花筛网的准备，印花筛网。其中的筛网是由紧绷在木制或金属框架上的具有细网眼的锦纶、聚酯纤维或金属丝织物制成。筛网织物上要涂上一层不透明的无孔薄膜。有花纹处，要除去不透明薄膜，留下有细网眼的网版，这一区域就是将要印制图案的部位。大部分商业筛网织物先被涂上一层光敏性薄膜，然后再通过感光法除去花纹部位的薄膜而显现图案。在要印花的织物上放置筛网进行印花。把印花浆倒入印花框内，通过刮刀迫使其从筛网的网眼处透过。印花图案中的每一种颜色独自需要

一只筛网，目的是分别印制不同的颜色。例如，3套色印花需要3只网框，把3种颜色分别印到织物上。另外，图案中每种颜色的花纹必须在筛网上精确定位以便印花后花纹位置准确，避免将花印错位或重叠。

目前，筛网印花主要分为平网印花和圆网印花两种方式。

平网印花使用历史较久，它的特点是花纹浓艳度好，但产量较低。平网印花机的重要组件有进布装置、自动导布机构、升降筛网框机构、刮印装置、对花装置、上浆及导带清洗装置、烘燥装置及出布装置。刮印装置是直接影响印花质量的重要单元，平网印花机的刮印方式有两种，橡胶刮浆刀和磁性刮浆辊。平网印花是先按照花纹的颜色，分别制作若干个固定在框架上具有相应花纹的筛网，印花时，在筛网框内加入色浆，用刮浆刀或刮浆辊在筛网上均匀涂刮，使色浆透过网孔印至织物上，平网印花属于孔版印花，根据加工方式和工艺的不同，平网印花机又可分为网动式和布动式以及转盘式三大类。

图5-23是平网印花机、圆网印花机的实物图。圆网印花机是使用无接缝圆筒进行连续印花的一种筛网印花机，既保持了筛网印花的风格，又提高了印花生产效率。圆网印花机按圆网排列的不同，分为立式、卧式和放射式三种，国内外应用最普遍的是卧式圆网印花机，圆网印花机的基本组成与布动式平网印花机比较相似，它是由进布装置、圆网印花部分，烘燥部分以及出布装置所构成，只是将间歇升降运动的平版筛网改换成连续回转的圆筒筛网，导带由间歇运行变为连续运行。

图5-23 平网印花机、圆网印花机的实物图

织物由进布装置导入，经预热板加热后被送到连续运行的无接缝的环形印花导带上，经压布辊使织物平整地粘贴在已涂黏布浆的印花导带表面，并随印花导带连续运行，当织物通过圆网时，各套色圆网内的色浆在金属刮刀的作用下，透过筛网孔眼印制到织物上，最后织物被送进具有输送网的烘燥机内进行烘燥。导带下面有整位装置，可控制导带在循环运行中不易跑偏。尾端下部有导带清洗装置，可洗净导带上残留的色浆和绒毛。

3. 热转移印花机 热转移印花即是将印有染料图案的转印纸的正面和织物的正面紧贴，在一定的温度、压力下，紧压一段时间，使转印纸上的染料图案转移到织物上的印花方法。目前使用较多的转移印花方法是利用分散染料在合成纤维织物上用干法转移。这种方法是先选择合用的分散染料与糊料、醇、苯等溶剂与树脂研磨调成油墨，印在坚韧的纸上制成转印纸。印花时，将转印纸上有花纹的一面与织物重叠，经过高温热压约1min，则分散染料升华变成气态，由纸上转移到织物上。印花后不需要水洗处理，因而不产生污水，可获得色彩鲜艳、层次分明、花型精致的效果。但是存在的生态问题除了色浆中的染料和助剂外还需大量的转移纸，这些转移纸印后很难再回收利用。

4. 数码印花机 数码印花机是一种新型印花机，特别适合小批量、个性化、及时性印花，但印花速度较慢，印花墨水较贵，成本较高。工作时将所需花型输入电脑，由电脑控制喷淋头的喷淋量，在织物上获得所需花纹图案。进入21世纪之后，数码印花开始真正地进入高速发展的阶段。在机器设备的开发上，出现了包括像Mimaki、Stork、Dupont等专业研发和生产数码印花机的企业，随着种类不断细分，出现了成衣数码印花机、滚筒式数码印花机以及裁片数码印花机等。

数码印花机的工作原理为利用压缩空气（压力在300kPa左右）推进油墨进入自直径$10\sim100\mu m$的喷嘴，通过压电晶体形成高频振荡，进而产生每秒62500滴、速度达$18\sim20m/s$的油墨液滴流，并断成规则控制的微滴。为了能形成所设计的花纹，充电电极根据花纹的位置和色泽的浓淡，由计算机控制对微滴施加电荷或不施加电荷，其带电量受检测电极测定，带电量不足可反馈给电荷施加系统。带电或不带电的微滴射流通过偏转电极时，带电的微滴依带电量多少产生不同距离的偏转，喷落到织物上形成花纹，未带电的微滴则仍然直线运行，落入保持负压的回收槽中。图5-24是数码印花机的实物图。

图5-24 数码印花机的实物图

印花后的织物，除了不溶性偶氮染料和暂溶性还原染料，目前，数码印花方面是没有使用的，不溶性偶氮染料和暂溶性还原染料只使用活性、酸性、分散和涂料染料印花外，一般还要经过专门的蒸化机进行蒸化。所谓蒸化就是用蒸汽来处理印花织物的过程，进行蒸化的目的是使印花织物完成纤维和色浆的吸湿和升温，从而促使染料的还原和溶解，并向纤维中转移和固色。很多染料经过汽蒸才能显色和固色。蒸化机是对印花后的织物进行汽蒸，以使染料在织物上固色的专门设备。在蒸化机中，织物遇到饱和蒸汽后迅速升温，蒸汽就会在织物表面冷凝成水，此时凝结水能使色浆中的染料、化学试剂溶解，有的还会发生化学反应，使染料向纤维内部扩散，达到固色的同时，所以，蒸化机必须提供能完成这一过程所需的温度和湿度条件。

第四节　织物后整理

一、织物后整理的目的

织物的整理就是通过物理、化学或物理和化学的联合加工方法，改善织物的外观和内在质量，提高其服用性能或赋予其特殊功能的加工过程。广义上，织物自下织机后所经过的一切改善和提高品质的处理过程都属于整理的范畴。在实际生产中，常将织物在练漂、染色和印花以后的加工过程称为织物整理。由于织物整理多在染整加工的后期实施，故常被称为"印染后整理"。后整理方法可分为物理—机械整理和化学整理两大类，根据后整理的目的以及产生的效果的不同，又可分为基本整理、外观整理和功能整理三类。后整理的目的如下。

1. 使纺织品幅宽整齐均一，尺寸和形态稳定　属于此类型的有定（拉）幅、机械或化学防缩、防皱和热定形等。

2. 增进纺织品外观　包括提高纺织品光泽、白度，增强或减弱纺织品表面绒毛。如增白、轧光、电光、轧纹、磨毛、剪毛和缩呢等。

3. 改善纺织品手感　主要采用化学或机械方法使纺织品获得诸如柔软、滑爽、丰满、硬挺、轻薄或厚实等综合性触摸感觉。如柔软、硬挺、增重等。

4. 提高纺织品耐用性能　主要采用化学方法，防止日光、大气或微生物等对纤维的损伤或侵蚀，延长纺织品使用寿命。如防蛀、防霉整理等。

5. 赋予纺织品特殊性能　包括使纺织品具有某种防护性能或其他特种功能。如阻燃、抗菌、拒水、拒油、防紫外线和抗静电等。

后整理技术的发展朝着产品功能化、差别化、高档化，加工工艺多样化、深度化方向发展，并强调提高产品的服用性能，增加产品的附加值。近几年来，不断从其他技术领域引进借鉴各种新技术（如低温等离子体处理、生物工程、超声波技术、电子束辐射处理、喷墨印花技术、微胶囊技术、纳米技术等），以提高加工深度，获得良好的整理产品。随着人类对环境污染和破坏的关注，对健康越来越重视，提倡"低碳"经济，后整理技术要求进行环保"绿色"加工，生产"清洁""低碳"的纺织产品。

二、织物一般整理

（一）手感整理

织物的手感是由织物的某种力学性能通过人手和肌肤的触感所引起的一种综合反应，人们对织物手感的要求随着织物用途的不同而异，如对于接触皮肤的内衣和被套等要柔软，而对领衬等服装敷料要硬挺，故手感整理按需求分为柔软整理和硬挺整理两大类。

1. 硬挺整理　硬挺整理也称为上浆整理，利用能成膜的高分子物质制成浆液浸轧在织物上，使之附着于织物表面，干燥后形成皮膜将织物表面包覆，从而赋予织物平滑、厚实、丰满、硬挺的手感。浆料有淀粉及淀粉转化制品的糊精、可溶性淀粉，以及海藻酸钠、牛胶、羧甲基纤维素（CMC）、纤维素锌酸钠、聚乙烯醇（PVA）、聚丙烯酸等。上述浆料也可以根据要求混合使用。配制浆液时，同时加入填充剂，用以增加织物重量，填塞布孔，使织物具滑爽、厚实感。常用滑石粉、高岭土和膨润土等为填充剂。为防止浆料腐败，还加入苯酚、乙萘酚之类的防腐剂。色布上浆时应加入颜色相类似的染料或涂料。用淀粉整理剂上浆后不耐洗涤，只能获得暂时性效果。

采用合成浆料上浆，可以获得较耐洗的硬挺效果。例如，用醇解度较高、聚合度为1700左右的聚乙烯醇作为棉织物上浆剂，整理后在80℃以下水温洗涤时，有较好的耐洗性，手感也较滑爽、硬挺。疏水性合成纤维，则以选用醇解度和聚合度较低的聚乙烯醇为宜。涤棉混纺织物，可采用这两类聚乙烯醇按一定比例混合使用。此外，一些热塑性树脂乳液，如聚乙烯、聚丙烯酸的乳液，织物浸乳这类乳液，烘干后在织物表面形成不溶于水的连续性薄膜而牢固附着，随树脂品种不同可赋予织物以硬挺或柔软的手感，合成浆料也可与天然浆料混合应用。

织物上浆整理视上浆料多少及要求采用浸轧式上浆、摩擦面轧式上浆及单面上浆等方法。织物上浆后一般多用烘筒烘燥机烘干，但应防止产生浆斑或浆膜脱离现象。单面上浆时织物上的浆料量高，更应考虑防止上述现象产生。

2. 柔软整理　柔软整理方法中的一种是借机械作用使织物手感变得较柔软，通常使用三辊橡胶毯预缩机，适当降低操作温度、压力，加快车速，可获得较柔软的手感，若使织物通过多根被动的方形导布杆，再进入轧光机上的软轧点进行轧光，也可得到平滑柔软的手感，但这种柔软整理方法不耐水洗，目前多数采用柔软剂进行柔软整理。

柔软剂中以油脂使用最早，织物均匀地吸收少量油脂后，可以减少织物内纱线之间、纤维之间的摩擦阻力和织物与人手之间的摩擦阻力，而赋予织物以柔软感，同时给予丰满感及悬垂性，对剪裁与缝纫性也有改善。目前能与纤维起化学反应牢固结合的耐洗性柔软剂已广泛使用。油脂及石蜡等制成乳液或皂化后使用，这类柔软剂来源广，成本低，使用方便，但不耐洗涤，而且容易产生油腻感及吸附油污，现在仍在使用的品种有乳化液蜡（液蜡10%，硬脂酸、硬脂酸甘油酯、平平加O、三乙醇胺各1%，加水组成）、丝光膏（硬脂酸10%，用硼砂、氨水、纯碱等皂化而成）。表面活性剂中许多产品也可作为柔软剂使用，如阴荷性表面活性剂中的红油、阳荷性表面活性剂中的1631表面活性剂等，都易溶于水，使用方便，但仍不耐水洗。耐洗性柔软剂有防水剂PF、有机硅类等。这类柔软剂结构的一端具有可与纤维素羟基反应的基团，反应后柔软剂分子固着在纤维表面，起着与油蜡、表面活性剂等同的柔软作用，耐洗性良好。

作为柔软剂的材料必须没有不良气味，而且对织物的白度、色光及染色坚牢度等没有不良影响。使用阳荷性柔软剂时，织物必须充分洗净，使其不含有阴荷性表面活性剂，以免互相反应而失效。无论哪一类的柔软剂，用量都应适度，用量过多将产生拒水性及油腻发黏的手感。

（二）定形整理

定形整理包括定幅（拉幅）及机械预缩两种整理，用以消除织物在前各道工序中积存的应力和应变，使织物内纤维能处于较适当的自然排列状态，从而减少织物的变形因素。织物中积存的应变就是造成织物缩水、折皱和手感粗糙的主要原因。

1. 定幅（拉幅） 织物在染整加工中持续地受到径向张力，迫使织物经向伸长，纬向收缩，导致形态尺寸不稳定，且呈现出幅宽不匀，布边不齐，纬斜以及手感粗糙等缺点，为了纠正上述缺点，织物在出厂前都必须进行定幅（拉幅）整理。

定幅整理是利用纤维在潮湿状态下具一定的可塑性能，在加热的同时，将织物的门幅缓缓拉宽至规定尺寸。拉幅只能在一定尺寸范围内进行，过分拉幅将导致织物破损，而且勉强过分拉幅后缩水率也不能达到标准。印染成品幅宽为坯布幅宽乘以幅宽加工系数，通常在丝光落布时幅宽应与成品幅宽一致。因此，若坯布幅宽不够标准或丝光落布幅宽稍窄，在定幅时即使拉宽至标准幅宽也不能保持稳定。通过拉幅可以消除织物部分内应力，调整经纬纱在织物中状态，使织物幅宽整齐划一，纬向获得较为稳定的尺寸。配备有正纬器的拉幅机还可以纠正前工序造成的纬斜。含合成纤维的织物需在高温时定幅。

用于织物定幅整理的各式拉幅机有：棉织物常用布铗拉幅机，合纤及其混纺织物用高温针板式拉幅机。布铗拉幅机因加热方式不同分为热风拉幅机（热拉机）与平台拉幅机（平拉机）。热风拉幅机的拉幅效果较好，而且可以同时进行上浆整理、增白整理。全机由浸轧槽、单柱烘筒与热风拉幅烘房、落布部分组成，如图5-25所示。

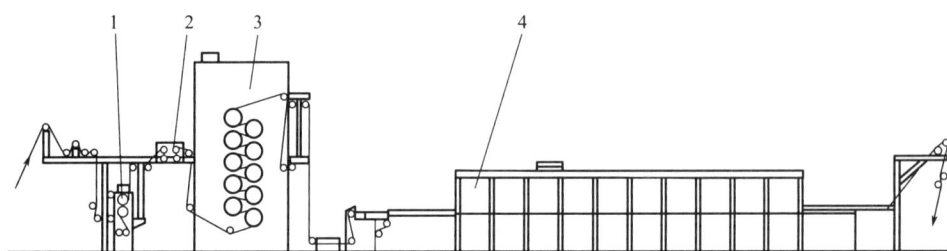

图5-25 热风定（拉）幅机示意图
1—两辊浸轧机 2—四辊整纬装置 3—单柱烘燥机 4—热风拉幅烘燥机

操作时，织物先浸轧水或浆液或其他整理剂，经单柱烘筒烘至半干使含湿均匀，再喂入布铗进入热风房，经强迫对流的热空气加热织物，使织物在行进中逐渐伸幅烘干，固定织物幅宽。需要纠正织物纬斜时，可操作单柱烘筒后的正纬器进行正纬。平台拉幅机结构较简单，织物由给湿器给湿后，喂入布铗，由排列在布铗两边下部的蒸汽散热器供热，在运行中将织物烘干并固定织物幅宽，但平台机拉幅效果较差。用于合纤及其混纺织物的高温热风拉幅机结构基本与布铗热风拉幅机相同，是用针铗链代替布铗链。该机除了热风温度较高外，由于使用针铗链超喂进布，有利于织物经向收缩，适合合纤类织物要求，操作方法与热定形机相同。使用高温热风拉幅机应注意针孔与布边距离，并应防止断针随织物带入轧光工序造成设备损伤。落布时有冷却装置，使落布温度低于50℃。针铗式高温热风拉幅机与热定形机的差异在于布速较高（高温热风拉幅机为35～70m/min，热定形机为15～40m/min），烘房温度稍低（高温热风拉幅机为150～210℃，热定形机为180～230℃），但高温热风拉幅机经适当调整后也可用于热定形和涤纶增白的烘焙固色。

2. 机械预缩整理　经染整加工后的干燥织物，如果在松弛状态下被水润湿，则织物的经纬向均将发生明显的收缩，这种现象称为缩水。通常以织物按试验标准洗涤前后的经向或纬向的长度差，占洗涤前长度的百分率来表示该织物经向或纬向的缩水率。纯棉织物的标准缩率均大于涤棉混纺织物的缩水率。用具有潜在缩水的织物制成服装，因其尺寸尚不稳定，一经下水洗涤，将会产生一定程度收缩，使服装不合身，给消费者带来损失。因此，国家制定有各类织物标准缩水率。虽然经过预缩、防缩整理可将缩水率降至1%～2%，但成本增高，目前印染厂对于一般织物仍按国家标准控制其缩水率，在裁算衣料时，可按标准适当加放尺寸。印染厂为了保持织物缩水率不超过国家标准，除了在前工序中尽量降低织物所受张力外，在整理车间常采用机械预缩法或化学防缩法，使织物缩水率符合要求。

加工过程中经纬纱线所受张力不同，因而造成经纬纱弯曲程度差异，织物润湿后如在无张力作用条件下，纤维产生膨润作用，天然纤维膨润后直径增加程度远大于纤维长度的增加，如棉纤维充分吸湿后，当纤维中无内应力时，其长度增加1%～2%，直径则增加20%～23%。棉纤维直径增大，必然导致棉纱的直径大为增加，为了保持织物内经纱包绕纬纱所经过的路程基本不变，而经纱此时长度不能自行增加，于是只有纬纱的密度改变以适应变化，结果经纱的织缩增加，从而织物的径向长度缩短，纬纱也有同样变化，如图5-26所示。

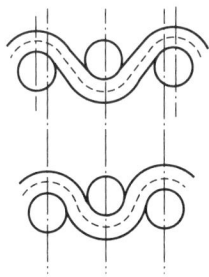

图5-26　织物润湿时织缩变化示意

织物经润湿再干燥后，曾经因吸湿膨胀的纤维与纱线恢复到原来粗细，但由于纤维间、纱线间摩擦阻力关系，织物仍将保持收缩时的状态，所以经过浸湿后自然干燥的织物，其面积往往缩小，厚度增加，表面不平。纱与织物的结构也对织物缩水率产生影响。纱线缩短程度与纱的捻度有关，捻度越高，纱收缩也越多，纱的捻度高，其紧密程度也随之增高，充分润湿后，纱的直径增大也显著。捻系数为3.7的棉纱溶胀后直径增大14%，中等捻系数的棉纱在水中的收缩多不大。此外，对于一般织物来说，由于染整加工中的经向常受张力而伸长，织缩减小，因此，印染成品的经向缩水率常较大。当经纱由于拉伸处于较挺直状态时，将迫使纬纱增加弯曲程度来围绕经纱，造成纬向织缩增大。织物中纬纱长度是一定的，因此，只有幅宽变窄以适应此变化，若织缩过大，以后且经定幅拉至成品幅宽也不能保持稳定，将会造成纬向缩水率增大。其他纤维如羊毛、蚕丝与棉织物有类似的缩水现象，而黏胶纤维由于纤维素分子链较短，无定形部分含量较高，因此湿模量较小，润湿时易被拉长，如保持伸长状态干燥，纤维中便存在较高的"干燥定形"形变。当重新调湿时，由于内应力松弛便会发生较大的收缩，有时可产生高达9%～10%的收缩，因此，加工含黏胶纤维的织物应注意减少张力变化。防缩整理方法有下列两类。

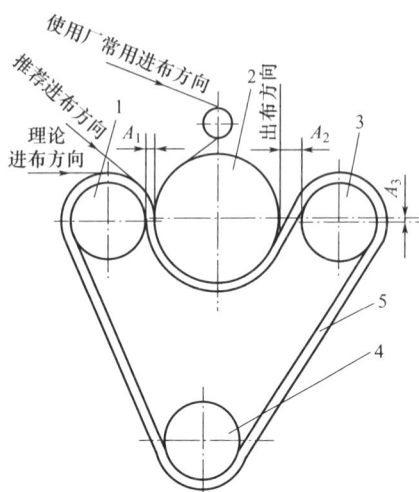

图5-27　预缩部分示意图
1—进布加压辊　2—加热承压滚筒　3—出布辊
4—橡胶毯调节辊　5—橡胶毯

（1）机械预缩整理。主要是解决经向缩水问题，使织物纬密和经向织缩调整到一定程度而使织物具松弛结构。经过机械预缩的织物，不但"干燥定形"形变很小，而且在润湿后，由于经纬间还留有足够余地，这样便不会因纤维溶胀而引起织物的经向长度缩短，也就是消除织物内存在着的潜在收缩，使它预先缩回，这样便能降低成品的缩水率。

我国目前都采用三辊橡胶毯预缩机作为机械预缩整理设备，此机有筒式预缩机、普通三辊预缩机及预缩整理联合机等机型，其心脏部分为三辊橡胶毯压缩装置，如图5-27所示。

预结整理联合机由进布装置、喷雾给湿、伞柄堆布箱、三辊橡胶毯压缩装置、毛毯烘干机等组成，分叙如下。

①进布装置。进布装置是由张力器、吸边器、喂入辊及布速测定仪等组成，要求织物进入预缩机时保持平直，以免产生皱纹或轧皱等疵病。

②给湿装置。给湿装置包括喷雾器、汽蒸箱等，使一定量水分均匀透入纤维内部，赋予织物可塑性，以利预缩进行。给湿率根据工艺而定，一般为10%～20%，给湿率过大或过小都不利于预缩。给湿后在伞柄箱内堆置一定时间，可使织物含湿均匀，普通预缩整理机则在织物给湿后使用前后链盘距离为3m的小布铗拉幅机拉幅，使织物具有固定幅宽及保证织物平稳地导入压缩装置。

③压缩装置。压缩装置是各类型三辊橡胶毯预缩机的心脏部分，承压滚筒直径为300～600mm，内通蒸汽加热，无缝环状橡胶毯紧贴在承压滚筒下半部，织物收缩率受橡胶毯弹性收缩值影响，因此，厚度大的橡胶毯比厚度小的预缩效果好。橡胶毯耐热性不高，使用时宜在80℃以下温度为宜，并必须考虑采取冷却措施。加大进布导辊对承压滚筒的压力，也可提高织物预缩率。

④毛毯烘干机。毛毯烘干机是机械预缩机的补充烘干装置，不起织物收缩作用，除了干燥作用外，还能将织物在压缩装置内产生的皱纹烫平，使织物表面平整，手感丰满，光泽柔和。

（2）化学防缩整理。采用化学方法降低纤维亲水性，使纤维在湿润时不能产生较大的溶胀，从而使织物不会产生严重的缩水现象。常使用树脂整理剂或交联剂处理织物以降低纤维亲水性。但棉织物经过机械预缩后，基本可以满足使用要求，因此很少专门采用化学防缩整理，而是经过树脂防皱整理的同时获得防缩效果。

（三）外观整理

织物外观整理主要内容有轧光整理、电光整理、轧纹整理和漂白织物的增白整理等。

整理后可使织物外观改善美化，如光泽增加，平整度提高，表面轧成凹凸花纹等。

1. 轧光整理　轧光整理一般可分为普通轧光、摩擦轧光及电光等，都是通过机械压力、温度、湿度的作用，借助于纤维的可塑性，使织物表面压平，纱线压扁，以提高织物表面光泽及光滑平整度。

（1）普通轧光整理。普通轧光整理主要在轧光机上进行。轧光机主要由重叠的软硬辊筒组成，辊筒数目分2～10根不等，可根据不同整理要求，确定软硬辊筒数量与排列方式。硬辊筒为铸铁或钢制，表面光滑，中空可通入蒸汽等加热，软辊筒用棉花或纸粕经高压压紧后车平磨光制成。织物穿绕经过各辊筒间轧点，即可烫压平整而获得光泽。轧光时硬辊筒加热温度为80～110℃，温度越高，光泽越强。冷轧时织物仅表面平滑，不产生光泽。五辊以上轧光机，如配备一组6～10套导辊的导布架，即可进行叠层轧光，利用织物多层通过同一轧点相互压轧，使纱线圆匀，纹路清晰，有似麻布光泽，并随穿绕布层增多而手感变得更加柔软，故叠层轧光也可用于织物机械柔软整理。

摩擦轧光是利用轧光机上摩擦辊筒的表面速度与织物在机上运转时线速度的差速作用。在三辊摩擦轧光机上，上面的摩擦辊一般比下面的两根辊筒超速30%～300%，利用摩擦作用使织物表面磨光，同时将织物上交织孔压没并成一片（如纸状），可以给予织物很强的极光，布面极光滑，手感硬挺，类似蜡光纸，也常称作油光整理。织物轧光时应控制织物含水率为10%～15%。

（2）电光整理。电光机是用表面刻有一定角度和密度斜纹线的硬质钢辊和另一根有弹性的软辊组成。硬辊内部可以加热，在加热及一定含湿条件下轧压织物，在织物表面压出平行而整齐的斜纹线，从而对入射光产生规则的反射，获得如丝绸般的高光泽表面。横贡缎织物后整理多经过电光整理。电光硬辊筒表面斜线密度因纱的粗细而异，纱支细的织物宜用较大密度，以8～10根/mm斜线为最普遍。刻纹线的斜向应与织物表面上主要纱线的捻向一致，并视加工织物的品种、要求而异，否则将会影响织物的光泽和强力。

2. 轧纹整理　轧纹整理与电光整理相似，轧纹硬辊表面刻有阳纹花纹，软辊则刻有与硬辊相对应的阴纹花纹，两者互相吻合。织物通过刻有对应花纹的软硬辊，在湿、热、压力作用下，产生凹凸花纹。轻式轧纹机亦称为拷花机，硬辊为印花用的紫铜辊，软辊为丁腈橡胶辊筒（主动辊筒），拷花时硬辊刻纹较浅，软辊没有明显对应的阴纹，拷花时压力也较小，织物上产生的花纹凹凸程度也较浅，有"隐花"之感。

无论轧光、电光或轧纹整理，如果只是利用机械加工，效果均不能持久，一经下水洗涤，光泽花纹等都将消失。如与树脂整理联合加工，即可获得耐久性轧光、电光、轧纹整理。

目前，国外有一种多功能轧光机，使用时根据整理要求，只要调换主要硬辊，就可一机多用，具有轧光、摩擦轧光、电光、轧纹等功能，机台相应占地面积较小，使用方便。

3. 增白整理　织物经过漂白后，往往还带有微量黄褐色色光，不易做到纯白程度，常使用织物增白的方法以增加白色感觉。增白的方法有两种：一种是上蓝增白法，即将少量蓝色、紫色染料或涂料使织物着色，利用颜料色的互补作用，使织物的反射光中蓝紫色光稍偏重，织物的白度有所提高，但亮度降低，略有灰暗感；另一种是荧光增白法，荧光增白剂溶于水呈无色，其化学结构与染料相似，能上染纤维，荧光增白剂本身属无色，但上染纤维后能在紫外光的激发下，发出肉眼看得见的蓝紫色荧光，与织物本身反射出来的微量黄褐色光混合互补合成白光，织物便显得更加洁白，因反射的总强度提高，亮度有所增加，但在缺少紫外光的光源条件下增白效果略差。印染厂常用荧光增白剂品种有三类：荧光增白剂VBL，化学结构类似直接染料，外形为淡黄色粉末，可用于纤维素纤维、蚕丝纤维及维纶织物的增白；荧光增白剂VBU，耐酸，在pH2~3时仍可使用，常加入树脂整理浴中；荧光增白剂DT，化学结构类似分散染料，用于涤纶、锦纶、氯纶、三醋酯等纤维制品的增白，应用与分散染料染色类似，可在120~140℃时焙烘发色。棉织物增白常与双氧水复漂同时进行，涤纶增白也可在高温热拉机上烘干发色，涤棉混纺织物则采用棉、涤分别增白。

荧光增白剂使用量有一定限量，例如，VBL最高白度用量为0.6%（对织物重量计），荧光增白剂DT浸渍法的用量为0.6%~1%。在限定用量以内，白度随用量增加而提高，但超过限定用量时，不但增白效果不增加，甚至会使织物变成浅黄色。增白前要求织物前处理合乎工艺要求，因为经荧光增白后，缺陷处愈加分明，如斑迹、漂白不匀、擦伤等更加暴露。荧光增白是物理效应，不能代替化学漂白，而是在织物漂白基础上再增白，基础白度有差异时，荧光增白后差异就更加明显。

三、树脂整理

织物树脂整理是随着高分子化学的发展而发展起来的，最早以甲醛为整理剂，其后用尿素—甲醛的加成产物处理黏胶纤维织物，得到良好的防皱防缩效果，为树脂整理奠定基础。随着科学技术的发展，棉织物树脂整理技术也有很大的进步，其大致经历了防皱防缩、"洗可穿"及耐久压烫（简称PP或DP整理）等几个发展阶段，尤其是近年推出的形态记忆整理，就是纯棉织物树脂整理发展的典型代表。这种产品首先需要采用液态氨对棉织物进行前处理，使其将纤维充分膨化，然后再选用具有高弹恢复功能的树脂单体通过浸轧均匀渗透到纤维内部，经高温焙烘后在纤维内部形成耐久性的网状交联，从而获得具有耐久性效果的免烫整理产品。树脂整理除了用于棉织物、黏胶纤维织物外，还用于涤棉、涤黏等混纺织物的整理，以提高织物防皱防缩性能。目前，树脂整理产品可用于制作衬衫、裤料、运动衫、工作服、床单、窗帘和台布等方面。

（一）织物整理常用树脂

织物树脂整理所应用的树脂都是先制成树脂初缩体，也就是树脂用单体经过初步缩聚而成的低分子化合物。由于常用树脂整理属于内施型整理，即树脂初缩体渗入纤维内部与纤维素大分子发生化学结合，因此，初缩体分子量不能太大，否则不易渗入纤维内部而形成表面树脂，达不到整理要求。初缩体分子应具有两个或两个以上能与纤维素羟基作用的官能团，并具有水溶性，此外本身还应具有一定稳定性，且无毒、无臭，对人体皮肤无刺激作用等性能。

用于织物整理的树脂有几大类，但仍以 N-羟甲基酰胺类化合物使用最多。现将常用树脂初缩体简述如下。

1. 尿醛树脂（UF树脂） UF树脂是应用较早的树脂之一。黏胶纤维织物用尿醛树脂整理后，织物手感丰满，缩水率降低，干湿强力显著增加，抗皱性提高。尿醛树脂是用尿素与甲醛制备而成的，原料来源广，配制方便，成本低，但不能用于棉织物整理。因为棉织物用尿醛树脂整理后，强力下降太多，而且耐洗性差，易泛黄，游离甲醛量高等，故而不适用。尿醛树脂稳定性差，放置后能逐渐自身聚合，最后成为难溶或不溶性物质而失去应用性能。但若将尿醛树脂初缩体在酸性介质中与甲醇作用，即成为醚化尿醛树脂初缩体，稳定性大增，能较长时间放置而不变质。

2. 三聚氰胺甲醛树脂（MF树脂） MF树脂初缩体性质接近UF树脂。由于MF树脂分子量较大，耐洗性比UF树脂好，可用于棉织物整理，不但能获得较好的防缩防皱性能，强力损失也比UF树脂小。但经MF树脂整理后织物有泛黄现象，故不能用于漂白织物的树脂整理。将MF树脂初缩体用甲醇醚化后，也可提高其稳定性。

3. 二羟甲基二羟基乙烯脲树脂（DMDHEU或2D树脂） 2D树脂是我国目前使用较多的一类树脂，性能比UF树脂及MF树脂优良，整理后织物耐洗性好，不易水解，树脂初缩体本身反应性较低，放置时不易生成高分子缩合物，可较长时间储存，并且只在使用条件下才与纤维化合，气味小，对直接染料和活性染料的日晒牢度影响较小，应用于耐久压烫（DP整理）甚为合适，但耐氯性能较差。

以上三种树脂为国内常用树脂整理剂，其中UF树脂只适用黏胶纤维及其混纺织物，而且游离甲醛含量高，操作时环境污染大，MF树脂能用于棉织物整理，使整理后的织物具有丰满的手感和硬挺风格。它也有类似UF树脂的缺点，2D树脂虽然性能好，适用性广，但价格高，而且属于交联型树脂，对改善涤黏中长织物仿毛风格的效果不理想。近年来，我国自行研制的KB树脂（用乙醇为醚化剂的醚化脲醛、醚化氰醛、醚化乌龙），可用国产原料合成，成本较低，已用于涤/黏纤维织物的树脂整理，效果较好。其他含N-羟甲基酰胺类树脂品种尚多，但在我国使用较少。

目前，随着对环境保护的要求越来越高，对上述含醛树脂的应用也更为谨慎，尤其是对经这些树脂整理后的织物中游离甲醛含量的限制，更是非常严格，为此，开发和应用非甲醛树脂整理剂，已成为印染产品后整理加工的重要内容之一。

（二）树脂整理工艺

1. 一般树脂整理工作液组成

（1）树脂初缩体。一般为二羟甲基三聚氰胺（MF）40~80g/L或2D树脂35~45g/L。

（2）催化剂。一般为氯化镁（对初缩体固体物质%）10~12g/L。

（3）柔软剂。

（4）润湿剂。

工作液中树脂初缩体用量应根据纤维类别、织物结构、初缩体品种、整理要求、加工方法以及织物的吸液率等而定，要求能使整理品的防皱性和其他机械性能之间取得某种平衡，如防皱性最佳而强力下降最少。一般黏胶纤维织物上，树脂含量大约是棉织物的两倍。

催化剂可使树脂初缩体与纤维素起反应的时间缩短，可减少高温处理时纤维素纤维所受的损伤。一般采用金属盐类为催化剂。金属盐类催化剂在常温时不影响树脂初缩体的稳定性，只在焙烘时才发挥催化作用。常用金属盐类催化剂为镁盐（如氯化镁），铝盐（如氯化铝），铵盐（如硫酸铵），有机酸（如柠檬酸、草酸）等。氯化镁催化作用较温和，多用于棉织物，铝盐、铵盐、有机酸等催化作用强，宜用于涤棉混纺织物。有时将几种催化剂混合应用，以增强催化效果。这类混合催化剂称为协同催化剂，可以加速缩短焙烘时间。选择催化剂时应考虑到织物是否易受损伤，染料是否易色变，或是否影响色光以及色牢度等。

柔软剂除了可以改善整理后织物的手感，还能提高树脂整理织物的撕破强力和耐磨性。常用的柔软剂有脂肪酸长链化合物（防水剂PF）、有机硅类柔软剂和热塑性树脂乳液（聚乙烯乳液，聚丙烯酸乳液）。柔软剂中热塑性树脂乳液随所用品种不同，可使织物具有不同的风格和手感，这一类用剂也称为添加剂，有时也可单独应用于织物，如聚氨酯类化合物应用于涤黏中长织物，对弹性、手感等都有良好的效果。

润湿剂除了应具有优良的润湿性能外，还应与工作液内其他组分有相容性。润湿剂中以非离子表面活性剂为宜，如渗透剂JFC等。

与树脂工作液同浴的增白剂仅在花布生产中应用，漂白织物常在树脂整理前增白，如果白度要求不高，也可用树脂、增白剂一浴法对织物进行后整理。

2. 树脂整理工艺　根据纤维素纤维含湿程度不同，即在干态（不膨化状态）、含潮（部分膨化状态）、湿态（全膨化状态）时与树脂初缩体的反应，有下列几种树脂整理工艺。

（1）干态交联工艺。此工艺是织物浸轧树脂工作液，烘干后在纤维不膨化状态下焙烘交联。其主要工艺条件为：pH为4.5～8，140～160℃，焙烘2～5min。整理后的织物干湿抗皱性均很高，也很接近，断裂强力及耐磨度损失均较大，形态稳定性及免烫性均很好。我国现在采用的普通树脂整理、耐久性电光、轧纹整理等多采用干态交联法。其工艺流程如下。

浸轧树脂液→预烘→热风拉幅烘干→焙烘→皂洗→后处理（如柔软、轧光或拉幅烘干）

（2）含潮交联工艺。交联反应时，要求控制织物含湿量（轧工作液后，烘至半干：棉织物6%～8%，黏胶纤维织物9%～15%），pH为1～2，放冷后打卷堆放6～18h，然后水洗、中和、洗净。此工艺制成品强力降低较小，但能保持优良的"洗可穿"性能。由于使用了强酸性催化剂，所以对于不耐酸的染料有影响。并且要有控制含潮率设备，否则重现性差。温度较高时，纤维素纤维有可能易受损伤，此工艺较少使用。

（3）湿态交联工艺。织物浸轧以强酸为催化剂的树脂工作液后，在往复转动的情况下反应1~2h，然后打卷，包上塑料薄膜以防干燥，再缓缓转动16~24h，最后水洗、中和、洗净、烘干。由于织物在充分润湿状态时进行交联反应，织物有很高的湿抗皱性，但干抗皱性能提高不多，而耐磨性、断裂强度的下降率低于含潮交联工艺。

目前，树脂整理工艺多采用干态交联工艺，此工艺虽然断裂强力、撕破强力、耐磨度下降较多，但工艺连续、快速，工艺易控制，重现性好，是前两种工艺达不到的。

3. 快速树脂整理工艺 快速树脂整理工艺是现在一种通用的树脂整理工艺，其特点是工作液中加入强催化剂，如由氯化镁、氟硼酸钠、柠檬酸三铵混同组成的协同催化剂（或其他强力混合催化剂），在高温拉幅时一次完成烘干与焙烘，从而缩短了高温焙烘时间，还免去了平洗后处理，缩短了工艺流程。快速树脂整理适用于轻薄织物、涤棉混纺织物等。工艺流程简单，不使用专门焙烘设备，不需水洗，快速，节约能源，可大大降低成本。但应考虑由于焙烘时间的缩短，树脂初缩体与纤维的交联是否达到要求，又由于省去焙烘后的水洗工序，产品上留有催化剂、游离甲醛及其他残留组分，在储存过程中是否会引起交联部分水解，从而影响树脂的抗皱性，增加氯损强力，并继续释放出甲醛；织物在焙烘时可能会产生鱼腥气味物质，不经水洗，则仍将保留在织物内。因此，快速树脂工艺只适用于要求不高的品种。

树脂整理后织物抗皱性能随固着树脂量的增加而上升，织物强力、耐磨性则随之下降，因此耐久压烫（D.P整理）目前只用于涤棉混纺织物（棉布DP整理后强力几乎损失50%），但抗皱性高，穿着舒适性也较差；故DP整理都用于低比例的涤棉混纺织物。表5-3为几种树脂整理后织物性能。

表5-3 常用树脂整理织物性能

整理方法性能	一般整理	防皱整理	洗可穿整理	耐久压烫整理
干弹性角（经+纬）	1600	2300	2600	3000
洗可穿评级（孟山都法）	1	2~3	3~4	5
耐磨性能	下降	下降	下降	严重下降

注 由于要求降低织物上游离甲醛含量，耐久压烫整理评级时，干弹性角及洗可穿评级标准都有降低。

四、特种整理

纺织品除用于一般日常生活外，经过一些特殊的整理加工后，还可以扩大其应用范围，如拒水、阻燃、防静电、防污等应用领域。这些性能是一般纺织品并不具备，而是经过特殊整理方法获得的，这类整理方法称为特种整理。

（一）防水整理

按加工方法不同可分为两类：一类是用涂层方法在织物表面施加一层不溶于水的连续性薄膜，这种产品不透水，也不透气，不宜用作一般衣着用品，而适用于制作防雨篷布、雨伞等。如我国最早使用桐油涂敷的油布，近年多采用橡胶和聚氨酯类作为涂层剂，以改善织物的手感、弹性和耐久性；另一类整理方法在于改变纤维表面性能，使纤维表面的亲水性转变为疏水性，而织物中纤维间和纱线间仍保留着大量孔隙，这样的织物既能保持透气性，又不易被水润湿，只有在水压相当大的情况下才会发生透水现象，适宜制作风雨衣类织物。这种透气、防水整理也称为拒水整理。拒水整理主要有下列几种方法。

1. 铝皂法 将醋酸铝、石蜡、肥皂、明胶等制成工作液，在常温或55～70℃下浸轧织物，再经烘干即可。也可以先浸轧石蜡、肥皂混合液，烘干后再浸轧醋酸铝溶液，并烘干。铝皂法简便易行，成本低，不耐水洗与干洗，但防雨篷布使用失效后可再次用上述整理方法，恢复拒水性能。

2. 耐洗性拒水整理 用含脂肪酸长链的化合物，如防水剂PF（是用脂肪酸酰胺与甲醛、盐酸、吡啶等制成）浸轧织物后，焙烘时能与纤维素纤维反应而固着在织物上，具有耐久拒水性能。

有机硅又称为聚硅酮，织物整理用的有机硅常制成油溶性液体或30%乳液，乳液使用较方便，其主要成分为甲基氢聚氧硅烷（MHPS）、二甲基聚硅氧烷（DMPS），两者混合使用以使织物获得拒水性及柔软手感。应用时需加入锌、锡等脂肪酸盐，作为催化剂使用，以降低焙烘温度并缩短反应时间。用分子两端有羟基的二甲基羟基硅氧烷与甲基氢聚硅氧烷制成硅酮弹性体（或称硅酮胶）处理织物后，除了获得耐久拒水性外，还使织物丰满，具有弹性的风格。

3. 透气性防水涂层整理 将聚氨酯溶于二甲基甲酰胺（DMF）中，涂在织物上，然后浸在水中，此时聚氨酯凝聚成膜，而N,N-二甲基甲酰胺（DMF）溶于水中，在聚氨酯膜上形成许多微孔，成为多微孔膜，既可以透湿透气，又有拒水性能，是风雨衣类理想的织物。

（二）阻燃整理

织物经阻燃整理后，并不能达到如石棉的不可燃程度，但能够阻遏火焰蔓延，当火源移去后不再燃烧，并且不发生残焰阴燃等现象。阻燃整理织物可用于军事用产品、工业交通用产品、民用产品，如地毯、窗帘、幕布、工作服、床上用品及儿童服装等。

选用阻燃剂时，除了必须考虑阻燃效果和耐久程度外，还必须注意对织物的强度、手感、外观、织物染料色泽及色牢度有无不良的影响；对人体皮肤有无刺激，阻燃剂在织物受热燃烧时有无毒气产生，与其他整理剂的共容性等。

1. 无机阻燃剂

（1）将硼砂与硼酸按照7∶3的比例混合溶解于水，织物浸渍干燥后，增重6%～10%就可获得阻燃效果。磷酸氢二铵、硼砂、硼酸按照5∶3∶7的比例混合应用也有同样的效果。

织物在这两类阻燃剂溶液中浸渍烘干后，在织物受热燃烧时，会熔融形成薄膜包覆在纤维表面，将纤维与火源、空气隔离，阻止燃烧进行，达到阻燃目的。铵盐受强热分解出难燃的氨气，起冲淡织物受热分解出的可燃气作用。但此类阻燃剂不耐水洗，不宜用于露天应用的织物，如帐篷及必须经常洗涤的织物。

（2）锑钛络合物。将氯化钛与氧化锑的混合液浸轧织物，烘至半干，用氨气处理后可与纤维素反应，生成纤维素锑钛络合物，同时水解生成的氢氧化钛与氢氧化锑沉积在纤维上。纤维受强热燃烧时，有脱水作用，降低了纤维热分解时产生的可燃性气体及焦油物质，因而具有优良及较耐久的阻燃效果，同时还有防霉功能，但整理后织物的手感较差，强力下降较多。

2. 有机阻燃剂

（1）普鲁本阻燃剂。普鲁本阻燃剂是一种稳定的四羟甲基氯化膦—尿素化合物，即THPC—尿素初缩体。阻燃性能良好，耐洗性好，并能较好地保持织物原有特性，强力降低少。在国外应用广泛，我国于20世纪80年代引进了这种阻燃剂及整理技术。其主要工艺流程如下。

织物浸轧工作液→烘干→氨熏→氧化→碱洗→皂洗→水洗→烘干

（2）派罗伐特克斯CP（Pyrovatex CP）。派罗伐特克斯CP是一种含有机磷与氮化合物的阻燃剂，我国也生产类似产品。此法工艺较简单，可用通常的轧→烘→焙法，在一般设备上即可生产。此类产品耐洗，手感好，阻燃性能也好，但织物强力降低较多。

（3）十溴联苯醚和三氧化二锑协和阻燃剂。十溴联苯醚和三氧化二锑协和阻燃剂主要用于涤纶或涤棉混纺织物，用黏合剂将其固着在织物上，这种阻燃剂无毒无污染，阻燃效果好，也较耐洗。涤棉混纺织物由于棉纤维的支架作用，协合阻燃剂用量必须在30%以上时才有阻燃效果。

目前，国内外阻燃品种较多，大都是卤素、磷、氮的化合物。阻燃剂所起作用因品种不同而异，或起到隔离织物与空气接触的作用，如硼砂、硼酸混合物；或阻燃剂本身受热分解放出难燃或不燃气体，起到冲淡可燃气的作用；或起到改变纤维热分解物的成分的作用；或生成高熔点灰烬，起到阻止燃烧蔓延的作用。

纤维素纤维属于易燃纤维，受强热时分解出可燃性气体CO、CH_4、C_2H_6及焦油与固体炭，引起有焰燃烧及阴燃，致使燃烧迅速蔓延。但纤维素纤维没有熔融性，经阻燃剂整理后阻燃效果较好。热塑性纤维如涤纶、锦纶必须达到比熔点更高的温度才会着火燃烧，离开火源后，燃烧部分因呈熔融态会自行脱落，火焰即时熄灭。在涤棉、涤黏、涤麻等混纺或交织物中，可熔融纤维被不熔融纤维所支持，离开火源后仍能继续燃烧且更猛烈，这就是"支架现象"。经阻燃整理的棉纤维支架作用更显著。因此，上述混纺织物阻燃整理效果常不理想，用十溴联苯醚及氧化锑处理的涤棉混纺织物虽有一定效果，但使用量过高，织物手感欠佳，还影响有色织物的色光。

（三）卫生整理

卫生整理又称为抗菌整理，其整理目的是抑制和消灭附着在纺织品上的微生物，使织物具有抗菌、防臭、防霉、防虫功能。卫生整理产品可用于日常生活用织物，如衣服、床上用品、医疗卫生用品、袜子、鞋垫以及军工用篷布等。

早期使用的卫生整理用药剂多含金属化合物，如铬酸铜、8-羟基喹啉铜等，使用浓度为1%～3%，由于含铜化合物都有颜色，所以只适用于要求有防腐烂作用的渔网、伪装用网、篷布等。有机汞与有机锡化合物，如苯基汞、三烃基锡等有强烈杀菌作用，浓度低至10%～100%也有灭菌与消毒作用，但毒性较强，一般只用于工业防霉处理。用于衣被等生活用织物的卫生整理剂，要求对皮肤无刺激性，如道地根226是有机胺化合物，使用时与树脂整理剂混合，可用于纯棉及涤棉混纺织物，供制衬里、褥垫、毛巾、手帕等；BCA/747由两种有机化合物组成，锦纶织物吸附上述化合物后，经十次洗涤，其残留量仍有防菌效果，对人体安全无毒，可抑制脚癣菌的繁殖，还有一定的治疗作用。所以适用于袜类、鞋垫等产品。DC-5700是以有机硅为媒介的季胺类化合物，能与纤维素纤维结合，使整理效果产生耐久性。这种整理剂不溶于水和油，穿着时不会被皮肤吸收渗入人体，可作内衣织物的卫生整理剂。由于人体分泌物在温湿度条件合适时，有利于细菌繁殖，故汗液极易被细菌分解而产生难闻的臭味，如汗臭、脚臭等，织物经过卫生整理后，附着在纤维上的整理剂抑制了菌类的繁殖，从而减少了臭味的产生。

（四）合纤及其混纺织物特种整理

合成纤维本身具有疏水性，因此，纯合纤织物及含合纤组分高的混纺织物因吸湿性差，往往容易因摩擦而产生静电、吸附尘埃、易粘污、易起毛起球等现象，将有关整理简述如下。

1. 抗静电整理　合成纤维织物由于含湿量低、结晶度高等特性容易产生和积累静电。抗静电整理是用化学药剂施于纤维表面，增加其表面亲水性，以消除或减轻纤维上的静电的工艺过程。其主要方法是在疏水性纤维表面形成导电层，使纤维表面亲水化，也可使纤维表面离子化。织物的抗静电整理的效果和持久性都不如织造时用导电纤维、纱线来混纺或交织更有效。

印染后整理加工中常使用耐久性、外施型静电防止剂，对这类静电防止剂要求具有耐久性防静电效果，不影响织物风格，不影响印染织物的色光及各项染色牢度，与其他助剂有相容性，无臭味，对人体皮肤无毒害等。常用的有高分子表面活性剂，其中阴离子型的有甲基丙烯酸（部分）聚乙二醇酯，非离子型的有聚醚脂类，能在涤纶的外层形成连续性亲水薄膜，提高织物表面吸水性能，表面电阻降低，使电荷逸散速率加快，但在65/35涤棉混纺织物上使用时，其效果明显下降。因为上述抗静电剂在棉纤维上，其亲水基向着棉纤维，疏水基反而向外，以致在织物表面难以形成连续的导电膜。壳聚糖是从节肢动物甲壳中提取制备的，属阳离子型，其分子结构与纤维素相似，织物用以浸轧烘干后，在表面形成薄膜，可赋予涤、棉、黏等混纺织物明显的抗静电性能，而且耐洗性好，兼有使织物提高防皱防缩、耐磨、耐腐等性能，织物外观光洁，手感滑爽。以上抗静电性能都是利用增加纤维表面吸湿性，以抑制电荷积累。但是在相对湿度低于40%时，这种抗静电剂的作用大为降低，甚至无效。目前对防静电要求高的织物多采取使用金属纤维与合纤混纺，如化纤地毯中混有不锈钢纤维时，可以使摩擦产生的静电接地泄放。织物中金属纤维还可将织物中静电集中，形成强度不匀的电场，使周围空气电离，与带电纤维极性相反的离子吸向纤维中和放电，从而使织物具有防静电性能，且不受空气相对湿度变化的影响。此外，用化学镀的方法在织物上镀一薄层金属，如铜层、镍层，也具有良好的抗静电效果。

2. 抗起毛起球整理　一般纱线织物都常有起毛现象，羊毛、棉、黏胶纤维等纺织品在服用中也会起毛，由于其强力较低，短纤维毛羽因摩擦而从织物脱落；即使成球，也会逐渐脱落。而合成纤维因强力高，其毛羽不易断落，毛羽滚成毛球后牢固，难以脱落。织物起毛起球现象除与纤维强力有关外，混纺织物中合纤比例高，纤维纤度小，纱线捻度小，经纬密度稀的都易起毛起球。从染整角度看，除了改变纱线与织物结构外，染整工艺中的烧毛、剪毛、热定形均可改善起球现象，混纺织物经过外施型树脂整理，如用醚化三聚氰胺甲醛树脂，也有一定改善。

（五）防紫外线整理

减少紫外线对皮肤的伤害，必须减少紫外线透过织物的量。防紫外线整理可以通过增强织物对紫外线的吸收能力或增强织物对紫外线的反射能力来减少紫外线的透过量。在对织物进行染整加工时，选用紫外线吸收剂和反光整理剂加工都是可行的，两者结合起来效果会更好，可根据产品要求而定。目前应用的紫外线吸收主要有金属离子化合物、水杨酸类化合物、苯酮类化合物和苯三唑类化合物等几类。

紫外线吸收剂的整理大致有以下几种方法。

（1）高温高压吸尽法。一些不溶或难溶于水的整理剂，如可采用类似分散染料染涤纶的方法，在高温高压下吸附、扩散、渗入涤纶。有些吸收剂还可以采用和染料同浴进行一浴法染色整理加工。

（2）常压吸尽法。采用一些水溶性的吸收剂处理羊毛、蚕丝、棉以及锦纶等纺织品，则只需在常压下于其水溶液中处理，类似水溶性染料染色。有些吸收剂也可以采用和染料同浴进行一浴法染色整理加工。

（3）浸轧或轧堆法。这主要是用于棉织物的整理方法。和染色一样，浸轧后烘干，或和树脂整理一起进行，采用轧→烘→焙工艺加工。轧堆方法特别适合与活性染料染色同时进行，浸轧后，经过堆置使吸收剂吸附、扩散、进入纤维内部，在染色过程中完成处理。

（4）涂层法。对于一些对纤维没有亲和力的吸收剂，特别适合这种方法，它还可以和一些无机类的防紫外线整理剂（反射紫外线）一起进行加工。涂层法比较适合于伞类产品、防寒衣料的加工。紫外线吸收剂也可以加入纺丝液制成防紫外线的功能性纤维。织物经过防紫外线整理后，紫外线被织物吸收，因此，透过织物的紫外线数量大为减少，对人体有很好的防护作用。经过紫外线吸收剂整理，纤维的光老化、染色织物的耐光牢度也都会大大改善，所以防护作用是多方面的，用途也是多方面的。

（六）防水透湿整理

防水整理已是一种常用的加工。近年来对防水整理提出了多功能的要求。防水透湿整理主要有两种途径。

（1）微孔透湿。涂层加工时，在涂层薄膜中形成无数的 $5\sim10\mu m$ 的微孔，服装穿着时内部的湿气可通过微孔向外散发。

（2）吸湿性透湿。涂层薄膜本身具有吸湿性，例如一些具有极性，甚至有离子基团的高分子物作为涂层树脂时，这些高分子物具有较好的吸湿性。在相对湿度较低的一侧，它又可以向外蒸发，去除水分，如身体排出的汗水被它吸收后，水分通过薄膜扩散到外侧，然后蒸发排出。如果在这种涂层的外侧再经过拒水整理，则对外有拒水（不润湿）和防水（可承受较高的水压）作用，又可将内侧的水分排出。

如果在上述涂层树脂中再加入前述的保温性的陶瓷粒子或金属颗粒，则可得到防水、透湿及保温的织物。

（七）高吸水性整理

高吸水性树脂目前主要用在加工卫生材料、园艺农场用的材料、工业和医疗用材料，以及化妆品用的材料等。

高吸水性纺织材料虽然可以直接选用高吸水纤维来制得，但是由于其他性能达不到要求，故难以大规模地生产。通常应用的方法是用高吸水性树脂整理来得到。高吸水性树脂可分多种类别：按化合物分，主要有聚丙烯酸、聚乙醇类、聚氧乙烯类等合成高分子物、淀粉和纤维素接枝共聚物类；按交联的方法来分，主要有通过交联剂、自身交联和辐射交联几类；按产品形态来分，主要有粉末状、薄膜状和纤维状几类；按高分子的聚合方法又可分为热引发聚合、接枝聚合、反相悬浮聚合、水溶液静置聚合的吸水性树脂四类。

一般来说，高吸水性树脂应具备两个功能，一是吸水的功能，二是保住水的功能。为了能吸水，必须有三个条件，即被水润湿、毛细管吸水和较大的渗透压。

高吸水性树脂通常是网状结构的高分子电解质，例如，聚丙烯酸类高分子物，在水中电离后形成溶胀状的网状结构，在网状分子链上具有一定数量的—COO—阴离子基，它具有强的水化能力，它们之间的负电荷斥力使网状结构更加伸展，在网状骨架之间形成足够多的毛细管，水分子对这种骨架和毛细管很容易润湿。这种网状结构在水中保持足够大的渗透压，水沿着毛细管可以不断进入树脂颗粒的内部。树脂为了保持电荷中性，Na+ 远离骨架一定距离，并且通过水化作用也结合一定数量的水。这样，高吸水性树脂不但可以结合大量的水，而且被结合的水不容易流动。离子的水化和网状结构的保水作用，抑制了水的流动，大大提高了保住水的功能。

高分子的分子量、极性基或离子基团的数目和分布、网状结构（交联程度）是决定吸水和保住水能力大小的要素。交联程度的大小对吸水和保住水的能力影响很大，交联密度过小和过大都会减小吸水和保住水的能力。

这种高吸水性树脂和目前应用的涂料印花合成增稠剂是一类化合物，只是对保水和黏度要求有所不同。吸水和保水性好的树脂，其增稠能力并不一定最好。和合成增稠剂一样，金属离子、电解质和pH对吸水和保水能力影响很大。重金属离子会和—COO—形成难溶的盐，降低吸水和保水能力。电解质（例如中性无机盐）的存在会降低渗透压，减少离子的水化作用和降低网状结构的伸展程度，也会降低吸水和保水能力。pH的影响也很大，在酸性介质，—COOH电离能力减弱，所以吸水和保水能力也明显降低。

五、成品检验与包装

织物经染、印、整理的最后工序是对产品的内在质量与外观质量进行检验，然后根据检验结果对产品定级分等，送入装潢间，打印、折叠、贴商标、拼件、配花配色、对折卷板或卷筒、包装、打印，最后送出厂或入库。

（一）质量检验要求

1. 内在质量检验

（1）力学性能。力学性能直接关系织物的服用寿命和使用特性，是极重要的指标。经常检验的项目主要有下列几项。

①长度。按规定长度为匹，印染布一般以30m为一整匹，长度低于17.5m的布称为零布，长度在1~4.9m的称为小零布。小零布不能拼入成件布中，故在检验开剪时必须加以注意，以免造成损失。

②幅宽。印染布标准幅宽=坯布标准幅宽×幅宽加工系数。

③经纬密度。以每10cm织物中纱线根数表示，坯布中的标准经纬密度分别乘以经纬密度加工系数即为印染布的经纬密度。

④缩水率。缩水率是织物质量的重要考核指标之一，分防缩产品和一般产品两类。缩水率关系服装成品的尺寸稳定性，见表5-4和表5-5。

表5-4　防缩整理产品缩水率规定

防缩类别	缩水率（%）	
	经向	纬向
超级防缩	≤1	≤1
优级防缩	≤2	≤2

印染涤棉混纺布的缩水率指标规定如下。

a. 树脂整理产品：经纬向缩水率均不大于1%。

b. 一般整理产品：细平布、府绸经1.5%、纬1%；纱卡、华达呢经2.0%、纬1.2%。

表5-5　一般整理产品缩水率规定

布　　别		缩水率最大值（%）	
		经向	纬向
丝光布	平布（粗、中、细布）	3.5	3.5
	斜纹、哔叽、贡呢	4.0	3.0
	府绸	4.5	2.0
	纱卡其、纱华达呢	5.0	2.0
	线卡其、线华达呢	5.5	2.0
本光布	平布（粗、中、细布）	6.0	2.5
	纱卡其、纱华达呢、纱斜纹	6.5	2.0

⑤断裂强度。印染布的标准经纬断裂强度值等于坯布的经纬向断裂强度分别乘以经纬密度加工系数，再乘以经纬向断裂强度加工系数。

（2）染色牢度。主要考核染色服用牢度如日晒、皂洗、摩擦（干、湿）、汗渍等，印染厂经常考核的指标有皂洗牢度、摩擦牢度。汗渍牢度用于还原染料及可溶性还原染料浅色布，日晒牢度不常测试。

印染布内在质量评等是以纬密、断裂强力、缩水率和染色牢度四项中最低等级的一项评定。具体评定办法按国家标准规定办理。

2. 外观质量检验　主要检查布面疵病。印染成品的布面疵点分为局部性与散布性两类。局部性疵点程度在局部性布面疵点评等的基础上，采取逐级降等的办法，以评定印染织物外观质量等级。评定方法按国家标准规定办理。

局部性疵点包括色条、横档、斑渍、破损、边疵、轧光皱和织物疵七种。散布性疵点包括条花、色差、花纹不符或染色不匀、棉结杂质深浅细点、幅宽不符、歪斜和纬移七项。布面疵点评分标准：一等品10分，二等品20分，三等品60分，超过60分的为等外品。

（二）印染成品检查

印染成品检查时，先在检布机上检验，再进行手工抽验复查，以减少漏验率。

1. 检布机检查　目前检布机操作主要依靠人工眼力检查布面疵点。检布机车速与检布质量有着重要关系，车速过高易使操作者眼睛疲倦或模糊，尤其是色泽艳丽的织物及花型、颜色耀眼的产品，更易刺激视神经使之疲劳，致使漏验率增加。

织物上机检验时，应先核对布卡，了解品种、色泽、花号、色位，并检查卡上各工序有无疵病记录，做到心中有数。检布时按不同类型疵点，做上不同标记（在布边钉以色线或布条），遇分匹缝头处，在左侧布边用小剪刀剪开裂口，以便开剪。如发现连续性疵病较多时，需与剪布工相互取得联系。

2. 手工检查　手工检查是将已经过检布机检验，量码及开剪的布段，抽取若干段进行逐幅检查。织物外观以正面为主，对于正反面外观相似的产品，则正反面均需检查。手工检查在验布台上逐幅翻查，检查较为仔细，可以弥补检布机检查准确度的不足。

（三）量布

为了便于成品计数和折叠包装，在检布后，织物在量布机上测量长度。当织物在量布机上量到一定数量后，将布从量布台上拉出，然后检点长度（一般量布机上传布刀折成的布幅长度为1m），根据要求开剪。检查量布可在联合机上进行。如图5-28为检布量布联合机。

（四）定级分等

定级分等一般在量布检点长度开剪时同时进行，定级分等按织物内在质量与外观质量结合评等。定级分等后接着盖头梢印，贴说明书，标厂名、出厂年月日以及布的长度、幅宽与等级、规格等。每匹或每段印染布上，均需粘贴成品说明书。说明书色泽规定：一等品白纸红字，二等品白纸绿字，三等品白纸蓝字，等外品白纸黑字。

（五）包装和标志

印染成品的包装和标志，内销产品按国家标准规定办理，外销产品按外贸合约规定办理。

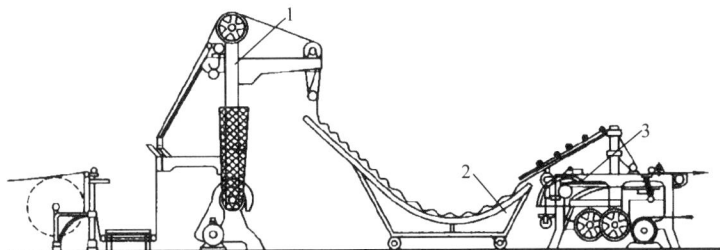

图5-28 检布量布联合机
1—检布机 2—调节箱 3—量布机

1. 印染布成件 成件分整匹布和拼件布两种，整匹印染布以匹长30m计，每件布总长度规定见表5-6。

表5-6 成件总长度规定

织物种类	每件长度（m）	整匹布匹（件）	拼件布允许最多段（数/件）
一般棉布	600	20	22
厚重棉布	450	15	17
	300	10	11
一般涤棉混纺布	750	25	27
	600	20	33
厚重涤棉混纺布	450	15	18
	360	12	15

拼件布段长规定：允许5~9.9m/段，10~17.9m/段，其余各段在18~50m/段。

2. 包装和标志 为了保护织物不受损伤和便于运输储藏，布匹出厂前必须根据要求包装。如外销产品一般需要逐匹贴商标、打金印、套纸圈、包玻璃纸、套塑料袋或用牛皮纸进行包装等。有些产品要在对折机上对折，或在卷板机上卷板，或卷筒再成件装箱。内销产品包装要求简单，除特殊需要外，一般不需要逐匹包装。成品最后包装有装箱和打包两种，装箱根据商业部门订单要求规格进行，打包是在打包机上压紧捆牢。

成品成件打包装箱后，还需在每包或每箱外皮上刷上标志，如生产厂名、品种、重量等字样，然后出厂。

第五节 染整技术的发展趋势

当下，全球染整设备技术总的发展趋势是向环境保护、节能降耗、省时高效、短流程等多方面发展，各种新技术、新工艺、新纤维的不断涌现，适宜高质量、小批量、多品种、间歇式加工的生产要求越来越明显；另一重要趋势是广泛采用自动化技术，传动系统采用交流变频多单元同步调速系统；在控制系统方面，广泛应用可编程控制器（PLC）或工业计算机控制（IPC），参数在线监控普遍应用，提升了染整设备的自动化程度，使工艺稳定性、重现性得以大幅度提高。

目前，染整领域的研究热点体现在生态染整技术、少水节能染整技术、无制版印花技术等方面。

生态染整技术包括开发生态染料、生物染整技术、物理染整技术、电化学技术等。生态染料包括天然染料、新型环保型合成染料、纳米生态染料。要求新开发的生态染料呈现出一次性上染率高、高吸收率、高上染率、高固色率以及优异的色牢度等特点。生物染整技术目前最重要的研发方向是生物酶技术。目前，生物酶在印染中的应用主要在前处理，用来去除纤维上的杂质；其次是后整理，主要是对纤维的表面进行改性。生物酶处理技术的主要优点是整理效果永久，加工对环境的污染低，具有很好的应用前景。物理染整技术热点主要有四大方面。一是等离子体技术，利用低温等离子体对纤维表面进行刻蚀处理，使织物表面粗糙化，减少对光的表面反射，提高织物的表观色深；利用低温等离子体的高活性，使纤维表面活化，产生自由基，从而引发单体在纤维表面接枝聚合，使纤维表面的亲水性、渗透性等发生改变，以利于染整加工。二是泡沫技术，泡沫染整是以空气代替水作为载体，将整理剂、染料或涂料、化学药剂的工作液制成一定发泡比的泡沫，在施泡装置系统压力、织物毛细效应及泡沫润湿能力作用下，迅速破裂排液并均匀地施加到织物上。目前较成熟泡沫工艺有泡沫整理、泡沫印花、泡沫染色等。三是高频技术，在传统的染整工艺中添加高频场处理，可有效地提高处理质量、减少纤维损伤、改进综合手感、节约能耗、减少废水量、节约助剂。四是电化学染色，电化学阴极还原代替传统保险粉还原染色工艺，不但可以保持还原染料的优点，而且染液可重复使用，节约80%的化学试剂和大量的水。

少水节能染色技术主要包括冷轧堆染色、湿短蒸染色、小浴比气雾染色等方法，它可大幅度减少传统染色工艺的耗水量，实现染色工艺的清洁生产。冷轧堆染色是将织物均匀浸轧活性染料染液后于室温下打卷堆置，使染料均匀固着，该方法工艺流程短、能耗低、设备简单、用水量少、染料固着率高，在全球资源短缺、水资源缺乏、环境污染严重的形势下，已引起世界各国的广泛关注。

无制版印花技术的典型代表是数字喷墨印花技术，传统印花不论是平网还是圆网，都存在着生产工艺流程长、劳动强度大、环境污染严重等缺点。近年来，随着计算机、材料、信息和精密机械制造等相关技术的发展，数字喷墨印花技术越来越受到人们的重视。在喷墨技术方面，压电式按需喷墨技术已经成为主流。当前，数字喷墨印花机发展的一个特点是喷墨印花系统越来越完备。先进的数字喷墨印花已经与平网、圆网印花机一样，具备非常完整的织物印花功能。

此外，染整研究的对象已经不在仅仅局限于对纺织品进行加工整理，目前与不少学科形成了交融、交互，比如用染料发色技术和医疗相结合，利用发色靶向技术给病患之处定位；利用光敏性染料制作太阳能电池；合成新助剂、新材料进行环境保护研究；对秸秆进行资源化处理，提取生物能源；对汽车进行轻量化研究；制作光通高聚物马达；制作高聚物复合材料等。社会新发展向染整技术提出了新要求，染整专业的研究者与生产者都必须树立"大染整理念"，以染整理论为依托，结合新的实践需求，进行创新探索，向相邻学科渗透、交融，使染整专业不断发展与壮大。

思 考 题

1. 纺织品为何要前处理加工？阐述前处理的目的、意义。

2. 什么是棉织物的丝光？阐述丝光的目的以及作用。

3. 棉织物的退浆、精练、漂白分别是去除什么杂质？利用什么方法可达到目的？三者之间有什么共同点？

4. 有机染料按功能应用分为哪几类？有何特点？

5. 目前有哪些染色设备?有何特点？分别适合什么纤维染色？

6. 阐述织物后整理的目的、意义以及分类。

7. 什么是织物的硬挺整理？硬挺整理能和柔软整理一起进行吗？

8. 抗皱整理原理是什么？目前有哪些抗皱整理的方法？

9. 纯棉织物染整工艺流程包括哪些内容？

10. 什么是印花？印花方法有哪些，分别有何特点？

11. 染色与印花有何不同？

12. 涂料印花与涂料染色有何区别？纺织品特种印花有哪些？

参考文献

［1］陶乃杰. 染整工程第四册［M］. 北京：中国纺织出版社，1996.

［2］薛迪康. 功能整理［M］. 北京：中国纺织出版社，2000.

［3］姚穆. 纺织材料学［M］. 北京：中国纺织出版社，2000.

［4］金日光等. 高分子物理学［M］. 北京：化学工业出版社，2000.

［5］王菊生. 染整工艺原理：第一、二、三、四册［M］. 北京：中国纺织出版社，2002.

［6］陶乃杰. 染整工程第一册［M］. 北京：纺织工业出版社，1991.

［7］朱世林. 纤维素纤维制品的染整［M］. 北京：中国纺织出版社，2002.

［8］罗巨涛. 合成纤维及混纺纤维制品的染整［M］. 北京：中国纺织出版社，2002.

［9］郑光洪. 染料化学［M］. 北京：中国纺织出版社，2001.

［10］周庭森. 蛋白质纤维制品的染整［M］. 北京：中国纺织出版社，2002.

［11］罗巨涛. 染整助剂及其应用［M］. 北京：中国纺织出版社，2002.

［12］戴铭辛，金灿. 染整设备［M］. 北京：高等教育出版社，2002.

［13］张洵栓. 染整概论［M］. 北京：纺织工业出版社，1989.

［14］薛迪庚. 涤棉混纺织物的染整［M］. 北京：纺织工业出版社，1982.

［15］吕淑霖. 毛织物染整［M］. 北京：中国纺织出版社，2000.

［16］盛慧英. 染整机械设计原理［M］. 北京：纺织工业出版社，1984.

［17］黄茂福. 织物印花［M］. 上海：上海科学技术出版社，1983.

［18］周宏湘. 染整新技术问答［M］. 北京：中国纺织出版社，1998.

［19］葛明桥. 纺织科技前沿［M］. 北京：中国纺织出版社，2004.

［20］陈立秋. 新型染整工艺设备［M］. 北京：中国纺织出版社，2002.

［21］徐谷仓. 染整织物短流程前处理［M］. 北京：中国纺织出版社，1999.

［22］朱慎林. 清洁生产导论［M］. 北京：化学工业出版社，2001.

第六章　服装及设计概述

第一节　初识服装

一、服装的基本概念

1. 服装　服装是保护和装饰身体的特殊方式，是人类社会跨入文明门槛的标志，是人与动物区别的主要特征。服装有广义与狭义之分，广义的服装是指附着在着装者身体上的所有物品，即所有可以用来装饰、包装身体的物品，包括衣服、鞋帽、包袋、首饰、手套、袜子甚至香水等一切与人体发生关联的物品。也就是说，一根羽毛、一块石头，甚至一个气球，当它被装饰在人体上时，就不再是原来的羽毛、石头和气球，而成为了某种形式的"服装"（图6-1、图6-2）。

图6-1　石头和羽毛做成的服装　　　　图6-2　气球装饰的服装

　　狭义的服装仅仅指用织物等软性材料做成的穿戴于身的物件，即纯粹的衣服，不包括鞋帽、首饰等附属品。从设计的角度来说，广义的服装更具有衍生性和整体性，它有别于日常生活中的服装概念，包容了一切可以用来创造着装形象的素材，更有利于从观念上进行突破和创新。

2. 衣裳　《说文》中称："衣，依也，上曰衣，下曰裳。"因此，衣裳是上衣、下裳的简称。

3. 衣服　一般与衣裳同义，是附着在人体，对人体起遮蔽及装饰作用的穿着物的总称，可以是包括内衣、外衣、帽子、鞋等所有穿戴。

4. 被服 古时候是穿着的意思，现指人们生活中用到的被褥、寝具、衣服、鞋帽等的总称。

5. 服饰 服饰是指包括衣服在内的鞋帽、包袋以及首饰等装饰物，往往体现的是人类在日常生活中的一种穿着效果和状态。

6. 时装 时装是指款式不断变化，并在一定时间和一定区域内被大众所接受的、时髦的、带有鲜明时代特征的服装。"时装"的概念是相对于历史服装或者在一定时间和一定区域内变化较少的常规服装来说的，具有一定的流行性和周期性。

7. 成衣 成衣是指按照一定的系列号型规格标准进行工业化批量生产出来的成品服装，往往是相较于量身定做的服装定制及家庭自制的单件服装而言的。人们日常生活中购买的衣服基本上都是成衣。

8. 高级时装 高级时装也称高级女装，这是一个由历史积淀而成的时装界对顶级服装的称谓，是指专门为社会地位显赫而富有的名媛贵妇个人量身定做的时装。高级时装是服装中的极品，它的基本构成要素是：高级的材料、高水平的设计、高档的做工、高昂的价格、高等的服用者和高层次的穿着场合。

9. 高级成衣 高级成衣是从高级时装中衍生出来的，是高级时装设计师以中档消费者为对象，从设计出的高级时装中筛选出部分适合成衣生产的作品，并运用一定的高级时装工艺技术，半机器半手工制作的小批量、高价位成衣。高级成衣由于其设计、价位所适应的人群较广，消费者也日益增多，因此很快形成了一个独立的产业，并于20世纪60年代初，在法国成立了自己的组织——法国高级成衣协会。

二、服装的分类

服装的种类繁多，由于服装的穿着人群、穿着时间、穿着用途、穿着目的、基本形态、使用材料、制作方式上存在各种差异，使得服装具有不同的称谓，产生不同的分类方法。这些服装名称出现的频率一般都比较高，便于在现实生活中被大众认识并接受。

1. 根据年龄分类

（1）婴儿装。0～1岁左右儿童穿着的服装。

（2）幼儿装。2～5岁左右儿童穿着的服装。

（3）儿童装。6～11岁左右儿童穿着的服装。

（4）少年装。12～17岁左右儿童穿着的服装。

（5）青年装。18～30岁左右青年人穿着的服装。

（6）成年装。31～50岁左右成年人穿着的服装。

（7）中老年装。51岁以上中老年人穿着的服装。

2. 根据穿着部位分类

（1）上装。穿在人体上部的衣服，如衬衫、夹克、背心。

（2）下装。穿在人体下部的衣服，如裙子、裤子、连裤袜。

（3）外衣。穿在人体最外部的衣服，如风衣、大衣、斗篷。

（4）内衣。穿在人体内层的衣服，如打底衫、马夹。

（5）肌肤衣。紧贴皮肤的衣服，如文胸、内裤。

3. 根据穿着季节分类

（1）春秋装。春秋季节穿着的服装，如毛衣、套衫。

（2）夏装。夏季穿着的服装，如短袖衬衫、连衣裙、短裤。

（3）冬装。冬季穿着的服装，如棉袄、羽绒服、毛呢大衣。

4. 根据穿着用途分类

（1）礼仪服装。比较正式的场合、从事重要的礼仪活动时所穿用的服装，往往做工考究、格式化较强，如婚礼服、晚礼服、小礼服等。

（2）家居服装。日常的家庭生活中所穿用的服装，往往要求面料舒适，与穿着环境——家庭密切相关。

（3）运动服装。从事各种体育运动与活动时所穿用的服装，往往强调服的功能性和人体运动的机能性，如速度溜冰服、花样溜冰服、滑雪衫、登山服、举重服、网球衫、高尔夫球服、骑马装等。

（4）工作服装。工作中和劳动时所穿用的服装，如职业服、劳动服、防护服等。

（5）舞台表演服装。艺术表演中，为表达不同角色的个性和风格时穿用的一种道具性服装，包括舞蹈服、乐队服、戏剧服装等。

5. 根据穿着目的分类

（1）比赛服装。为了参加各类服装设计比赛而设计制作的服装。

（2）发布服装。为了参加各类服装发布会而设计制作的服装。

（3）表演服装。为了参加各类演出而设计制作的服装。

（4）销售服装。为了市场销售而设计制作的服装。

6. 根据基本形态分类

（1）体形型服装。该形态服装起源于寒带地区，服装穿着后，各部位能够符合人体的立体形态，且服装与人体之间的空隙量适度的服装。这类服装的裁剪与缝纫往往较为严谨，注重服装的外形轮廓和立体效果。

（2）轮廓型服装。该形态服装起源于热带地区，此类服装往往以宽松、舒展的形态将面料覆盖在人体上。服装穿着后，各部位不局限于人体的立体形态，裁剪与缝制均以简单的平面效果为主。

（3）混合型服装。该形态服装介于上述两种服装类型之间，兼有两者的特点。在裁剪上采用简单的平面结构，但是以人体为中心，基本形态为长方形。

7. 根据使用材料分类

（1）纤维服装。用不同纤维制作而成的服装，如棉麻衫、羊毛衫、涤纶衫等。

（2）毛皮服装。用动物毛皮制作而成的服装，如貂皮大衣、兔皮大衣、狐皮大衣等。

（3）革皮服装。用去毛的动物皮革制作而成的服装，如牛皮夹克、猪皮夹克、羊皮夹克。

（4）其他材料服装。用不常见的材料制作而成的服装，如羽毛服、树叶服、金属服等。

8. 根据制作方式分类

（1）定制服装。根据要求进行的私人量身定做的服装。

（2）工业化服装。工业化批量生产的服装。

（3）自制服装。穿着者自己制作的服装。

三、服装的构成要素

法国著名服装设计大师克里斯汀·迪奥（Christian Dior）曾经说过："凡是我所知道的，我所看到的、听到的一切，我的存在的一切，都可以归结到衣裳上去。"由此我们可以知道，服装的构成是将头脑中存在的构思，通过绘制效果、表现结构、借助工艺，一步步地转换为具象的造型和细节。如果深入分析可知，服装是由款式、色彩、面料和工艺四个要素构成，这四个元素中的一个或多个变化才能产生一款新的服装。

1. 款式 款式是指服装的款型和式样，它是构成服装的基本形态。服装的款式由外部轮廓和局部细节两部分构成，服装轮廓通常也称"廓型"或"造型"，服装局部细节包括分割、收省、波浪、饰带设计等。

（1）服装轮廓。服装轮廓是服装整体概括的外观，浏览历史上的女装轮廓，可谓是千变万化，不同的轮廓往往取自特定的设计风格，如图6-3所示，服装的轮廓有的以字母

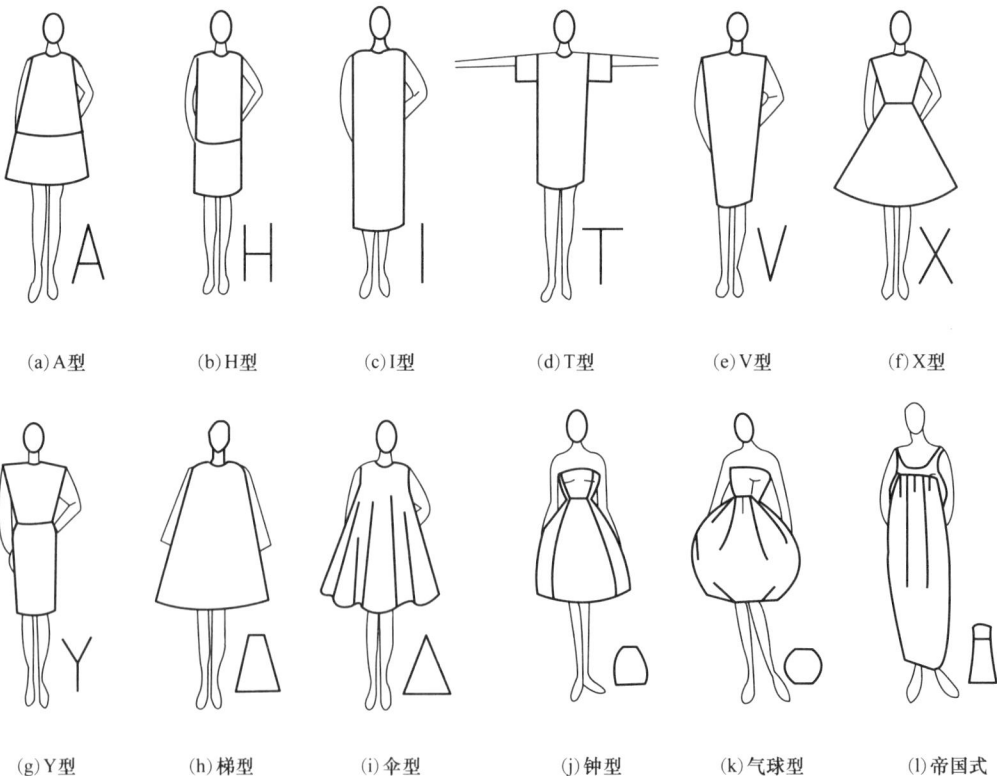

(a) A型　　(b) H型　　(c) I型　　(d) T型　　(e) V型　　(f) X型

(g) Y型　　(h) 梯型　　(i) 伞型　　(j) 钟型　　(k) 气球型　　(l) 帝国式

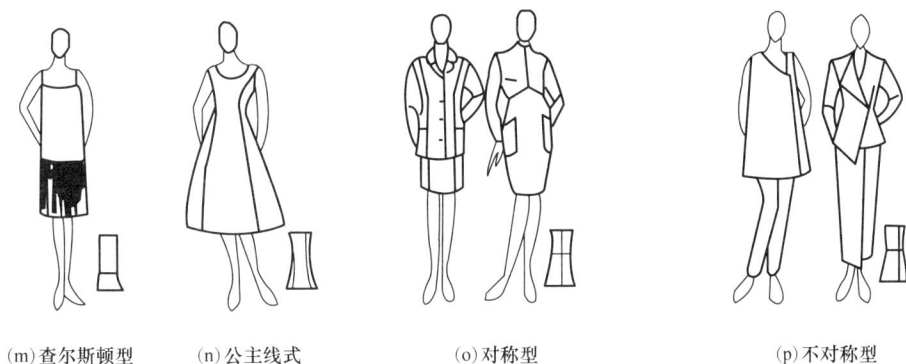

(m)查尔斯顿型　　(n)公主线式　　　　(o)对称型　　　　　　(p)不对称型

图6-3　服装的轮廓

命名，有的根据形状命名，有的根据特定年代命名，而还有的轮廓是根据服装特殊的缝线及边缘线命名的。

（2）服装细节。赋予服装轮廓形式的个性因素称为细节，包括为服装产生立体感的收省、分割，为达到宽松目的的余量设计、褶饰设计，为体现优雅活泼的波浪设计、饰带设计、滚边设计，以及纽扣、口袋、门襟、袖型和领型的设计等。在局部细节的设计过程中，要注意局部与整体设计的统一与协调（图6-4）。

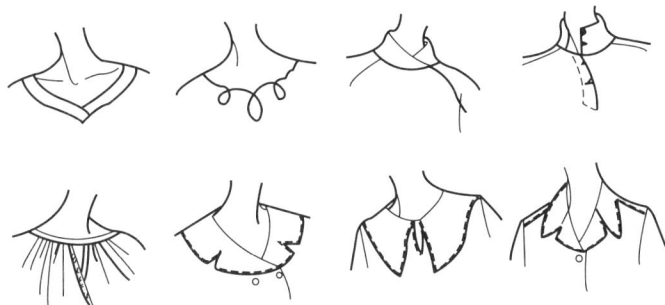

(a)领型设计

(b)袖型设计

图6-4

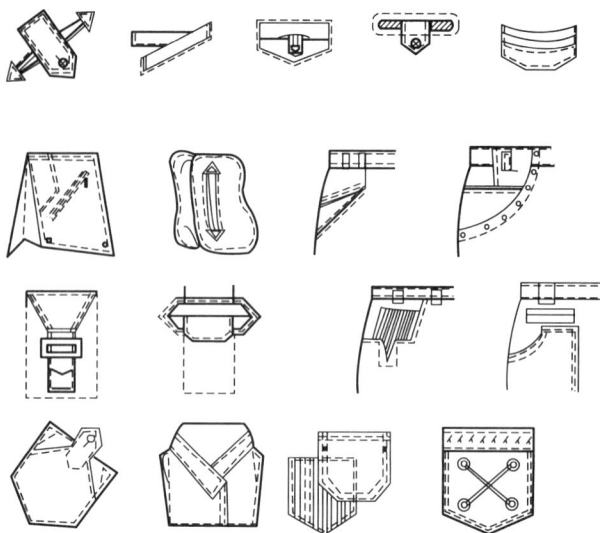

(c)袋型设计

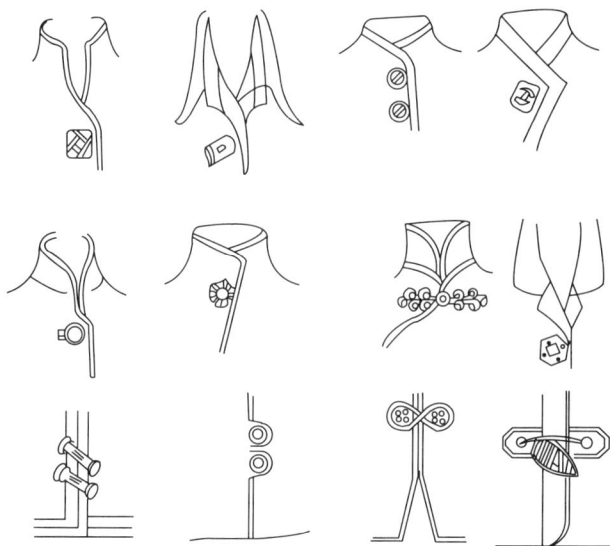

(d)纽扣设计

图6-4　服装的局部细节

2. 色彩　在服装中，除了款式之外，色彩也是一项重要的构成要素，其体现了服装的面貌，并指引着服装面料肌理和图案效果的设计方向。

在服装设计中，款式与色彩相辅相成，人的注意力往往集中在这两者中更为突出的一方：当某一色彩非常鲜明饱和时，其色彩形象能首先得到关注，使人先见其色，后观其形；反之当某一色彩灰暗柔弱、暧昧朦胧时，人往往将注意力首先放在更能引起其视觉兴趣的造型上。

在具体的设计过程中，这两者的操作顺序可以适时而定，即可以先进行款式造型设计之后再配合适宜的色彩；也可以先提出色彩方案，再根据色彩确定合适的款式，这个顺序应该由设计师的工作习惯和客观的设计环境来决定。两者之间的作用效果也不是唯一的，既可以互相加强也可以互相削弱，由具体的设计操作者来实现。

3. 面料 服装设计师必须依靠各种服装面料来实现自己的构思，所谓"巧妇难为无米之炊"，正如雕塑家需要大理石、木工需要木头一样，服装的款式和色彩都与面料有着密不可分的联系。

首先，面料材质会影响服装的款式。同一廓型的服装，采用质地粗糙或质地光洁的面料，会造成宽大或纤巧的不同外观感受；同时，面料的材质还会直接影响服装的悬垂性和细节表现，雪纺贴身且飘逸，是柔美女性风格的首选；而牛仔面料往往有一种粗狂、结实的视觉感受。

其次，面料材质还会影响服装的色彩。服装面料表面是吸光还是反光都会影响面料的色彩效果。同样的色彩，表面粗糙的面料吸光，看起来颜色会暗淡；反之，表面光滑的面料反光，看起来颜色会鲜亮。在进行色彩搭配时，一种颜色与有光泽的丝绸、维尼纶、锦缎相配时会显得非常明亮；而放到粗糙的羊毛、麂皮等面料上时，就会显得暗淡得多。

4. 工艺 工艺是将款式、色彩和面料整合的过程，是服装实物被加工实现的过程，是服装生产的最后步骤。工艺包括两方面：服装结构工艺和服装制作工艺。

（1）服装结构工艺。服装结构工艺是对设计构思，即常见的服装设计效果图的解析过程，是款式、色彩和面料设计的继续和补充。结构工艺要体现原作的造型、细节和色彩、面料效果，将其表现的服装外观轮廓、细部款式和装饰形式准确地分解成合理的衣片，从而揭示出服装各部位和各部件之间的形态、长度、位置及组合关系。同时，还应该修正款式设计中出现的不可分解、费工费料等不合理结构。结构工艺又是制作工艺的准备和基础，结构工艺为服装制作工艺提供了规格齐全、结构合理的系列样板。

（2）服装制作工艺。服装制作工艺，是借助于手工或者机械的方式将服装分解的裁片结合起来的缝制过程，这一环节决定着服装成品的质量。制作一件满意的服装，结构与制作是相辅相成的。

一般来说，服装工艺中准确的结构是精确制作的前提，而完善的制作又是完美结构的保证。精确精致的结构如果遇到制作工艺的粗制滥造，服装成品会变得面目全非；反之，无论多精美绝伦的制作也无法拯救严重错误的结构问题。

5. 服装四大构成要素的关系 现代社会分工的细化，一个项目往往是通过很多人的共同努力来合作完成的。一般来说，往往将款式、色彩、面料、工艺这四大服装构成要素看得同等重要，其中某单个要素的失误，都会导致整件服装的失败（图6-5）。

在实际操作中，四大要素之间的关系往往会视具体情况而定，比如在一些常规服装（男式西装、衬衫）的设计生产中，这些服装历经时代的考验，在款式上并没有大起大落的款式变化，服装的整体面貌往往通过服装色彩和服装面料以及服装工艺来表现。反之，一些舞台表演服装，因为往往是一次性的着装，同时穿着者和观赏者的距离较远，在强调

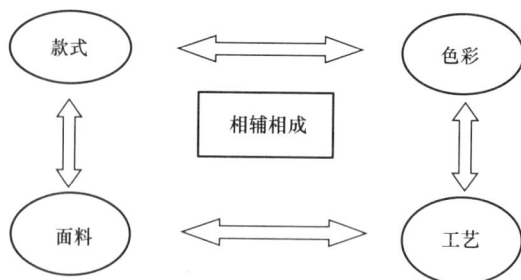

图6-5 服装四大构成要素之间的关系

舞台效果的时候，可以在款式和色彩上多下功夫，而为了节省成本，如果没有特殊的要求，面料和工艺只要大体达到效果即可。

所以，四大服装要素之间的协调和平衡是根据服装的用途和需要来决定的，应该具体情况具体对待，根据实际情况来调整四者之间的关系。

第二节　服装的发展概述

服装不是因服装设计师一时异想天开的个人行为而产生的，而是由时代决定的。从不同时代遗留下来的服饰资料中，通过分析其造型、色彩、材料、制作工艺技术，能了解其政治、经济、文化和艺术的状况，以及人们的审美与追求。而设计创新不是简单的模仿，而是在总结前人成功基础上的升华。研究服装发展历史，就是为了更好地传承服饰文化，创造服饰文化美好的未来。

一、服装的起源

服装的穿用不是某一天忽然在原始人身上出现的，研究服装的起源就是研究人类何时开始穿衣以及如何穿衣的过程。

研究何时产生服装，首先要以何时产生人类为前提。但当人类意识到要去探索自身发展的历史时，绝大多数的关于人类进化以及服装起源的证据已经泯灭，并且，由于服装所有材质的特殊性，并不能像石器、陶器、洞窟壁画那样长期保存。因此，服装的起源基本上还只是一种理论推断，并且众说纷纭。

（1）裸态时期。在这一时期的人类能简单地打制砍砸石器，他们用砍砸器挖掘石块、打击野兽、切削植物。同时他们还发明了钻孔技术，佩戴钻孔的贝壳，说明了当时的人类已经在进行认识自然、控制自然的尝试，这一时期在考古上被称为旧石器时代。

这期间，地球上经历了三次冰河期，寒冷的冰河期一直延续了几十万年。原始人类依靠自身体毛这种天然的衣服生活，裸态生活了200多万年。

（2）原始衣料时期。工具的进步往往是人类智能进化和发展的证明，因此，考古学上是以工具使用的类型来命名一个时期的特征的。例如，旧石器时代、新石器时代、青铜器时代、铁器时代等。由于衣物不是天然形成的，需要对衣料进行加工和缝制组合才能形成，因此，人类对于工具的使用状况，也标志着人类对衣物加工的水平和能力。

距今25万年至1万年前，人类进入"智人"阶段，考古学上属于旧石器时代的中晚期。智人已经能制造多种石器，包括砍砸、刮削、尖刺工具，晚期智人还能制造弓箭石矛、石刀、切割器、雕刻器等，能用兽骨制成鱼叉、鱼钩和骨针、骨锥，还能用兽牙、贝壳、石子制成项链等饰物。当时正处于第四纪冰河期，智人的体毛已经逐渐退化，自然生活环境使他们学会了人工取火、架木为棚，并能剥取大型动物的皮，经简单处理后围裹于身。服装起源追溯到这里，仅仅能从考古发掘的遗迹推测，智人生活的十多万年间创造了原始的服饰，其中最具代表性的是骨针、骨锥和各种饰品（图6-6）。

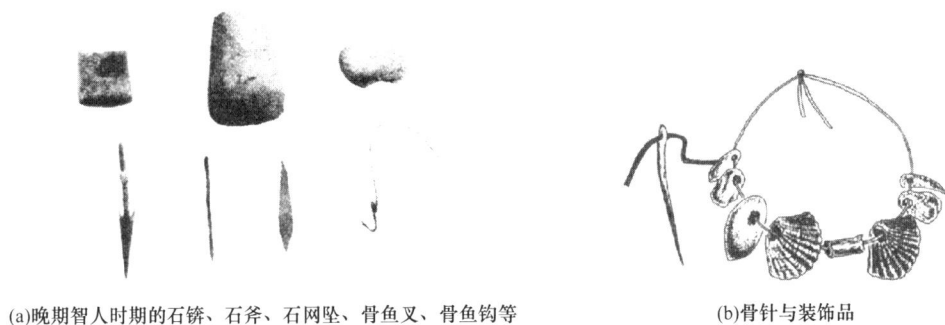

(a)晚期智人时期的石锛、石斧、石网坠、骨鱼叉、骨鱼钩等   (b)骨针与装饰品

图6-6　原始人的石器及骨针

骨针的发明，是人类服装起源中一项重要的事件。它标志着最早的缝纫工具的诞生，同时也为以后的编织技术提供了条件。智人能在细小的兽骨一端钻出小孔来穿引缝制兽皮，这说明服装制作在原始人类的生活中已经受到了重视。从出土的骨针来看，法国的克罗马农人的骨针已经相当细而尖利；中国的山顶洞人的骨针，针孔直径仅1毫米，其钻孔技术令人惊叹，针孔所牵引的很可能是已经劈分的植物纤维捻合而成的单纱和股线。说明当时的人类已经具备了搓合、劈绩技术，为纺织衣物阶段迈进了一步，为纺织衣料的形成奠定了基础。

（3）纺织衣料时期。约1万5千年前，旧石器时代开始向新石器时代过渡。随着全球冰期的结束，气候转暖，人类进入晚期智人时期，狩猎与采集生活也渐渐发生变化，渔猎经济有了发展。7000多年前，人类进入新石器时代，发明了农业和畜牧业，这是人类历史上的一次巨大革命，成为农业革命或新石器革命。这个时期石器的器形已经多样化，也比较定型了，磨制和穿孔技术在此期间也得到了进一步的提高和普及。同时，人们在编织的过程中，发现一根根编织纱线的速度太慢，编制粗疏，达不到所需要的紧密程度，因此通过长期的实践生产发明了原始织机。

从世界各地的文明发展看，只要进入新石器时代的农耕定居生活，无论哪个民族，都对一部分天然纤维有了一定的了解，能够利用纺坠加工纤维，利用原始机织造出真正的纺织品，开始了人类历史上真正意义上的服装发展历程。特别是新石器时代的后半期以后，无论是纺织品的数量和质量，还是纺织原料的利用和原始纺织工具的制造，都取得了较大的成就（图6-7）。

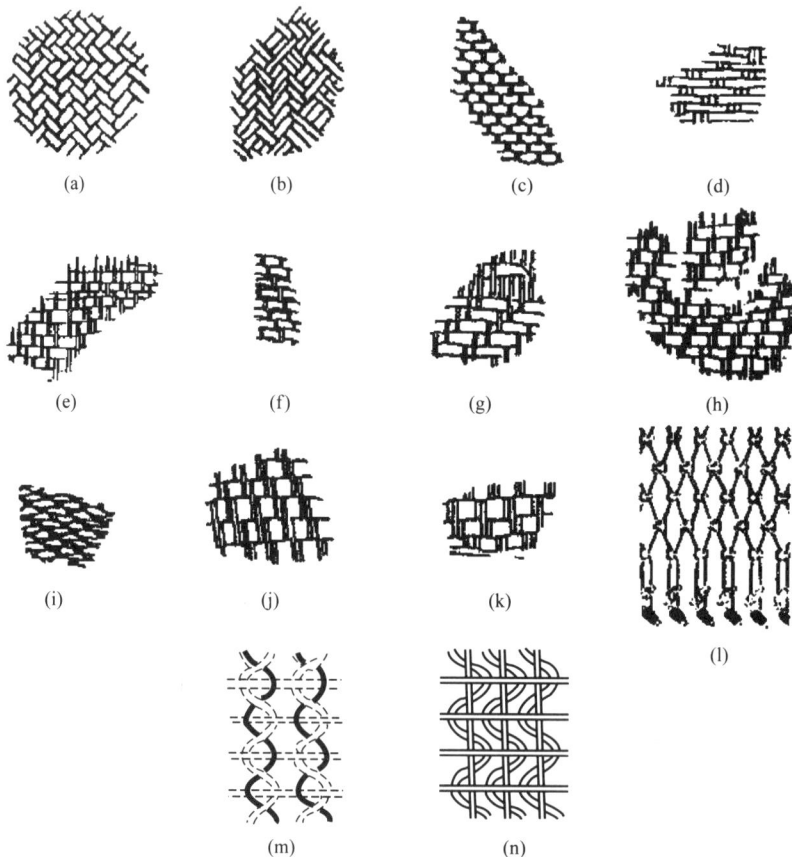

图6-7　西安半坡新石器遗址出土的陶器上的各种编织物、纺织物痕迹

综上所述，人类在距今40万年前的旧石器时代早期，已经出现了饰物佩戴的行为，开始使用毛皮包裹身体。到了距今10万至5万年前的旧石器时代中期，人类开始有了缝制行为，穿着缝制的毛皮衣物。到了距今4万至1万年前的旧石器时代晚期，人类的毛皮衣物已经相当普及。进入距今1万年前的新石器时代的农耕定居生活后，人类开始利用纤维织制衣料。现在，人类主要是利用天然纤维及人造纤维进行衣料织造的。

二、丰富多彩的中国服装发展

中国传统服装在漫长的发展与演变中，由于地理位置与背景制度不同，形成了每个时期各自不同的独特的服装形态。

（一）先秦服饰

先秦时期，是中国古代服装形成与服装制度建立的时期，并且受当时政治制度的制约以及民俗、宗教文化的影响，被纳入礼治的范畴。先秦服装由上古时期（原始社会）的服装逐步完善，涌现出了诸如衣、裳、覆、冠、冕、袍、深衣等多种服装样式，以及各种首饰、佩饰等。它完成了中国古代服装最基本的形制，即套装式的上衣下裳制，以及整合式的上下连属制。在这一重要历史阶段形成的服装，成为先秦以后至清末几千年封建时代服装发展与历史演化的基础。

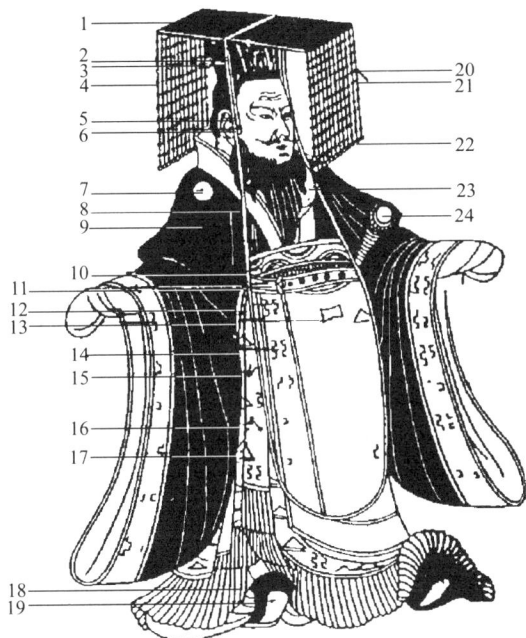

图6-8　冕服的形制及图说

1—綖　2—附蝉　3—笄　4—旒　5—纮　6—瑱　7—月　8—天河带　9—上衣
10—大带　11—革带　12—韨　13—黼纹　14—黻纹　15—疑火纹　16—星辰纹
17—山纹　18—上裳　19—舄　20—玉珠　21—就间相　22—日　23—中单　24—玉具剑

1. 冕服　冕服是古代帝王、诸侯及卿大夫的礼仪服装，又称冠服或章服。由冕冠、玄衣、纁裳组成，还配有韨、革带、大带、佩绶、舄等附件（图6-8）。

2. 弁服　弁服在古代是仅次于冕服的一种服饰。可以做祭祀之用，但常为朝政议事之服。弁是仅次于冕的礼帽，种类有多种，如爵弁、皮弁，以及专门用于军事的韦弁。

（1）爵弁（图6-9）。爵弁为士以上等级官员陪同君王祭祀时的装束。形制如冕但没有前低之势，且无旒，在綖下作合手状，是仅次于冕的一种首服。其色也不是"玄上朱里"，而是爵头色，是一种赤多黑少的颜色。

（2）皮弁（图6-9）。皮弁一般为天子、诸侯等临朝的朝服。天子朝宾、巡牲、射礼

图6-9　爵弁

时也穿皮弁服。其形状按《汉志》记载："皮长七寸，高四寸，制如覆杯（即两手相合状）。"用白鹿皮分片缝合而成，缝合处的玉石装饰根据地位等级不同，其质料及数量都有等差。

3. 元端与深衣　先秦时期除冕服、弁服外，日常所用最多的礼服还是元端和深衣。

（1）元端。元端自天子到士都可以穿着，可作为天子的燕居之服。士、大夫则是作朝服之用或是祭宗庙和见父母之服，也就是群臣、贤士之服。

（2）深衣（图6-10）。春秋战国时期特别是战国时期盛行的一种代表性服饰。

4. 胡服（图6-11）　胡服一般泛指北方少数民族的装束，其主要特征是短衣、长裤、

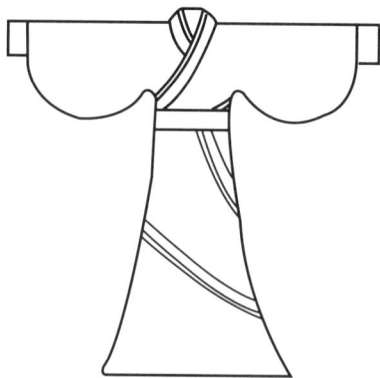

图6-10　曲裾深衣示意图

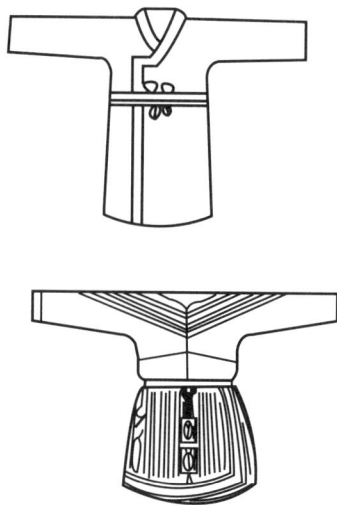

图6-11　窄袖矩领胡服示意图

革靴或裹腿，衣袖偏窄，便于活动。战国之时，赵武灵王变服，在汉族中首先倡导引进胡服，并率先在赵国推行。

（二）秦汉服装概述

秦汉时代是中国封建社会的上升阶段。特别是两汉期间，社会出现繁荣景象，张骞两次出使西域，沟通了中国与中亚、西亚一些国家的贸易往来，开辟了著名的"丝绸之路"。社会经济得到发展，同时也促进了文化的发展，交流日益活跃；社会风尚有了显著的变化，对服饰的要求提高了，服装水平也相应提高。

1. 男子服装——曲裾袍和直裾袍 秦汉时期，男子以袍服为贵。曲裾袍类似于战国时期的深衣，款式为三角形前襟和喇叭形下摆的长衣。通身紧窄，下长曳地，下摆呈喇叭状，行时不露足（图6-12）。直裾袍又称"襜褕"，西汉出现，东汉盛行。《史记·魏其武安侯列传》有"衣敬"之语，这与西汉时内穿裤子无裆、直襟衣遮蔽不严有关，东汉直裾袍普及（图6-13）。

图6-12 曲裾袍示意图　　　　　　　　图6-13 直裾袍示意图

2. 女子服装

（1）深衣。深衣是秦汉时期女服中最常见的一种服式，是女子的礼服。女子深衣在继承先秦的基础上已经有了不少变化。最显著的是绕襟层数增加，左衣襟几经转折，绕至臀部，然后用绸带系束。从湖南长沙马王堆一号汉墓出土的实物资料看，这种服装通身紧窄，长可曳地，下摆一般呈喇叭状，行不露足（图6-14）。

（2）襦、裙。襦是一种短衣，襦裙是上衣下裙的套装形式。秦汉时期女子襦、裙又有了一些新变化，襦渐渐窄短，袖子仍宽大，裙长曳地。

贵妇穿襦裙、着高头丝屐、丝屐绣花。庶民女子衣袖窄小，裙子至足踝以上，为了劳动方便，裙外还要有一条围裙（图6-15）。

（3）禅衣。禅衣是华夏服装体系衣制的一种，即无衬里的单层衣服。质料为布帛或为薄丝绸，也有曲裾、直裾之别。著名的长沙出土西汉时期马王堆"素纱禅衣"，重仅48

161

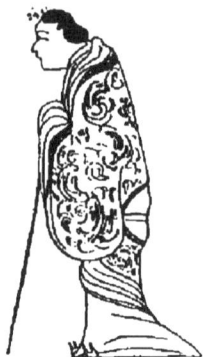

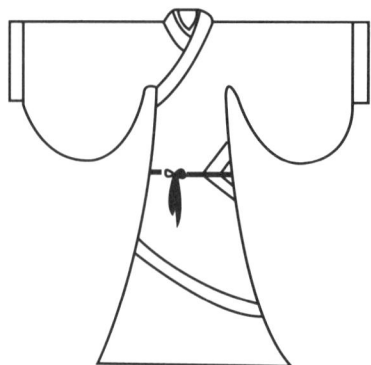

图6-14　绕襟深衣示意图

图6-15　襦裙示意图

克，薄如蝉翼，丝光华美，反映了当时高超的织造工艺技术（图6-16）。

（4）褂衣。褂衣是东汉末期出现的一种贵族妇女使用的礼服，是深衣的变化品种。最大特点是用彩色织物做成几条上宽下窄的尖角形饰片，垂挂在腰部周围（图6-17）。

图6-16　禅衣示意图

图6-17　褂衣示意图

（三）魏晋南北朝服装概述

魏晋南北朝是中国古代历史上一个重大变化的时期，社会生活的动荡变化是当时社会的主要特征。但与此同时，南北各民族的服饰文化也影响并丰富发展了汉民族的服饰文化，发展奠定了基础。

1. 男子服装

（1）礼服。魏文帝曹丕时，制定了"以紫、绯、绿三色为九品之别"的官位制度后，帝王百官服装等级有所变革。各级臣僚官服按品级着装。

（2）大袖衫。大袖衫是魏晋南北朝时期最有代表性的服装之一，特点是交领直襟，衣长而袖肥大，袖口不收缩，有单、夹两种。可开怀不系衣带，体现人的洒脱和闲雅之风，深受文人雅士的喜爱（图6-18）。

（3）合裆裤。东汉以前，裤子只有两个裤管，在膝盖或脚踝处收紧，裤子裆部不缝合，所以只能穿在深衣里面。随着汉族与少数民族的交流增多，也因受士大夫流行穿宽松的衣服影响，男子流行穿裤口宽松的合裆裤就在外面活动了。

（4）裤褶、缚裤。裤褶，也叫袴褶，是北方游牧民族的传统服装。褶是短袍类的上衣，对襟，袖口有宽窄两式。所谓缚裤，即一种合裆裤，在裤管膝盖处以缎带系扎，下面形成喇叭状。穿裤褶装时，腰间束革带，方便利落。早期为军服，后演变为百姓的一种常服（图6-19）。

图6-18 大袖服示意图

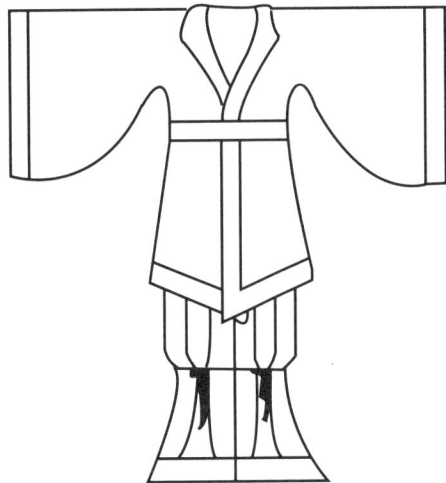

图6-19 裤褶、缚裤示意图

2. 女子服装 魏晋时期，女装承继汉朝遗俗，汉族贵族妇女服饰崇尚褒衣博带，宽袖翩翩，其华丽之状堪称空前。普通女子上身穿偏瘦的衫、襦，下身穿宽大的裙装，表现出了"上俭下丰"的着装风格。

（1）杂裾垂髾服。杂裾垂髾服是深衣的变化款式，来源于汉朝的袿衣，多为皇后、贵妃、命妇所穿用。顾恺之的《列女图》《洛神赋》都有描绘杂裾垂髾服的妇女形象（图6-20）。

（2）舞蹈服。魏晋南北朝是舞蹈的大发展时期。虽然战争不断，但宫廷内外已经形成尚舞之风。胡舞奔放、大胆，汉族舞蹈内敛。文化融合在这个时期得到了推进。此时的舞蹈服大多富于抒情性，轻柔曼妙，碧轻纱衣，具有舞衣大袖、金铜杂花等特点（图6-21）。

（四）隋唐五代服装概述

隋唐是中国封建社会的鼎盛时期，特别是唐朝时期，在当时的世界上处于先进国家之列。其服装也得到了全面的发展，成为中国古代服装最为兴盛的时期。对中国和世界的服装发展，至今还有着深刻的影响。

图6-20　杂裾垂髾服示意图

图6-21　舞蹈服示意图

1. 男子服装　唐代初期，服装制度皆承袭隋制。到唐高祖李渊在颁布"武德令"新令后，对皇帝、皇后、群臣百官、命妇、士庶等各级各等人士的衣着、色彩、服饰、佩戴诸方面又进行了详细的规定。

（1）礼服。《唐书·礼仪典》记载，皇帝、皇子及群臣的礼服分为朝服、祭祀服、公服、常服四大类（图6-22）。

（2）圆领袍衫。圆领袍衫是隋唐时期官吏的主要服装，属于常服。其特点是：圆领口，袍长至踝，领口、袖口、止口处不加任何边饰。文官袍衫略长，至足踝以下，武官袍衫略短，至膝盖以下。袍衫的色彩有严格的规定，一至三品官用紫色；四品、五品用绯色；六品、七品用绿色；八品、九品用青色。除天子常服为黄袍外，其他官吏一律禁穿黄袍（图6-23）。

图6-22　礼服示意图

图6-23　圆领袍衫示意图

2. 女子服装　隋唐时期女装是中国服装发展史中最为精彩的篇章，服装具有雍容华贵、色彩艳丽、质地优良、纹饰多样、裁制合理、线条流畅的特点。

（1）襦、裙、披帛、半臂、霓裳羽衣。

①襦裙。唐朝女子以襦裙着装为主。上穿短衣，下着长裙。裙腰提高至腋下，呈现出"短衣长裙"的时代美感（图6-24）。

②半臂。是一种无领、半袖、对襟的短外衣（图6-25）。

图6-24　唐代女子襦裙示意图　　　　图6-25　半臂襦裙示意图

③霓裳羽衣。是隋唐时期的一种舞蹈服，用孔雀羽毛制成，对襟、袖根窄瘦、袖口肥大，跳舞时如翔云飞鹤之状。白居易在《霓裳羽衣舞》中写道："虹霓霞帔步摇冠，钿璎累累佩珊珊"（图6-26）。

（2）女穿男装。唐朝的女子穿男装成为社会风气，特别是在中唐的开元和天宝年间最为盛行，流行的主要城市是长安与洛阳。

女穿男装是唐朝社会开放的一种反映，既保持了女性的秀美俊俏又增添了潇洒英俊的风度。《中华古今注》记："至天宝年中，士人之妻，著丈夫靴衫鞭帽，内外一体也。"可以看出，盛唐时期的女子仿效男装打扮已经相当普遍，这一现象成为唐朝女装的一个鲜明特点。

（3）女穿胡服。盛唐时期，女子还盛行穿胡服，特别是在京城中的宫廷、贵族女子之间，主要流行回纥族服装样式。回纥也叫回鹘族，是今天维吾尔族的先民。特点是翻领、窄袖，领、袖和下摆处有锦边装饰，头戴高顶毡帽，腰束蹀躞带，上有多种饰物，下身穿小口裤，脚穿高靿靴等（图6-27）。

（五）宋辽金元时期服装概述

宋辽金元时期，封建制度转向衰落。辽、金、元时期是充分展示北方游牧民族服装的时期，也是中国服装发展历程中又一个民族服装大交流、大融合时期。

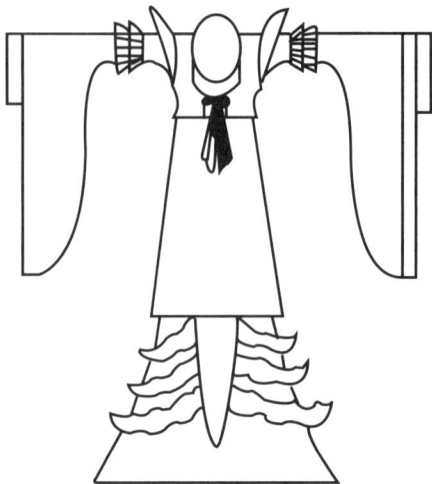

图6-26　唐代女子舞蹈服示意图

图6-27　女穿胡服示意图

1. 男子服装　宋朝实行贵贱有级的服装制度。官服制度沿袭唐代。主要分为祭服、朝服、公服、时服等。

（1）祭服。宋朝的祭服起用了古时的全部六种祭服。其形制是以唐时冕服为基础，参照汉以后的各种式样而制订的。

（2）朝服。从宋朝开始，官员穿朝服，必定在脖子上套一个上圆下方的饰物，叫作"方心曲领"（图6-28）。

（3）公服。宋代公服仍承唐代公服之制，以服色来区分官阶。三品以上为紫，五品以上朱，七品以上为绿，九品以上为青。其形式仍用袍制。因最为常用，在宋时又称常服（图6-29）。

图6-28　宋代朝服示意图

图6-29　宋代公服示意图

（4）时服。宋代依前代制度，按季节，如每年的端午、十月或五圣节等，颁赐各官服饰，叫时服，并且所赐的范围越来越大。

两宋时期，普通百姓男子的服饰主要有襕衫、直裰、袍、襦袄、衫、褚子、道衣、褐衣、蓑衣、腹围等。

2. 女子服装

（1）褙子。褙子是宋代时期最具特色的女装，是皇后、贵妃、公主、命妇、百姓女子、歌舞伎等都喜欢穿的常服，甚至男子也穿褙子服装。

褙子以直领对襟为主，前襟不施襻纽，袖有宽、窄两式，衣长有齐膝、膝上、过膝、齐裙至足踝几种，穿在襦裙之外（图6-30）。

（2）襦、袄。襦、袄造型基本相同，较短小，长至腰，分大襟与对襟两种。穿短襦时喜欢将衣襟放在裙腰之外。袄，有衬里并内加棉絮。通常贵族妇女以紫红、黄色为主，用绣罗并加上刺绣。而百姓妇女多以青、白、褐色为主。年纪大的妇女喜欢穿紫红色襦袄（图6-31）。

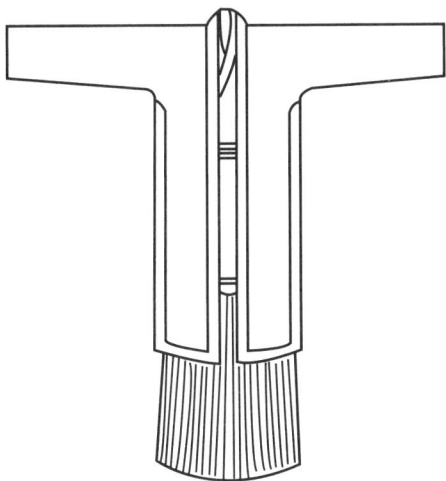

图6-30　宋代褙子示意图

图6-31　宋代襦裙示意图

（六）明代时期服装概述

明代是汉民族统治政权时期，对整顿和恢复汉族人的习俗十分重视，其冠服制度"上采周汉，下取唐宋"进行了重新调整，巩固和完善了中华传统服饰，使汉民族的传统服饰成为我国近世纪服饰艺术的典范，并影响至今。

1. 男子服装　明朝对文武官员的服饰规定过于严厉、细致，最能代表官服制度的是洪武二十三年定制的官服形制，以后的修改都在此基础上进行。不同皇帝时期对文武官员的朝服、公服等进行过多次修改与制订。明朝文武官员服饰主要有祭服、朝服、公服、常服等。

（1）祭服、朝服。祭服、朝服制度大体承袭古代冠冕衣裳、朝服之制，文武官员凡遇大祀、庆成、冬至等重要礼节，不论职位高低，都戴梁冠，穿赤罗衣裳。

（2）公服。官员早晚朝奏事、谢恩、见辞等活动时要穿公服。公服的团领衫的形制是盘领、右衽，衣料用缎织物或纱、罗、绢，袖宽3尺。一至四品绯色袍，五至七品为青袍，八、九品是绿袍。团领衫的前胸、后背处绣禽鸟与走兽的图案以区别身份，文官绣禽纹，袍略短；武官绣兽纹，袍略长。腰带有銙，官位不同，銙的数量与材质也不同。一品用玉，二品用雕花犀角，三品用金银花，四品用素金，五品以下为乌角（牛角）（图6-32）。

图6-32　公服示意图

2. 女子服装

（1）褙子。褙子出现于宋朝，流行于宋元明三朝。款式有多种，典型款式为衣长至膝部，直领对襟、长袖。腋下两侧开衩，初时系腰带，后来不系带。明朝褙子不仅皇后、命妇可服，普通女子也可穿着，但在颜色、图案上有严格区别，普通妇女的褙子服也作为闲居时穿用。

（2）比甲。比甲是一种无领、无袖、对襟式的长上衣，衣长离地不足1尺。比甲成为青年女子、士庶妻女及女婢日常喜欢穿着的外衣，由隋唐时期的半臂演化而来（图6-33）。

（3）水田衣。一种以各色零碎锦料拼合缝制成的类似袍的衣裳，形似僧人所穿的袈裟，因整件服装织料色彩互相交错、形如水田而得名。水田衣简单而别致，深受广大妇女喜爱（图6-34）。

图6-33　穿褙子与比甲的妇女

图6-34　明代水田服

（七）清代时期服装概述

清代是中国历史上封建社会的最后一个王朝，是中国古代服装发展史上的最后一个阶段，是以典型的北方游牧民族满族服饰为主的阶段，清代服装是清统治者以暴力和禁令进行强制的结果。因此，这也是中国服装演变史中发生重大变异的一个时期。

1. 男子服装

（1）常服。皇帝有龙袍，另有常服，为衣裳式，圆领、对襟、袖口平、左右开衩，穿在袍外。常服的衣料多选用单色织花颜色，常见为石青色，采用象征吉祥富贵的纹样，如团龙、团寿、团鹤、蝙蝠等，寓意万事如意、福寿绵长。清代皇帝常服大多是江宁、苏州、杭州的织造所生产，质地精细，纹饰规则（图6-35）。

（2）蟒袍。蟒袍是官员的礼服，又称"花衣"。蟒纹与龙纹有些相似。为了与龙袍区别，蟒纹即少了一爪的龙纹，俗称"五爪为龙、四爪为蟒"。《钦定大清会典》卷四十七："蟒袍，亲王、郡王，通绣九蟒。贝勒以下至文武三品官、郡君额驸、奉国将军、一等侍卫，皆九蟒四爪。文武四五六品官、奉恩将军、县君额驸、二等侍卫以下，八蟒四爪。文武七八九品、未入流官，五蟒四爪。"如图6-36所示。

图6-35　清代常服

图6-36　清代蟒袍

（3）补服。补服也叫"补褂"，是清朝官服中重要的一种形制。补服袍制略短，无领、对襟，袖端平，前后各缀有一块补子。

（4）马甲。马甲是一种无领、无袖的上衣，开襟形式有一字襟、大襟、琵琶襟和对襟。其中一字襟马甲，俗称"十三太保"，是一种多纽扣的马甲，满语称"巴图鲁"。这种马甲四周镶边，在正胸钉一横排纽扣，共13粒。先在朝廷要官服用，故称"军机坎"。以后，一般官员也多穿着，成为一种半礼服。清朝晚期出现了对襟马甲（图6-37）。

（5）长袍、马褂、马蹄袖。长袍为清代主要的男装式样，造型比较简单，立领直身，前后衣身有接缝，下摆有两个开衩、四个开衩和无开衩几种。清代在长衣袍衫外，上身都另穿一件马褂。马褂较短，长至腹肚部位，有长袖、短袖、宽袖、窄袖、对襟、大襟、琵

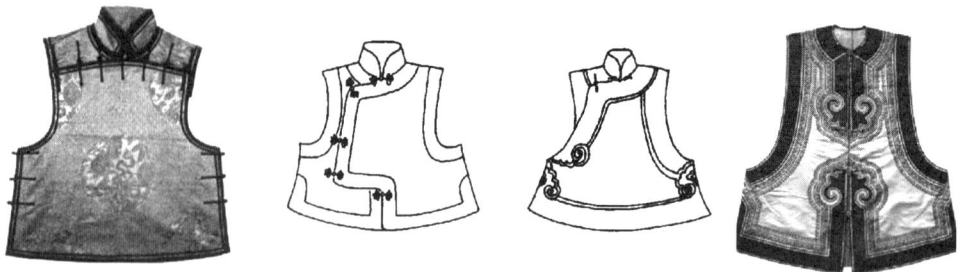

图6-37　清代马甲

琶襟等多种样式，袖口平齐，不作马蹄式。马蹄袖是因其形状似马蹄而得名的。

2. 女子服装

（1）满族女装。满族女穿"旗装"，梳"旗髻"，穿高底旗鞋。旗袍由满族妇女的长袍演变而来分为单、夹、皮、棉四种。传统旗袍与现代旗袍有明显区别。最初的高档传统旗袍样式宽大平直，讲究装饰，领口、袖头、衣襟都绣有不同颜色的花边，镶嵌滚彩，从样式到做工都十分讲究。旗袍的样式后来发生了一些变化，下摆由宽大改为收敛；袖口也由窄变肥，又由肥变瘦。至咸丰、同治年间，镶滚达到高峰时期，旗女袍服的装饰之烦琐，几至登峰造极的境地（图6-38）。

（2）汉族女装。清朝初期，汉族女子服装与明末相同，以传统的袄裙套装为主。中期以后妇女多穿裙装和套裤。乾隆时期，妇女喜欢穿镶粉色边的浅黄色衫，下配绣花边的裙子（图6-39）。

图6-38　清代满族女装

图6-39　清代汉族女装

汉族女裙以红色为贵，喜庆时多穿红裙，这种吉祥理念影响至今。镶滚绣彩是清朝女装的一大特点，一般在领、袖、襟、下摆、衩口、裤管等处进行装饰。早期三镶五滚，后来发展为十八镶滚。

汉族女服装由内到外是：肚兜、贴身小袄、大袄、坎肩、云肩、披风。清朝后期汉族中的贵妇也仿用满族旗袍或装饰手法，使满汉女装在演变中渐渐形成融合趋势。

（八）20世纪前半叶中国服装概述

清末至新中国诞生前的这一段时期内，外国资本主义的势力侵入中国，西方资本主义文化对中国的影响日益加深。中国在此期间经历了迅速而巨大的变化，整个社会处于激烈的斗争和动荡之中，新旧事物不断更迭，服饰也处于新旧交替、西方文化东渐的形势之中。至此，以服饰划分等级的规定，也随着帝制的结束而彻底消亡了。

1. 男子服装　民国时期，男装形成了中山装、西装、长衫三足鼎立的局面，有中有洋，亦中亦西，这三种男装对后来服装的发展影响很大。

（1）西装。民国时期公务人员率先西装革履出入公共场合，对民众起了示范作用。国内的洋行买办、银行高级职员、富家子弟、社会名流等追随时尚，社会上出现了第一次的"西装热"（图6-40）。

（2）中山装。1925年4月，广州革命政府，为了缅怀孙中山先生的历史功绩，把他倡导的服装命名为中山装。中山装成为国民革命的象征，后人赋予中山装多种含义。

例如：前襟4个口袋象征"礼、义、廉、耻"国之四维；前襟由7粒改成5粒纽扣，象征孙中山创建的五权宪法，还象征汉、满、蒙、回、藏五族共和；袖口上的3粒扣象征民族、民权、民生的三民主义，也象征"联俄、联共、扶助农工"的三大政策；中山服的兜盖，是倒山形，是笔架的造型，表示对文化人的倚重和以文治国的理念；后下摆不破缝，象征祖国统一；领口紧闭的关门领，象征着严谨治国等（图6-41）。

图6-40　民国时期男子西装

图6-41　民国时期男子中山装

（3）长袍、马褂。头戴瓜皮小帽或罗松帽，立领、大襟右衽、直身袍式，左右两侧下摆处，开有30厘米左右的长衩，脚蹬布鞋或棉靴，是民国时期中年人及公务人员交际时的装束，俗称"长衫"，又称"大褂"（图6-42）。

图6-42 民国时期男子长袍、马褂

2. 女子服装

（1）袄裙。民国初年，因留日学生增多，服装式样受到很大影响，出现窄而修长的高领衫袄和黑色长裙，且不佩戴饰物而被称为"文明新装"。这一时期的"文明新装"特点是：上衣腰身窄小，大襟，衣长不过臀，袖短、喇叭形，衣摆圆弧形，略有纹饰。这种简洁、朴素的袄裙与旗袍一起成为20世纪前半叶最时髦的女性服饰（图6-43）。

图6-43 民国时期女子袄裙

（2）旗袍。旗袍本意为旗女之袍。20世纪20年代初普及满汉两族妇女。袖口窄小，边缘渐窄。到了20世纪20年代末，受外来文化的影响，旗袍进一步被改进，长度明显缩短，收紧腰身，至此形成了富有中国特色的改良旗袍（图6-44）。到30年代，旗袍已经盛行。样

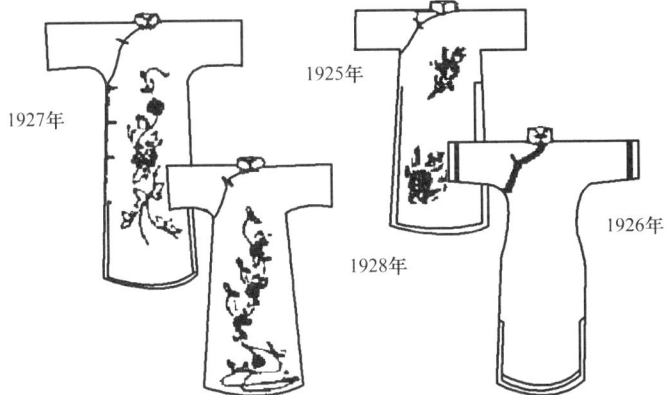

图6-44　20世纪20年代旗袍

图6-45　20世纪30年代旗袍

式也不断发生变化，但其变化主要集中在领、袖及长度方面（图6-45）。40年代的旗袍，在30年代的基础上又进行了大胆的改良。款式上更趋于现代化，长度又恢复到20年代的以短为美的款式，线条更加简练、流畅，使女性的曲线更加突出。开襟、裁剪、缝制等方面也有了很大的改进。并且，在旗袍的穿法上也发生了一些变化，或仿清代，或与西式服装合璧，或有披肩等。

（3）斗篷。民国时期的斗篷受西方服饰的影响，在款式上有所变化。如由原来的无领或立领演变成翻领，冬天还可以用毛皮领，面料上也趋向多样，并且去掉了一些烦琐的花纹（图6-46）。

（4）连衣裙。民国时期，国外的一些服装款式和裁剪手段传入中国，连衣裙就是当时传入中国的一种新款式，但当时穿连衣裙的仅限于城市中的少数女子（图6-47）。

图6-46　民国时期女子斗篷

图6-47　民国时期女子连衣裙

三、绚丽多姿的外国服装发展

（一）古埃及、巴比伦及亚述服饰

由于气候常年温暖，埃及服装均由棉麻制成。埃及起初最基本的男装是采用一长块布巾围在臀部并用腰带系住的缠腰裙"申提"（图6-48）。女装为直筒紧身裙，自胸而下长至脚踝处，往往是单肩吊带或双肩吊带（图6-49）。上身通常裸露，只有上层人士才穿着长及肘部，于胸前交叉折叠的碎褶披肩（图6-50）。后来出现的筒形服装"卡拉西利丝"，透明且带有精美的褶裥，男女均可穿用，可以保持宽松也可以腰部系腰带（图6-51）。

巴比伦和亚述的服装主要有两种，一种是或长或短，边缘带有流苏的袍服"坎迪斯"；另一种就是各种规格尺寸的流苏披肩，尽管巴比伦和亚述也有麻织物，但其服装的主要用料是羊毛（图6-52）。

图6-48 "申提"

图6-49 刺绣紧身筒裙

图6-50 碎褶披肩

图6-51 "卡拉西利丝"

图6-52 流苏"坎迪斯"和流苏披肩

（二）古希腊服饰

在支里特迈锡尼时斯，希腊女性穿紧身胸衣以及裁剪缝制合体的裙装。臀部合体的喇叭裙长及脚踝，并有数层荷叶边或花边。带有装饰的波蕾若短款精制上衣、长及腰节，前开襟，胸部暴露（图6-53）。

希腊本土文明时期的服装宽敞流畅，男女衣着相近，称为基同。女装长及脚踝，男装长及膝部。基同通过将长方形的羊毛或亚麻面料两侧缝合，肩部用别针固定而成。毛制基同称为多利克基同，上端折叠，腰部系带（图6-54）；亚麻、精棉以及后来的丝绸面料制成的基同称为爱奥尼克基同，往往采用长方形面料，在臂部用别针或纽扣连接，系好腰带后形成宽松的袖子（图6-55）。

图6-53　紧身衣与合体裙　　　　图6-54　多利克基同　　　　　　图6-55　爱奥尼克基同

"希玛申"是一种长方形毛织物的围裹式外衣，男女均有，有时可以作为单穿的男装（图6-56和图6-57）。而骑士、旅行者和士兵则更喜欢穿着便于活动的毛织物短外套"克拉米斯"（图6-58）。

（三）古罗马服饰

"托加"是古罗马时期男性普遍穿着的外袍，其作用与古希腊的"希玛申"相同，只是形状不同，托加呈半圆形，而且较大、较重，也比较复杂。普通人穿白色托加，官员、神职人员穿着带有紫色镶边的托加，绣金的紫托加则是贵族、皇室的传统服装（图6-59）。

图6-56　女装希玛申　　图6-57　男装希玛申

图6-58　克拉米斯

图6-59　托加

图6-60　丘尼卡

　　在外袍里面不论男女都会穿着相当于希腊"基同"的筒形衣"丘尼卡"，其形式上是一种有袖、宽敞的袋状贯头衣。男子多用羊毛织物，女子则为相对轻薄的亚麻布制成。丘尼卡用两片面料构成，留出领口和袖口，在两侧和肩部缝合，袖长可及肘，衣长则男子及膝，女子及脚踝。一般系有腰带，腰下形成自然的衣褶。腰带有宽有窄，皆白色，于室外活动时使用（图6-60、图6-61）。

　　古罗马时期女性主要穿"斯托拉"和"帕拉"，斯托拉是一种女子外衣，其在肩臂部以别针固定，颜色以红、紫、黄、蓝为主，用金黄色线刺上纹饰，为已婚女子和有罗马市民权的女子穿用。斯托拉一般穿在丘尼卡外面，系上腰带，有时在乳下和低腰处各系一条（图6-62）。帕拉是一种披肩外衣，与希腊的希玛申一样，穿在丘尼卡或斯

图6-61　内穿丘尼卡，外穿托加的男子

图6-62　斯托拉

托拉外面。多为毛、麻织物，有紫、红、蓝、黄、绿等色。在公元2世纪时，帕拉还打开包头兼作面纱用（图6-63）。

（四）拜占庭服饰

拜占庭风格同时体现了希腊罗马以及东方的影响，将罗马的悬垂服装与东方的厚质丝绸、花缎、锦缎以及金丝织物的豪华结合在一起。由于基督教的原因，此时人体被完全遮盖，无论男女都穿长袖直筒长袍。达官贵人外穿华丽的披风或者"达尔玛提克"，半圆形，很像罗马的托加。左前边缘有一块体现地位的纹饰，镶以珠宝和金线刺绣。女性在"丘尼卡"外面穿"斯托拉"或"帕拉"，将"帕拉"翻折可以做斗篷，男女都用珠宝镶嵌的别针或者夹子将披风固定在右肩上（图6-64）。

（五）哥特风格服饰

哥特时期的服装优雅精致且复杂华丽，由专门的裁缝师缝制。典型的特征是修长苗条，设计注重腰部，色彩强调明快。男装不再与女装相似。13世纪的女装依旧非常贴体，或宽松穿着，或系腰带。到了14世纪，女装的上半部分开始用系带勒紧，领口宽大，并开始采用扣子。裙子从臀围开始展开，配有很夸张的腰带。女装渐渐上下分开，上衣部分很合体。"苏尔考特"是当时很流行的外衣。袖窿开得极低直至腰线，使腰部得以体现（图6-65）。到哥特晚期，女装轮廓变得非常苗条。紧身的上衣V形领开得很低，腰线上提至胸部。裙子的后裙裾变得很长（图6-66）。

图6-63　帕拉

图6-64　拜占庭服饰

男装筒形衣开始变窄变短，并在前面开始使用扣子。外衣由以往长及小腿逐渐演变成了长及臀围的短外衣"达布里特"。"达布里特"腰部收窄，前面合体，领口用扣子或裁得很低。前胸和袖子的上半部分充填成型，领子高至下巴（图6-67）。类似披风的外衣"豪普兰德"开始流行（图6-68）。

（六）文艺复兴风格服饰

"文艺复兴"字面的意思是再生，即重现希腊罗马时期的文明。但实际上是从中世纪

图6-65 苏尔考特   图6-66 哥特晚期女装   图6-67 达布里特   图6-68 豪普兰德

向现代文明的过渡。丰富多彩的服装广泛采用锦缎、花缎及天鹅绒等华贵面料，并镶嵌大量缎带、滚边、丝带、刺绣及花边等装饰材料。文艺复兴时期女装的主要特点是肩部窄小、腰部紧贴、臀部夸张。与裙子分离的紧身胸衣是当时的一大创新。由此，裙子可以在紧束腰线下方的腹部大幅度展开。与外裙在面料和色彩上有着鲜明对比色的里裙带有刺绣宽边或者天鹅绒镶边，里裙下面是裙撑。袖子与袖窿用带子系在一起，因此，不同服装的袖子可以互换（图6-69）。

在文艺复兴早期，领口通常为圆形、V形或方形低领，后期领口升高并用轮状皱领装饰（拉夫领）。拉夫领越来越大、越来越挺，以致最后形成了服装的一个独立部分（图6-70）。

到文艺复兴晚期，西班牙风格的服装优雅壮观，但也变得僵硬、不舒适，色彩也变得暗淡。男装外形宽阔以致成箱形，由衬衫、筒形外衣及紧身裤袜构成。肩部、袖子都加

图6-69 文艺复兴时期女装   图6-70 拉夫领男装

有人工衬垫。衬衫相当宽松，领口和袖口都有抽褶，并用金线或黑白丝线刺绣抽褶边。服装各个部位都采用切口和分片，以显露出里面不同颜色、不同面料的宽松衬衣（图6-71）。

图6-71　文艺复兴时期男装

（七）巴洛克风格服饰

巴洛克鼎盛时期，富丽堂皇的凡尔赛宫起着引领时尚作用。按照法国当时的法令，宫廷里的人必须穿着最新款式。有关最新穿着方式的信息通过当时最初的杂志和穿着最新款式的男女时装娃娃广泛传播，由此，服装变换比以往任何时期都来得更快。

1. 男装　巴洛克时期的法国服装非常精美奢华，男装有些过分华美甚至过多的女性化，常采用花缎、天鹅绒和锦缎等华贵面料，并带有大量镶嵌线和刺绣。带有刺绣或花边修饰的衬衫从胸部和腰部突出。从开缝的袖子可见装饰华美的衬衫，在宽大袖口的下面可见层叠花边（图6-72）。1670年前后流行一种及膝长的合体外衣，采用锦缎面料，镶有金银线，钉有金属纽扣。外衣里面是相同裁剪但稍短一些的马甲（图6-72）。

图6-72　巴洛克时期男装

2. 女装　女装上衣在荷兰风格时期曾宽松舒适，但到法国风格到来之时再次勒紧。紧身的胸衣前下摆与腰裙相连。拖尾外裙采用与上衣相同的面料。外裙从前面打开，分别从两侧向后面折，最后在臀垫处蓬起形成法式裙裾。展露出的里裙采用滚边、滚条、荏边、缎带及刺绣等方式装饰（图6-73）。

图6-73　巴洛克时期女装

（八）洛可可风格服饰

1. 女装　洛可可时期的服装从坚挺耀眼的巴洛克风格走向轻柔、优美，也许有些漫不经心的风格。奢华的丝绸面料采用单色精致的图案或刺绣，色调清淡柔和。各阶层妇女都穿裙撑。开始都是圆形，后来前后变扁形成椭圆形。里裙平铺在裙撑上，装饰有荷叶边、蝴蝶结、花环及花朵。外裙采用不同颜色的面料，前面打开形成带有精致边缘的三角形。大约自1775年以来，流行裙长至脚面时，裙子在两侧及后面向上抽起，在臀垫处蓬起。胸衣前下摆呈尖角，领口很低并带有饰边。袖长及肘的窄袖带有很多花边和蝴蝶结。直线裁剪的舒适的华托裙松散地垂在裙撑上。裙子前面用缎带拢在一起，裙子后面有很宽的插入褶裥（图6-74）。

图6-74　洛可可时期女装

2. 男装　男装外衣边缘带有修饰，衣长及膝，通常可见里面的长马甲。同时也可看到前面及袖口带有很多花边的衬衫。外衣两侧及后面开有插口袋。随着时间的推移，大衣和马甲的腰线以下部分开始采用鲸骨和马尾衬支撑，使大衣和马甲的下摆与臀部之间形成空间。及膝的紧身短裤通常采用天鹅绒面料。洛可可后期，裤腿两侧带有扣眼，裤口可以在长筒袜外用扣子系住（图6-75）。

图6-75　洛可可时期男装

（九）新古典主义风格服饰

这一时期古罗马、古希腊盛行的清新自然的设计开始复苏。服装表达了对更加自由的生活方式的追求。英国风格的宽大拖尾长裙以轻柔的褶裥取代了以往的裙撑或臀垫。短夹克与裙子相配。长大衣前面有一部分裁掉，领型为小青果领。执政内阁府时期出现了薄布连衣裙。腰线上移至胸下。与抽褶大低领相呼应，腰线处也抽有碎褶。透明面料的裙子带有很多褶裥，或者无袖或者短袖，并有长长的裙裾。里面是简单的肉色针织直筒裙。华贵的羊绒披肩用于冷天或阴雨天（图6-76）。

到帝政时期，高腰上衣部分开始与下面的裙子裁开，形成非常贴体的紧身衣。常常用镶有花边的高领来突出领部。袖子通常为泡泡袖或切口短袖。裙子渐渐变挺、变窄、变短（图6-77）。

大革命时期的男装深色外衣领子高、尾部宽、袖子长而窄。此款逐渐演变成燕尾服，并成为中产阶级的主要服装。两排扣子可以系上，也可以敞开。高腰裤子裁得很瘦，通常采用针织面料。贴体短马甲通常与高领衬衫相配，领口配有大领巾或领结（图6-78）。

（十）浪漫主义风格服饰

浪漫主义时期的风格是早期几大风格的混合体，尤其是文艺复兴、哥特及洛可可元素的复古。

图6-76　新古典主义风格女装一

图6-77　新古典主义风格女装二

图6-78　新古典主义风格男装

1. 女装　女装款式既符合浪漫主义的特点，又适合中产阶级生活方式的需求。服装极富形象力且丰富多彩。在1840年前后，极地长裙再次流行。起初下摆只是一层荷叶边，渐渐地又加上很多缎带、蝴蝶结、刺绣、花边及人造花朵（图6-79）。1860年以后，裙子的前面变平，从膝盖处开始展开，在后面形成多层裙裥。强调上衣的分割线降至臀围，最后外裙上提，折向后面裙撑，使后面蓬起（图6-80）。

图6-79　浪漫主义风格女装一

图6-80　浪漫主义风格女装二

2. 男装　与奢华的女装相比，男装相对精致，强调功能而不张扬。双排扣外衣开始用于日装，燕尾服用于晚装和上层人士的外出服。1860年前后出现了套装，裤子、外衣和

图6-81　浪漫主义风格男装

马甲均采用同种颜色和同种面料。衬衫经常带有刺绣，挺括的系扣领逐步取代了立领和翻卷领。颈饰取决于不同类型的外衣，可以是窄领带、宽领巾或领结（图6-81）。

第三节　服装的设计

一、服装设计的基本原理

服装设计是以服装材料为素材、以服装为对象，借用一定的审美法则，运用恰当的设计手法，对人体进行包裹和装饰，最终完成整个着装状态的创造过程。对于服装设计的概念，很多非专业人士认为服装设计只是对服装款式的设计，这是不全面的，事实上，服装设计是包括款式设计、结构设计、工艺设计等各个环节在内的总称。

（一）服装造型要素

服装设计属于艺术设计和产品设计的范畴，其构成元素与艺术设计的构成元素有许多共同之处，服装造型元素也是由点、线、面、体、材质、肌理等要素构成，这些要素在服装设计上既有其各自的独立个性，又是无法分割的整体，它们相互作用，相互关联。因此，理解和掌握这些造型要素的基本性质和作用是服装形式设计的基础。

1. 点　点是造型设计的最小元素，其在设计中代表了东西的存在，并非只是一个小圆点，也可以是别的形状。在造型学中，可以把点理解成为是有形状和大小的最小面积，是构成服装形态的基本要素，对于人类的视觉来说，服装中的点有很强的相对性。

点是服装设计中最常见的设计手段之一。在一套服装中，为了防止出现单调乏味的情况或者为了寻找视觉中心点，设计者常选用协调的服饰配件作为点的元素加入作品。如：鞋、帽、领巾、领带、手套、包、首饰、纽扣、独立装饰纹样等服饰配件和装饰手段，这些元素常是服装中的点睛之笔，有强烈的诱导视线作用，使服装设计作品完整而明确（图6-82）。

(a)丝巾作为点元素的效果表达　　　(b)独立纹样作为点元素的效果表达　　　(c)服装面料上的点纹样效果表达

图6-82　点在服装造型中的应用

2. 线　线是点的运动轨迹，是面与面的定界痕。在造型学中，线是有长度、宽度的相对可视的形态。线的基本形式分为直线和曲线两大类。

（1）直线。一个点从一个位置向另一个位置移动的最短距离就形成了直线，直线具有硬直、单纯、简洁、男性化的特征。从线的方向上看，横线有平稳、安静、宽阔感；竖线给人伸展、上升、挺拔的力量感；斜线具有新颖、别致、活泼的不稳定感。细实线有敏锐、细腻感；粗实线有坚强、钝重感。线条的不同组合还会产生微妙、奇特甚至截然相反的效果。在服装造型设计中，直线条一般用于男装的设计，也是女装男性化的根本特征。

（2）曲线。一个点做曲线运动时所形成的轨迹。曲线的视觉效果与直线恰好相反，它有优雅、柔美、流畅、律动的美感。曲线是女性化的象征，曲线按形态可分为几何曲线和自由曲线两大类。

在服装造型中，线条的应用频繁而生动，如服装的廓形线、结构缝合线、拼接装饰线、分割线以及面料本身所具有的线条纹样等。不同形态线条的应用创造丰富了服装造型和款式的变化，使服装的美感得到升华（图6-83）。

3. 面　面是造型中又一重要元素，它是由于线的移动和围拢形成的，具有宽度和深度的二维空间概念。在造型学中，面具有一定的形状和大小，面的基本形状是方形、三角形、圆形、多边形等。

在服装造型中，面的概念体现在构成和装饰的各个方面。一件服装可以看成是由若干个大小、形状不同的几何面构成的，有规则的、也有不规则的，有平面、也有曲面。如前衣身、后衣身、贴袋、镶拼面以及通过省道或工艺归、拔手段而形成的各种曲面。

面的作用是用于分割空间，面的表情是依据面的边缘线而实现的。运用线与面的变

(a)横线条的设计加宽了腰臀部位

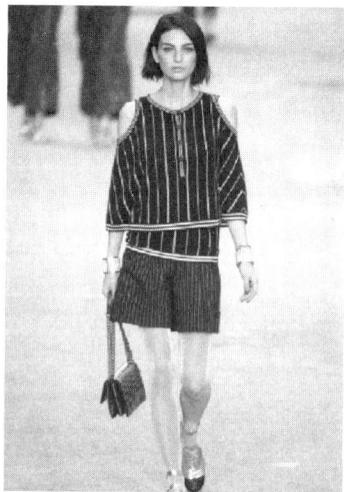

(b)竖线条的挺拔有增高感

(c)优美流畅的线形衣襟设计

(d)曲线条活泼而富有变化感

图6-83　线条在服装设计中的运用

化来分割造型，创造造型，使服装产生适应人体各种部位形状的衣片并力求达到最佳比例，以求得服装造型形式的千变万化（图6-84）。

4. 体　体是由于面的移动或围拢形成的，是三维空间的造型元素。体不仅有长度、宽度，还有高度，它体现了空间感。立体形态的形式有很多，最基本的有球体、圆锥体、正方面体、圆柱体、三角锥体、角锥体以及多面体等。

在服装造型中，空间感是一个重要的概念。尤其在现代服装设计中，很重视考虑服装的空间效应，它通过夸张、光影、色彩等手段使服装达到新奇的目的。另外，服装塑造的基础是人体，服装与人体的协调是服装设计的关键，如何将平面的面料与立体的人体完美组合，创造无限的自由设计空间，体的设计显得异常重要（图6-85）。

图6-84 面在服装设计中的应用

图6-85 体在服装设计中的应用

（二）服装形式美学原理

服装美学是现代服装设计的知识基础，如何使设计构思所表达出来的服装形式与人们的审美心理产生共鸣，这就需要研究人们的审美心理，了解造型艺术和形式美的规律性，并掌握这些规律，在服装设计中加以灵活运用。

1. 对比与调和 对比是将构成服装各因素之间的差异协调到视觉可以接受的最高限度，表现为相异、相反的因素组合起来的多样性。如明暗的对比，色彩对比，材质的厚薄、轻重、软硬对比或装饰上的分散与集中，线条的曲与直对比等。调和则是将各组成因素的差异降低到最低限度。表现为相似、相近、相同的因素组合在一起的统一性。

在服装设计中，对比与调和可以单独表现，也可以同时出现，且同时出现的情况较多，只有对比没有调和的作品会显得过于乖张、刺激、生硬，而没有对比只有调和的作品又会显得单调、乏味。因此，二者的协调关系是充分利用各种设计元素，在对比中求调和或在调和中体现对比，使作品既突出个性又体现整体的和谐统一（图6-86）。

(a)色彩的对比与调和 　　　　　　(b)面料的对比与调和 　　　　　　(c)图案的对比与调和

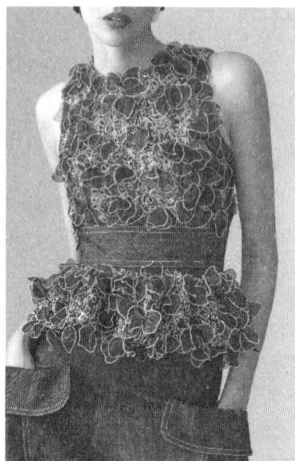

图6-86　服装设计中的对比与调和

2. 对称与平衡　　对称是以轴或点为对称轴或对称中心，左右或上下元素在量、形、质上完全或接近完全相同的形式，有左右对称、上下对称和旋转对称之分。平衡是指对称轴或对称中心两边的元素在形、量、质上有一定的差异，但在视觉效果上却有"体、量相当"的平衡感。对称的形式给人以庄重、严肃、权威感，但有时过于沉闷、单调、乏味；而平衡则具有活泼、跳跃感，同时又不失稳重、优雅感。因此，应根据服装的不同用途和设计思想有目的地选择对称与平衡形式（图6-87）。

3. 节奏与韵律　　节奏是一定单位的形有规律地重复出现而产生的。有重复节奏和渐

图6-87　服装设计中的对称与平衡

变节奏之分，在渐变节奏中，每一个单位包含着逐渐变化的因素，从而淡化分节现象，有较长时间的周期特征，这便是韵律。韵律既有内在的秩序，又是多样变化的复合体。在服装设计中，线条的长短、粗细、虚实、疏密、起伏、曲直、间断等；形的大小、方圆、虚实、内外、连环等；色彩的明度、纯度、冷暖、层次的对比与变化都可以形成丰富的节奏和韵律美（图6-88）。

图6-88　服装设计中的节奏与韵律

4. 比例与长度　在服装设计中，比例和长度是指服装各部分尺寸之间的对比关系，它不仅与人体工效学、服装实用性有关系，同时也与服装外观的分割、面积的分配以及装饰的视觉效果有着密切的关系。如古希腊1∶1.618的黄金比率被认为是最美的比例形式而广泛应用。其近似比例为3∶5或5∶8是服装长度设计中经常采用的比例形式。当然，比例的形式还有很多，在服装的长短、分割、宽度设计中，灵活运用各种比例形式，是取得和谐完美的服装效果的重要法则之一（图6-89）。

图 6-89　服装设计中的比例与长度

5. 变化与统一 在装饰艺术中，统一是秩序，变化是生命。一个服装系列的各个组成部分，既要有统一的、共同的元素，又要有不同的、变化的元素。如服装的内外搭配，服装主体与服饰配件的组合，服装系列化的产生等都渗透着统一与变化的原理。统一与变化是相辅相成的，是服装设计常用法则之一（图6-90）。

图6-90 服装设计中的变化与统一

6. 强调 服装设计，尤其是时装设计应在视觉效果上有所强调，即最吸引人们视觉的视觉中心，这往往也是此套服装的精彩之处，它使得服装效果更具有整体、真实、完美性。它可以是一组褶饰、一件披巾、一枝胸花或者一条流畅的装饰曲线，只要它突出强调了一种美感、一种意境，作品就会因此拥有灵性而动人心弦（图6-91）。

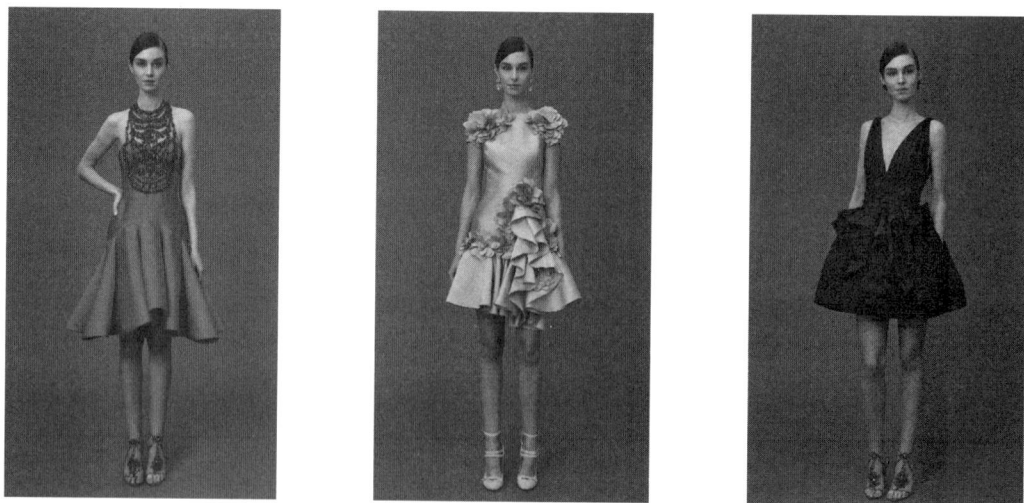

图6-91 服装设计中的强调

综上所述，形式美的法则是灵活而丰富的，在一件或一组服装作品中，可以应用一种手法也可多种手法相互结合，最终取得新颖和谐的创作效果。

二、服装设计的完成程序

一项完整的服装设计任务的运作完成步骤是以下要探讨的。设计师的工作及工作量、任务分解等细节问题，都是在系统学习服装设计中需要知道的，这对于具体的设计实践非常有指导意义，而且对于科学高效地从事服装设计也是必不可少的必修内容。

具体的服装设计大致可以分为以下过程：分析设计提要、研究收集的资料、设计构思、草拟模型、设计调整、规格设计、结构设计、坯布样衣试制、裁剪排料、缝制整烫、完成和评价。

1. 分析设计提要 设计提要来自设计方案，是对要考虑的设计问题的范围和要解决的设计问题的摘要性描述，通常包括设计任务（包括有否特殊设计要求）、设计规定完成期限、具体工作量、市场报告判别、对具体设计内容的考虑、设计表现和展现所用的手段的要求等方面内容。

对设计提要的分析应当从解构开始，以重组结束。设计提要的内容主要可以归为以下三类。

（1）关键元素。关键元素是设计提要的要点所在。

（2）情境元素。情境元素是次要元素，用来帮助确定关键元素所要求的环境背景。

（3）干扰元素。干扰元素是对关键要素的干扰。可见这三类内容都是围绕关键元素，亦即设计要点展开的。

对于设计提要的分析通常有两种做法。一种是直逼问题法，确认并解决关键问题，从而生产出更好的产品或者提供更好的服务；另一种是寻找机会法，通过创新设计，抛弃陈旧的设计和服务理念，改变满足顾客需求的方法。

但是，无论运用哪种方法，都是以充足的市场信息作为保证的，只有充分了解市场，才会使后面的设计工作有的放矢。

2. 研究收集资料 这一阶段主要研究的是灵感、市场调研结果、创新点、流行趋势、织物选择和织造等。

（1）灵感。《辞海》对"灵感"的解释："一种人们自己无法控制、创造力高度发挥的突发性心理过程。即文艺、科学创造过程中由于思想高度集中、情绪高涨、思虑成熟而突发出来的创造能力。"柏拉图在其对话集《伊安篇》中，把灵感解释为一种神力的驱遣和凭附，当诗人获得灵感时，"心理都受到一种迷狂支配"。

其实，灵感的产生是创造者对某个问题长期实践、经验积累和思考探索的结果，它或是在原型的启发下出现，或是在注意转移致使紧张思考的大脑得以放松的时机出现。灵感在一切创造性劳动中，都起着不可轻视的作用。

灵感方面的内容则是设计师本人的积累和专业素质的基础，和设计师的个人经历有较大的关联。

（2）市场调研结果。市场调研的结果会因为调研方法的不同而不同，对调研对象要采取客观、公平的态度，因为只有快捷、有效地取得反映市场情况的准确资料和大量数据，才对服装产品策划和进一步的设计工作有参考价值。如果是采取问卷调研的形式，就要尽量使得问题设计得精炼、准确、便于在短时间内予以迅速回答。对于结果的统计通常采取随机取样的方式，要求规范，按照既定路线进行，不能过于集中。

对于调研得到的数据，不得因调研遇到困难而随意更改，数据不能人为编造，要保证问卷的真实有效性。对于这样的结果分析，要精简，过于冗长的分析报告不利于后面的引证。为了给决策提供依据，调研的分析不能掺杂个人对调研对象的好恶，分析尽可能做到客观实际、合乎情理。如果是采取观察的方法进行调研，对于结果的统计要保证完整性，在一定的时间和地点内观测的时候，要将所有需要的数据完整无误地记录下来。

分析市场调研结果后，为了便于后面开展工作，最好总结整个调研情况，做一份调研报告，提供给决策者和设计人员。一份完整的调研报告，除了包括调研任务、调研方法、调研途径、工作过程、遇到的问题、分析问题、调研结论之外，最好再针对调研内容提出一些可供决策者参考的建议。

在调研报告中，需要罗列大量的数据和实例，配合图片、表格等形式来清晰表达。报告中的文字力争做到平实、精练、准确、实效，切忌夹杂水分、堆砌辞藻、口语化和条理不清等。

（3）创新点。创新有两种形式，一种是原创式创新，另一种是增加式创新。举个直观的例子，索尼随身听就是原创式创新，因为产品问世前，人们没有使用过类似的随身听，索尼产品改变了人们在公共场合听音乐的方式，除了是产品上的创新，也是一种生活方式的创新。欧宝（OPEL）公司在英国的品牌Vauxhall Zafira在为市场上增加了载人工具的同时，因其后座可以折叠放平来存放东西，从而改变了人们对车内空间的利用，是一种增加式的创新。成功的原创式创新最终在市场上消失之前，可能不断地被增加创新，创新是循环的。

寻找创新点，就如同寻找机会，对于这种机会的识别，我们可以做出"随时反应"，自己被动地等待遇到问题，或者是看到周围的人遇到问题，或者是从书刊杂志上看到别人遇到问题等；也可以"提前反应"，积极主动地去寻找问题，根据看到的现象提出一系列问题。

（4）流行趋势。流行趋势不断地受到经济、社会、政治、文化等变革的影响，这也为设计师提供了基本的设计方向。对于流行预测的信息，如果是设计师极少遇到的流行走向，可谓是设计的突破口，成为下一季设计的亮点。流行趋势咨询机构的出版物也是分析研究流行的重要资料，如：《促销风格》（Promostyl）、《流行趋势联合会》（Trend Union）、《卡琳》（Carlin）、《世界各地流行趋势》（Here&There）等。而《纺织观察》（Textile）、《国际纺织品》（International Textiles）和《流行精品》（Tread collezioni）属于流行预测期刊。

两者内容的侧重不同，面向的主要对象不同，价格差别很大。前者主要面向设计师、零售商以及生产厂家在内的客户这些特定人群，成本高，价格贵。而期刊的价格往往较低，期刊对一个季度的流行预测进行总体介绍，其中包括经过编辑整理的设计师时装发布精粹，同时还提供和市场有关的一般性信息。

（5）织物选择和织造。在批量生产部门工作的设计师，需要培养对织物性能的感受力，知道如何最大限度地利用其性能。了解织物结构和技术性能方面的背景知识是很重要的，因为很多的成功设计，都是在面料上面做文章，充分利用因其结构而产生的材料的最好性能。

在平时的实践过程中就要做个学会积累的有心人，把选定的织物裁成面料小样以进行不同的组合，创造出织物的不同搭配方法。最后确定如何运用。在搭配试验的过程中，获得的任何有趣的想法都可以随时添加到设计草图上。

同时，还要熟悉面料的风格，尝试不同的布料，有助于设计人员扩大视野、积累经验。织物的成分及其成型方法，机织、针织、粘合等，决定着它们的材质和手感。服装的触感，也是影响设计成败的关键因素之一。对设计师来说，重要的不是要知道织物的化学成分，我们要着重了解的是其外在美感、手感、悬垂感和结构，当然除此之外，还要考虑市场定位和季节对设计的限制。

3. 设计构思　构思是指在孕育设计作品过程中所进行的思维活动。在进行前期的了解设计要求，研究手头资料后，如何将思路理清，把想法归纳整理，以备下面的草图实现，是设计中很重要的环节。

构思的好坏直接影响最终服装设计成品的效果好坏。在构思这一阶段，我们主要考虑确定服装的造型与色彩，选择合适的面料与辅料，考虑对应的结构与工艺，设想服装的最终穿着效果等，在大脑中完成一件服装生成所需要进行的一切步骤。

4. 草图表现　上面构思的结果，通常是经过这一步的草图来记录的。记录在草图上，才可以将一个最初的概念拓展开来。这一过程不仅仅是记录自己的设计理念，还有通过不断尝试而萌生的新的想法。

图形表现既可以是服装效果图表现，也可以是服装款式图表现。服装效果图是结合人物造型表现的，具有较为真实的穿着效果且生动形象；服装款式图是以服装的展开形式表现的着重二维图形特征的设计图，具有清晰明了的特点。

5. 设计调整　对于设计得到的结果，要重新回到设计要求，看看设计表达出来的效果是不是符合最初的设计要求，有没有出现原则上的不同。如果只是个别小的问题，就需要对它们进行细节上的调整和处理，以最大限度地符合设计要求。

6. 规格设计　规格是指服装各部位的尺寸，是服装在结构设计之前必须确定的。规格最好由设计师确定，因为只有设计师最清楚想要的设计效果，如果由其他人来完成，可能会使成品不是设计师想要的效果。

衣服是给特定的人穿着的，特别是对于定制服装，一定要量体（亦称采寸），是指用软尺测量穿着者各部位的尺寸。量体要求客观准确，不管是为个人，还是为团体，有时候需要逐个人进行，有时候需要随机抽样进行。在随机抽样测量的过程中，要注意特殊体形者的测量。如果是在公司批量生产中按照标准号型生产，就可以省去量体的步骤。

得到量体尺寸后，还没有结束，还要对这些尺寸进行归纳分析，根据造型特点确定最终的成品尺寸。量体得到的尺寸一般是净体尺寸，是进行服装宽松最加放的依据。如果是需要批全生产的服装，则要根据国家有关标准进行推档处理。有些成熟品牌，本身已存在一套成熟的规格尺寸，所以可以省略量体步骤而直接确定新产品的规格。

7. 结构设计 服装的结构设计一般是指相对于服装外轮廓设计而言的内部结构的设计，一般包括功能性结构、审美性结构和生产性结构三个方面的结构设计。在各类服装设计中，内部结构是不可或缺的基础要素，除解决一般的服装成型外，大量设计通过结构手段才可以实现，有些设计师会格外强调内部结构的创意设计，并将此作为其主要服饰风格。

功能性的结构比较好理解。如合体、舒服、便于活动都是对作为服装的基本机能要求，还有就是一些附加和扩展的服装外在功能，以适应在不同的自然和人为环境中方便人们使用，如专业的滑雪服、太空服等。说到审美结构，我们不得不说的是，整个20世纪，高级时装、高级成衣、大众成衣的设计师们共同创造了很多基于审美要求的结构方面的设计。80年代的日本设计师山本耀司（Yohji Yamamoto）就被人们称为"审美结构大师"。他以和服为基础，采用层至、悬垂、包缠等手段，形成一种非固定结构的着装概念，善于从传统的日本服饰中吸取美的灵感，通过色彩与材质的丰富组合来传达时尚理念。生产性结构主要是指服装上的各种结构线，体现在服装上的各个拼接部位，共同构成服装整体形态。按照形态，可以分为省道、各种拼接线、衣褶线、分割线（开刀线、装饰线）等。

正确巧妙地运用这些结构线的设计，正是一个专业服装设计师与一个画家的区别所在。服装的结构线不论繁简，不外乎由直线、弧线和曲线结合而成。因为各自形态的不同，给人的视觉感受也是不同的，直线给人单纯简洁之感；弧线均匀而平稳流畅；曲线动感较强，轻盈、柔和，尤其适宜表现女性的柔美。

8. 坯布样衣试制 坯样是指用成本较低廉的代用材料试制的初级样衣。服装制版完成后，为了确保样衣的质量，往往先将按照结构设计的结果剪裁好的衣片进行假缝处理。假缝是指用手工针法或衣车大针迹将服装缝合成易于拆开的状态，以便发现结构设计中的不合理之处，便于及时更正。坯样的试制主要就是解决结构在空间状态的合理性和美观性。

完成坯样后的首次试衣有两种形式，一种是在模特架上试穿，另一种是真人试穿。所以，如何选择与样衣尺寸相近的模特或者真人，也是非常重要的。

在试衣的过程中，我们主要看服装与人体是否相符合，是否有结构上的错误，而且穿着效果是否与效果图相一致，如果发现不妥之处，要拆开缝线及时修正。修改后，再做成坯样继续试穿，试衣可以反复进行，直到达到预想的效果。有一点需要注意，在确定最终样板前，必须找真人试穿。

9. 裁剪排料　根据坯样的结果，对纸样进行修正后，就可以进行裁剪了。在进行正式的裁剪之前，要对面料进行预处理。如：外观质量，是否有疵点或是倒顺毛，预缩水处理，熨烫检验，看是否与粘合衬匹配，清洁处理，表面肌理处理，印花处理等。

如果是单件定制服装，留出必要的缝分就可以了，但如果是批量生产，则需要套排衣料，尽量最大限度、最好效果地使用面料，这样既保证裁片的准确，又要避免浪费，对于可能需要再次修正的部位，要放足缝分。

10. 缝制　缝制是按照工艺设计要求进行服装样衣制作，此时的工艺要求很高，应该说样衣的工艺要求是所有同品种服装中做工最精细的。作为批量生产服装的技术参照标准，样衣的制作稍有疏忽，便可能在批量生产中出现残次现象，造成生产损失。所以在样衣的制作过程中，有时候还是需要进行再次假缝试衣和修正。

11. 完成和评价　样衣缝制好以后，要与预想的效果作比较，如果差异很大的话，就要找出问题所在，对样板进行修改，并再次进行样衣缝制，直到样衣最后达到所要的效果，设计阶段才算正式结束。下面的工作就可以交给生产部门和销售部门去完成。

为具有更加完善的设计，对以后的设计有所帮助，最好在这些工作做好之后，有个简短的评价过程，对于整个设计过程中好的和不好的方面及时评价总结，为了更好地进行今后的设计而不断积累经验。

如果在投放市场后，能了解到批发、零售信息则会更加完善这个评价过程，如果销售信息能够迅速反馈到公司总部和设计部门，除了能够保证进货率，还可以让设计师做到心中有数，清楚地知道哪些因素是成功的，对于设计也具有非常重要的实际意义。

三、服装设计的着眼点

所谓的设计着眼点，也叫视觉中心，设计中心或设计焦点。是指在整个设计中引起视觉兴奋、最引人注目的部位。视觉中心在卖场中也叫卖点。一件设计作品，能够得到众人交口称赞，必须能够吸引别人的注意力并得到广泛的审美认同。初学设计者由于对设计的概念体会不深和设计经验的缺乏，往往喜欢在设计中堆砌许多东西，形成视觉中心分散，款式累赘的局面。

1. 流行角度　流行角度是指根据流行情报和市场信息进行设计。大部分市场销售的服装都要注意流行感，反映时代特征（图6-92）。

2. 模仿角度　模仿角度是指比照某个典范款式进行设计。模仿是为了汲取典范款式中的优点，在理解的基础上加以利用（图6-93）。

3. 仿生角度　仿生角度是指利用人类对自然界生物研究的结果，将合理而优美的造型、图案以及机能结合到服装设计中（图6-94）。

4. 借鉴角度　借鉴角度是指从历史、文化、民族的视角出发进行设计。这是非常广泛的领域，从中可以汲取大量的灵感（图6-95）。

5. 题材角度　题材角度是指从抽象或具象的立场对设计立意。有主题要求的设计首先要使题材合乎情理，又富有新意感（图6-96）。

图6-92　服装着眼点中的流行角度

图6-93　服装着眼点中的模仿角度

图6-94　服装着眼点中的仿生角度

图 6-95 服装着眼点中的借鉴角度

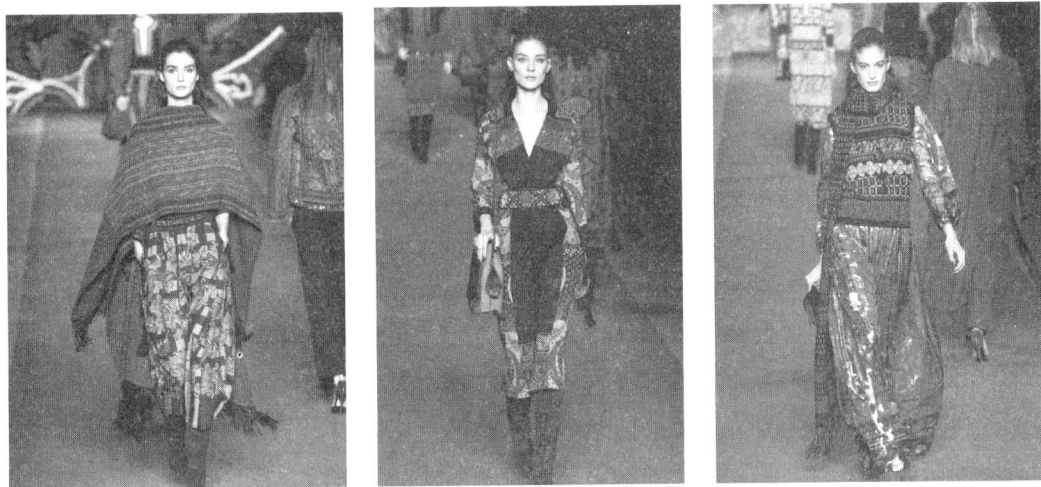

图 6-96 服装着眼点中的题材角度

6. 机能角度 机能角度是指注重服装机能性的设计视角。对工作服、制服等工作场合穿着的服装来说，服装机能尤为重要（图6-97）。

处理好设计中的视觉着眼点的问题，可以增添设计的审美意味，使可能平淡无味的作品实用性和艺术性兼备。设计中心有聚拢视线的作用，可以控制整体与局部的关系，调整设计效果。我们在前面章节讲过的设计的四大构成要素均可以成为服装的侧重点，但材料和工艺的视觉是分散的，而造型和色彩则很容易形成视觉焦点。

随着服装市场的全球化，服装界迎来了越来越多的与国际交流合作的机会；与此同时，也面临着越来越严峻的新的挑战。服装是艺术与技术结合的产物，面对国际市场的竞争，一方面，服装产品在质量上要能够满足国际市场消费者的需求，技术工艺标准要与国际技术工艺标准相接轨。另一方面，服装的审美标准也要符合国际市场消费者的品位，我

图6-97　服装着眼点中的机能角度

们需要随时获取国外最新的流行信息，以便能够踏上国际化流行的节拍。因此，适应全球化服装市场的新型人才，不仅需要掌握与国际接轨的技术工艺，还要具备能够及时获取国际流行趋势信息和及时了解国际市场动向的能力。

　　服装是一门视觉的艺术。其工艺方面的严谨性和艺术方面的创意性都需要通过大量视觉信息来传播和交流。在服装业，视觉语言的交流占有非常重要的地位。服装设计的理念需要通过服装效果图来表达，从艺术构思走向工艺实现要通过服装结构图将设计理念、结构特征清晰化。样板设计过程是一种根据特定尺寸将设计绘制成样板图的过程，其中设计细部，如领子、袖子、省道、设计线等均需要通过图形来表示。服装制作说明也多以便于直观理解的图解形式出现。流行趋势的发布以及商家促销资料也都离不开非常直观的图像信息。因此，本章借鉴大量图解的形式，使学习过程更直观、更轻松、更有趣。

思 考 题

1. 常用的服装基本概念有哪些?并进行解释。
2. 简述服装的几种常用分类方式。
3. 原始社会服装结构是如何进行完善的?
4. 服装的功能主要有哪些?与社会发展的关系是怎样的?简述服装功能在现代社会中的体现。
5. 举例说明服装在人类社会发展中的意义。
6. 秦汉时期典型的服装种类有哪些?影响其服装的主要因素是什么?
7. 20世纪后半叶典型的服装种类有哪些?影响淇服装的主要因素是什么?

8．西方近代、现代服装的发展如何?受到哪些社会因素和自然因素的影响?

9．中西方服装发展的差异性和共同性有哪些?

10．简述服装造型要素在服装设计中的运用。

11．叙述服装形式美的原理在服装设计中的应用。

参考文献

［1］刘晓刚.服装设计概论［M］.上海：东华大学出版社，2008.

［2］饭冢弘子（日）［M］.服装设计学概论.北京：中国轻工出版社，2002.

［3］李当岐.服装学概论［M］.北京：高等教育出版社，1998.

［4］余强.服装设计概论［M］.2版.重庆：西南师范大学出版社，2008.

［5］黄元庆.服装色彩学［M］.北京：中国纺织出版社，2000.

［6］叶立诚.服饰美学［M］.北京：中国纺织出版社，2001.

［7］张星.服装流行与设计［M］.北京：中国纺织出版社，2000.

［8］赵平等.服装心理学概论［M］.北京：中国纺织出版社，2000.

［9］张玲编著.图解服装概论［M］.北京：中国纺织出版社，2005.

［10］华梅.中国服装史［M］.天津：天津人民美术出版社，1999.

［11］冯泽民等.服装发展史教程［M］.北京：中国纺织出版社，2002.

［12］黄能馥.中外服装史［M］.武汉：湖北美术出版社，2002.

［13］欧阳心力等.服装工艺学［M］.北京：高等教育出版社，2000.